新工科暨卓越工程师教育培养计划电子信息类专业系列教材
电工电子国家级实验教学示范中心（长江大学）系列教材

SHUZI DIANZI JISHU

数字电子技术

（第三版）

- 主　编　佘新平　蔡昌新
- 副主编　覃洪英　韦　琳　刘　歆
- 主　审　张小华

华中科技大学出版社
http://www.hustp.com
中国·武汉

内 容 简 介

本书根据当前本科教学改革的新形势与基本要求，在第二版的基础上修订而成。

全书共 11 章，分别为数制与编码、逻辑门、逻辑代数基础、组合逻辑电路、触发器、寄存器与计数器、时序逻辑电路的分析与设计、存储器与可编程逻辑器件、D/A 转换器与 A/D 转换器、脉冲波形的产生与整形电路、TTL 与 CMOS 门电路。

本书内容丰富、深入浅出，便于教与学。每章均有大量的例题、自测练习和习题，以加深学生对所学知识的理解。每章最后新增多个应用实例或课外材料，紧密联系实际，突出工程应用。

本书可作为高等学校电气、自动化、电子信息等电类各专业和部分非电类专业"数字电子技术"课程的教材或参考书，也可供相关工程技术人员参考。

本书有可供教学使用的教学课件（PPT）、各章的仿真实例、习题答案等资料，如有需要请联系编者：1154145275@qq.com。

图书在版编目（CIP）数据

数字电子技术／佘新平，蔡昌新主编. —3 版. —武汉：华中科技大学出版社，2019.1(2025.1重印)
新工科卓越工程师教育培养计划电气信息类专业系列教材
ISBN 978-7-5680-4965-8

Ⅰ. ①数⋯　Ⅱ. ①佘⋯　②蔡⋯　Ⅲ. ①数字电路-电子技术-高等学校-教材　Ⅳ. ①TN79

中国版本图书馆 CIP 数据核字（2019）第 012447 号

数字电子技术（第三版）
Shuzi Dianzi Jishu(Di San Ban)

佘新平　蔡昌新　主编

策划编辑：王红梅
责任编辑：王红梅
封面设计：杨玉凡
责任校对：刘　竣
责任监印：赵　月
出版发行：华中科技大学出版社（中国·武汉）　　电话：(027)81321913
　　　　　武汉市东湖新技术开发区华工科技园　　邮编：430223
录　　排：武汉市洪山区佳年华文印部
印　　刷：武汉市洪林印务有限公司
开　　本：787mm×1092mm　1/16
印　　张：19.5
字　　数：470 千字
版　　次：2025 年 1 月第 3 版第 5 次印刷
定　　价：42.80 元

第三版前言

近几年来,本科教学改革呈现新的特点与要求。2010 年 6 月,教育部实施了"卓越工程师教育培养计划",旨在加强对大学生实践能力和工程能力的培养;2016 年 6 月,我国成为《华盛顿协议》的第 18 个正式成员国,开始了国际上认可的工程专业认证;2017 年 2 月,教育部首次提出"新工科"的概念及"十点共识",随后形成了"新工科建设行动路线图","新工科"建设由此启动。

正是在这样一个大的背景下,根据当前数字电子技术发展的新形势,结合地方高校培养应用型、复合型人才的基本要求,我们对本书的内容及编排形式进行第三次修订。希望通过本次修订,使本书更适合地方高校学生的学习需求,使本书的内容更有助于培养学生的学习能力、应用能力和解决工程问题的能力。

本次修订工作具体如下:

(1) 对每章的内容进行了重新修订,重点修订了第 4 章和第 7 章;

(2) 根据修订内容,增加、删减了各章中的例题、自测练习和习题,并对自测练习和习题按照章节的顺序进行了重新编排;

(3) 在每章最后增加了"应用实例阅读"或"课外材料阅读"内容,使学生所学的知识贴近实际应用,增强学生的学习兴趣,提高学生应用知识的能力。

考虑到目前数字电路基本上很少使用中小规模集成电路芯片搭建,而是采用CPLD/FPGA 实现,这部分内容安排在与本书配套的佘新平主编的《数字电路设计・仿真・测试》一书中。该书包括 Verilog 语言、VHDL 语言和 CPLD/FPGA 的相关内容和全部实验。之所以没有将这部分内容安排在本书中,主要是考虑非电类专业和电类专业对该课程的不同要求。对于电类专业,建议采用这两本书作为数字电子技术课程的理论与实验教学用书。

本次修订由佘新平、蔡昌新担任主编,负责修订计划的制定、修订内容的审定和统稿。此外,佘新平承担第 4 章、第 7 章的修订及部分"应用实例阅读"的编写;蔡昌新承担其他各章的修订。参与本次修订的还有长江大学电子信息学院的覃洪英,承担自测练习和习题的修订和编排;湖北工业大学电气与电子工程学院的韦琳,承担部分"应用实例阅读"的编写。

本次修订过程,得到了长江大学电子信息学院的领导和老师们的大力支持,华中科技大学出版社王红梅对本书进行了认真审阅,湖北工业大学张小华教授担任本书的主审,在此一并表示衷心的感谢!

由于编者水平有限,书中难免存在不妥之处,敬请读者批评指正,编者不胜感激!

2018 年 12 月

第二版前言

本书自 2007 年 3 月出版以来,得到了广大读者的关注和厚爱。连续 3 次印刷,发行量达到 12000 册。为了更好地服务读者,在本书的使用过程中,作者广泛收集了各方面的建议和意见,在上一版的基础上,进行了修改和增删。主要做了以下几方面的工作。

(1)对原书中出现的一些错误及不妥之处进行了修正;

(2)第 1 章中增加了第 1.5 节"带符号二进制数的加减运算"的内容;

(3)改写了第 2 章中的第 2.3 节和第 2.4 节,加强了 OC 逻辑门、三态逻辑门和 TTL 与 CMOS 门电路的接口等内容;

(4)改写了第 4 章中第 4.6.5 节的内容;

(5)考虑到当前 CPLD/FPGA 可编程器件的大量应用,重新编写了第 8 章中的第 8.8 节,用较大篇幅介绍了 CPLD/FPGA 可编程器件在数字电路中的两个应用实例。读者可参照实例,一步一步地进行设计和实践,即可快速入门。

(6)重新整理和增删了各章的例题、自测练习和习题;

(7)对书中的插图进行了规范和美化。

(8)与本书相关的电子教案、自测练习和习题解答均放在华中科技大学出版社教学资源网上(社网→教学服务→课件下载→课件列表中查找),网址为 http://www.hustp.com,方便读者下载。

本版各章节的修订工作主要由佘新平负责,参加人员还有原编者刘歆、戴丽萍、吴桂华、张彦等。在修订过程中,得到了湖北省教学名师罗炎林教授的帮助与指导,得到了华中科技大学出版社的大力支持,在此一并表示衷心的感谢!

由于我们的水平有限,书中还会有不足之处,恳请使用本书的师生和专家多提宝贵意见,以便不断提高本书的编写质量。

21 世纪电气信息学科立体化系列教材编委会

《数字电子技术》编写组

2009 年 2 月

第一版前言

当今正处于一个学习的时代,知识的不断膨胀和更新,给学习者带来了巨大的压力。为学习者提供一本深入浅出、适于自学的教材,是作者多年来一直追求的目标。一本合适的教材,除了在内容方面符合规定的教学要求外,更要立足于读者的基础和需求,按照科学的认知规律,引导读者循序渐进地学习新的知识。

基于上述目的,作者根据多年从事教学工作的经验与体会,参考了大量的国外教材,并吸收了它们的写作风格编写了本书。与目前国内同类教材相比,本书在章节编排顺序及编写内容两个方面做了一些新的尝试,希望能对读者的学习有所帮助。

本书以现代电子技术的发展为背景,全面地介绍了数字电路的基本分析和设计方法。全书共分 11 章,第 1 章介绍各种数制及其相互转换、常用的二进制编码;第 2 章介绍各种集成逻辑门的功能及外部特性,不涉及逻辑门的内部电路分析,便于学生理解;第 3 章介绍逻辑代数的基础知识,以及逻辑函数的化简方法;第 4 章介绍组合逻辑电路的分析和设计方法,并分节讨论各种常用中规模组合逻辑器件及其应用;第 5、6、7 章以触发器、寄存器和计数器为主线介绍时序逻辑电路,并讨论典型时序逻辑电路的分析与设计方法;第 8 章介绍各种存储器,包括目前流行的快闪存储器,以及 PAL、GAL 等可编程器件的应用;第 9、10 章简要介绍 D/A 转换器和 A/D 转换器、多谐振荡器、单稳态触发器和施密特触发器的基础知识及实际应用;第 11 章简单介绍 TTL 和 CMOS 集成电路的内部电路结构和工作原理,该章不影响前面所有内容的学习。限于篇幅,本书没有介绍利用 EDA 工具软件对数字电路进行仿真、分析和设计等内容,这部分内容以及本书的电子教案、自测练习和习题的全部解答均放在与本书配套发行的光盘中,供读者参考。

本书由长江大学佘新平任主编,负责制定编写提纲及全书的修改和统稿工作,同时编写第 6、10 章;湖北工业大学刘歆编写第 1、2、11 章;武汉工程大学戴丽萍编写第 4、9章;武汉科技大学张彦编写第 3、7 章;中南民族大学吴桂华编写第 5、8 章;全书由湖北工业大学张小华担任主审。

在本书的编写过程中,得到了长江大学教务处和电子信息学院的大力支持。长江大学罗炎林、张明波和邹学玉对本书的编写提出过不少建设性建议,华中科技大学出版社王红梅对本书进行了认真修改。在此,向他们表示衷心的感谢!

在本书的编写过程中,作者参考了国内外的大量专著、教材和文献,在此谨向有关著作者致以衷心的感谢。

由于作者水平有限,书中难免有错误与不妥之处,恳请读者批评指正。

21 世纪电气信息学科立体化系列教材编委会

《数字电子技术》编写组

2007 年 1 月

目 录

数制与编码

　　本章首先介绍模拟信号、数字信号以及数字电路的特点；接着从常用的十进计数制开始，讨论一般的进位计数规则和各种不同数制之间的转换方法；重点介绍几种常用的二进制编码方法；最后简单介绍带符号二进制数的加减运算。

1.1　数字电路基础知识

本节将学习
- 模拟信号与数字信号的概念及区别
- 数字电路的特点

1.1.1　模拟信号与数字信号

　　在近代电子工程中，按照所处理的信号形式，通常将电路分为模拟电路和数字电路两大类。模拟电路处理的是模拟信号，数字电路处理的是数字信号。在电子应用中，可测量的信号分为模拟信号和数字信号。

1. 模拟信号

　　模拟信号是指时间上和幅度上均为连续取值的物理量。在自然环境下，大多数物理信号都是模拟量。温度是一个模拟量，因为它的取值是连续的，在一天的某个时间段内，温度的变化不是从一个值跳变到另一个值，而是在一定的范围内连续变化。例如，温度不会在一瞬间从 30 ℃ 跳变到 31 ℃，而是经历了 30～31 ℃ 之间的所有值。图 1-1 表示了气象台记录夏季某一天的温度在不同时间的变化情况，这是一条光滑、连续的曲线。其中，纵坐标为温度值，横坐标为时间。

　　模拟信号的另一个实例是速度。汽车行驶时，计数器上显示车速，单位是千米每小时(km/h)。如果从 50 km/h 加速到 60 km/h，车速不会从 50 km/h 马上跳变到 60 km/h，而是经历了两者之间所有的速度值，最终到达 60 km/h。也就是说，速度总是连续变化的，因此也是模拟量。其他模拟量的实例还有声波、压力、距离、时间等，大多数

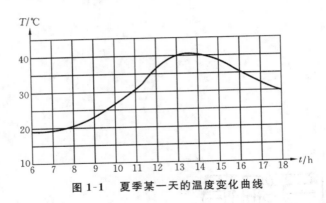

图 1-1 夏季某一天的温度变化曲线

自然现象都是模拟量。

2. 数字信号

数字信号是指时间上和幅度上均为离散取值的物理量。尽管自然界中大多数物理量是模拟的,但仍可以用数字形式来表示。例如图 1-1 所示的温度变化曲线,不考虑温度变化的连续性,只考虑时间轴上整点的温度值,这实际上是对温度曲线的特定点进行采样,如图 1-2 所示。但应注意的是,它还不是数字信号,只有将各采样值进行量化和编码后才成为数字信号。

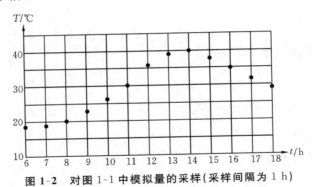

图 1-2 对图 1-1 中模拟量的采样(采样间隔为 1 h)

数字信号可能是二值、三值或多值信号。但目前数字电路中只涉及二值信号,即用 **0、1** 表示的数字信号,如图 1-3 所示。这里的 **0** 和 **1** 不是表示数量的大小,而是表示两种不同的逻辑状态,即逻辑 0 和逻辑 1,因而称为二值数字逻辑或简称数字逻辑。

在图 1-3(a)所示的波形中,分别用高、低电平表示逻辑 1 和逻辑 0。电平是指某一电压范围,而不是一个具体的电压值,如 0~0.8 V 为低电平,2~5 V 为高电平。图 1-3(b)是数字波形的常规表示。

1.1.2 数字电路的特点

数字电子技术是计算机技术的基础,计算机已经成为数字系统中最常见、最有代表性的一种设备。几乎所有电子及通信设备都用到了数字电路,其主要原因是数字集成电路芯片的快速发展,以及显示、存储和计算机技术的广泛应用。

处理数字信号的电路称为数字电路。电路中的电子器件工作于开关状态。数字电路所采用的分析工具是逻辑代数,电路功能的表示方法主要有功能表、真值表、逻辑函数以及波形图,此外还可采用硬件描述语言来分析、仿真和设计数字电路或数字系统。

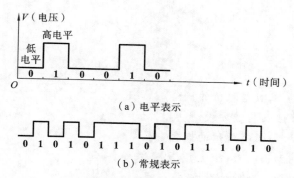

图 1-3 用逻辑 1 和 0 表示的数字信号波形

1）数字电路的主要特点

（1）数字系统一般容易设计。这是因为数字系统所使用的电路是开关电路,开关电路中电压或电流值的精确与否并不重要,重要的是其所处的范围（高或低）。

（2）信息的处理、存储和传输能力更强。数字电路在信息的处理、存储和传输方面都比模拟电路更有效、更可靠、数据量更大。

（3）数字系统的精确度及精度容易保持一致。信号一旦数字化,在处理过程中所包含的信息不会降低精度。而在模拟系统中,电压和电流信号由于受到信号处理电路中元器件参数的改变及温度、湿度的影响产生失真。

（4）很容易设计一个数字系统,其操作由编程指令控制。模拟系统也可被编程,但其操作实现很复杂。

（5）数字电路抗干扰能力强。在数字系统中,因为电压的准确值并不重要,只要噪声信号不至于影响区别高低电平,则电压寄生波动（噪声）的影响就可忽略不计。

（6）多数数字电路能制造在集成电路（IC）芯片上。事实上,模拟电路也受益于快速发展的 IC 工艺,但模拟电路相对复杂一些,所用器件无法经济地集成在一起（如大容量电容、精密电阻、电感、变压器等）,它阻碍了模拟电路达到与数字电路同样的集成度。

2）数字电路模拟信号处理

如果利用数字电路来处理模拟信号,必须采取以下 3 个步骤:

（1）把实际应用中的模拟信息转换为数字信息;

（2）对数字信息进行处理;

（3）把数字输出变换为模拟输出。

这种变换 I/O 的技术是后面将要学到的 D/A 或 A/D 转换部分的内容。

自测练习

1.1.1 数字信号是（　　）的信号。

（a）时间上连续、幅度上连续　（b）时间上离散、幅度上连续　（c）时间上离散、幅度上离散

1.1.2 数字信号通常用 0、1 表示,在数字电路中,0、1 分别用（　　）表示。

（a）低电平和高电平　　（b）小电流值和大电流值　　（c）高电平和低电平

1.1.3 数字电路的优点有（　　）。

（a）抗干扰能力强　　（b）易于集成　　（c）可靠性高　　（d）带负载能力强

1.1.4 下列选项中,（　　）是模拟量,（　　）是数字量。

（a）CD 光盘存储的信息　（b）飞机的飞行高度　（c）自行车轮胎的压力　（d）扬声器中的电流

1.2　数　制

本节将学习

☯ 进位计数制、基数与权值的概念

☯ 二进制计数法及构造方式

☯ 最高有效位、最低有效位的概念

☯ 二进制数的加、减、乘、除运算

☯ 八进制和十六进制的计数方法

人们在日常工作和学习中,已经接触过各种各样的数。讨论数的问题,主要是从计算机的角度研究数的表示方法及其特点。

人们在长期的生产实践中,发明了多种不同的计数方法,如现在广泛使用的源于阿拉伯民族文化的十进制数;钟表计时采用的六十进制数;还有 2 只筷子计为 1 双、中国古代的八卦等采用的二进制数。在数字系统中常用的进位计数制有十进制、二进制、八进制和十六进制。

说到数制,就有规则性的问题,如十进制采用"逢 10 进 1"的进位规则,六十进制采用"逢 60 进 1"的进位规则。下面给出相关的定义。

表示数码中每一位的构成及进位的规则称为进位计数制,简称数制。

进位计数制也叫位置计数制,其计数方法是把数划分为不同的数位,当某一数位累计到一定数量之后,该位又从零开始,同时向高位进位。在这种计数制中,同一个数码在不同的数位上所表示的数值是不同的。进位计数制可以用少量的数码表示较大的数,因而被广泛采用。

一种数制中允许使用的数码符号的个数称为该数制的基数,记作 R。而某个数位上数码为 1 时所表征的数值,称为该数位的权值,简称为权。各个数位的权值均可表示成 R^i 的形式,其中 i 是各数位的序号。利用"基数"和"权"的概念,可以把一个 R 进制数 D 表示为

$$D_R = (a_{n-1}a_{n-2}\cdots a_1 a_0 . a_{-1}a_{-2}\cdots a_{-m})_R$$
$$= a_{n-1} \times R^{n-1} + a_{n-2} \times R^{n-2} + \cdots + a_0 \times R^0 + a_{-1} \times R^{-1} + \cdots + a_{-m} \times R^{-m}$$
$$= \sum_{i=-m}^{n-1} a_i \times R^i \tag{1-1}$$

式中:n 是整数部分的位数;m 是小数部分的位数;R 是基数,R^i 称为第 i 位的权;a_i 是第 i 位的系数,是 R 进制中 R 个数字符号中的任何一个,即 $0 \leqslant a_i \leqslant R-1$。所以,某个数位上的数码 a_i 所表示的数值等于数码 a_i 与该位的权值 R^i 的乘积。

式(1-1)称为按权展开式。

注意:为了避免在用到多种进制时可能出现的混淆,本书用下标形式来表示特定数的基数,如用 D_R 表示 R 进制的数 D。

1.2.1　十进制数

自古以来,人们在日常生活中习惯使用的是十进计数制,这可能与人有 10 个手指有关。十进制的基数 R 为 10,采用 10 个数码符号 0、1、2、3、4、5、6、7、8、9 来表示数的

大小(如果是小数,还需要有一个小数点符号".")，这样的若干个数码符号并列在一起即可表示一个十进制数。十进制的表示常用下标10、D或缺省标记,如十进制数98可以表示为:98_{10}、98_D或98。

对照式(1-1),十进制的按权展开式为

$$D_{10} = \sum_{i=-m}^{n-1} a_i \times 10^i \tag{1-2}$$

式中:n是整数部分的位数;m是小数部分的位数;a_i是数码0~9中的一个。

例如,十进制数368.25,小数点左边的第1位为个位,8代表8×1;左边第2位为十位,6代表6×10;左边第3位为百位,3代表3×100;小数点右边第1位为十分位,2代表2×10^{-1};右边第2位为百分位,5代表5×10^{-2}。由此可以看出,处于不同位置的数字符号代表着不同的意义,也就是说有不同的权值。这5个数字中3的位权最大,称为最高有效位(MSB),5的位权最小,称为最低有效位(LSB)。

小数点用来区分一个数的整数和小数部分。相对于小数点,不同位置所含权的大小可用10的幂表示,即十进制数各位的权值为10^i,i是各数位的序号。如图1-4所示,以数2 745.214为例,以小数点为界,整数部分为10的正次幂,小数部分为10的负次幂,故其按权展开式为

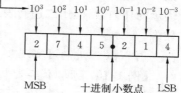

图1-4　位权用10的幂表示

$$2\,745.214 = 2\times10^3 + 7\times10^2 + 4\times10^1 + 5\times10^0 + 2\times10^{-1} + 1\times10^{-2} + 4\times10^{-3}$$

十进制数的计数规律是低位向其相邻高位"逢10进1,借1为10"。也就是说,每位数累计不能超过10,计满10就应向高位进1;而从高位借来的1,就相当于低位的数10。

一般情况,N位十进制,可表示10^N个不同的数值,从0开始(包括0),其最大数为10^N-1。

1.2.2　二进制数

在数字系统中,十进制不便于实现。例如,很难设计一个电子器件,使其具有10个不同的电平(每一个电平对应于0~9中的一个数字)。而具有2个工作电平的电子电路却很容易设计。因为二进制数只需两个状态即可表示,与机器的开关状态相对应,所以容易实现。这就是二进制在数字系统中得到广泛应用的根本原因。

所谓二进制,就是基数R为2的进位计数制,它只有**0**和**1**两个数码符号。二进制数一般用下标2或B表示,如101_2,1101_B等。

对照式(1-1),二进制的按权展开式为

$$D_2 = \sum_{i=-m}^{n-1} a_i \times 2^i \tag{1-3}$$

式中:n是整数部分的位数;m是小数部分的位数;a_i是数码**0**或**1**。

前面有关十进制的论述同样适用于二进制,二进制也属于位置计数体系。其中每一个二进制数字都具有特定的数值,它是用2的幂所表示的权,即各位的权值为2^i,i是各数位的序号,如图1-5所示。这里,二进制小数点(对应于十进制小数点)左边是2

的正次幂,右边是 2 的负次幂。图中所示数值为 1011.101_2,为了求得与二进制数对应的十进制数,可把二进制各位数字(0 或 1)乘以位权并相加,即

$$1011.101_2 = 1 \times 2^3 + 0 \times 2^2 + 1 \times 2^1 + 1 \times 2^0 + 1 \times 2^{-1} + 0 \times 2^{-2} + 1 \times 2^{-3}$$
$$= 8 + 0 + 2 + 1 + 0.5 + 0 + 0.125$$
$$= 11.625_{10}$$

在二进制中,二进制数位经常称为"位"(bit),可以是一个 **1** 或者一个 **0**。因此,在图 1-5 所示的数中,小数点左边有 4 位,它们是该数的整数部分;小数点右边有 3 位,是小数部分。最左边一位是最高有效位(MSB),最右边一位是最低有效位(LSB),MSB 的位权是 2^3,LSB 的位权是 2^{-3}。

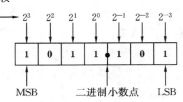

图 1-5 位权用 2 的幂表示

在二进制中,仅有"**0**"和"**1**"两个符号,即使如此,二进制同样可用来表示十进制或其他进制所能表示的任何数,但用二进制表示一个数所用的位数较多。

用 N 位二进制可实现 2^N 个计数,可表示的最大数是 2^N-1。

【例 1-1】 用 8 位二进制能表示的最大数是多少?

解 $2^N - 1 = 2^8 - 1 = 255_{10} = 11111111_2$

二进制的计数规则是低位向相邻高位"逢 2 进 1,借 1 为 2"。二进制的四则运算规则很简单,以下将介绍二进制数的加、减、乘、除四则运算。

1. 二进制加法

二进制的加法运算规则为

$0+0=0$

$0+1=1$

$1+0=1$

$1+1=10$ ("逢 2 进 1")

上述结果可列加法表,如表 1-1 所示。

表 1-1 二进制加法

被加数	加数	和	进位
0	**0**	**0**	**0**
0	**1**	**1**	**0**
1	**0**	**1**	**0**
1	**1**	**0**	**1**

【例 1-2】 (a) $1010_2 + 111_2 = ?$ (b) $1011.101_2 + 10.01_2 = ?$

解 列出加法算式如下:

(a)
```
   1 0 1 0
 +   1 1 1
 ─────────
 1 0 0 0 1
```

(b)
```
   1 0 1 1 . 1 0 1
 +     1 0 . 0 1
 ─────────────────
 1 1 0 1 . 1 1 1
```

2. 二进制减法

二进制的减法运算规则为

$0-0=0$

$1-0=1$

$1-1=0$

$0-1=1$ ("借 1 当 2")

上述结果可列减法表,如表 1-2 所示。

表 1-2 二进制减法

被减数	减数	差	借位
0	**0**	**0**	**0**
1	**0**	**1**	**0**
1	**1**	**0**	**0**
0	**1**	**1**	**1**

【例 1-3】 (a) $1011_2 - 101_2 = ?$ (b) $1101.111_2 - 10.01_2 = ?$

解 列出减法算式如下：

(a)
```
    1 0 1 1
  -   1 0 1
  ─────────
      1 1 0
```

(b)
```
    1 1 0 1 . 1 1 1
  -     1 0 . 0 1
  ─────────────────
    1 0 1 1 . 1 0 1
```

3. 二进制乘法

二进制的乘法运算规则为

$$0 \times 0 = 0$$
$$0 \times 1 = 0$$
$$1 \times 0 = 0$$
$$1 \times 1 = 1$$

上述结果可列乘法表，如表 1-3 所示。

表 1-3 二进制乘法

被乘数	乘数	积
0	0	0
0	1	0
1	0	0
1	1	1

【例 1-4】 (a) $1011_2 \times 10_2 = ?$ (b) $1101.11_2 \times 10.01_2 = ?$

解 列出乘法算式如下：

(a)
```
        1 0 1 1
    ×       1 0
    ───────────
        0 0 0 0
      1 0 1 1
    ───────────
    1 0 1 1 0
```

(b)
```
          1 1 0 1 . 1 1
    ×          1 0 . 0 1
    ───────────────────
          1 1 0 1   1 1
      1 1 0 1 1 1
    ───────────────────
    1 1 1 1 0 . 1 1 1 1
```

4. 二进制除法

二进制数的除法是乘法的逆运算，这与十进制数的除法是乘法的逆运算一样。因此，利用二进制的乘法及减法规则可以容易地实现二进制的除法运算。

【例 1-5】 (a) $110_2 \div 10_2 = ?$ (b) $110110_2 \div 1010_2 = ?$

解 其运算结果如下：

(a)
```
            1 1
    10 ) 1 1 0
         1 0
         ───
           1 0
           1 0
           ───
             0
```

(b)
```
               1 0 1   …… 商
    1010 ) 1 1 0 1 1 0
           1 0 1 0
           ───────
             1 1 1 0
             1 0 1 0
             ───────
               1 0 0   …… 余数
```

1.2.3 八进制数

尽管二进制数简单、容易实现，但用二进制表示一个十进制数时，需要 4 位二进制数才能表示 1 位十进制数，所用的位数比用十进制数的位数多，读写很不方便。因此，在实际工作中通常采用八进制或十六进制数。八进制和十六进制计数系统在计算机应用中非常重要，因为它们能够很容易地与二进制系统相互转化，在进行特定的计算机编程时，这些计数系统尤其有用。另外，它们还提供了一种有效的方式来表示较大的二进制数。

八进制数的基数 R 是 8,它有 0、1、2、3、4、5、6、7 共 8 个有效数码。八进制数一般用下标 8 或英文字母 O 表示,如 617_8,521_O 等。对照式(1-1),八进制的按权展开式为

$$D_8 = \sum_{i=-m}^{n-1} a_i \times 8^i \qquad (1-4)$$

式中:n 是整数部分的位数;m 是小数部分的位数;a_i 是数码 0~7 中的一个。

八进制的计数规则是低位向相邻高位"逢 8 进 1,借 1 为 8"。表 1-4 列出了每一个八进制数码所对应的 3 位二进制数。

表 1-4　八进制数码及其对应的 3 位二进制数

八进制数码	0	1	2	3	4	5	6	7
二进制数	**000**	**001**	**010**	**011**	**100**	**101**	**110**	**111**

【例 1-6】 对八进制数,从 0_8 数到 30_8。

解 所求的八进制数的序列如下(注意,没有使用下标 8):

0,1,2,3,4,5,6,7,10,11,12,13,14,15,16,17,20,21,22,23,24,25,26,27,30

1.2.4　十六进制数

十六进制数的基数 R 是 16,它有 0、1、2、3、4、5、6、7、8、9、A、B、C、D、E、F 共 16 个有效数码。十六进制使用了字母 A~F 来计数,初次看起来很奇怪,但只要理解了它们的含义,使用字母来表示数字量也是可以理解的。表 1-5 列出了每一个十六进制数码所对应的十进制数。

表 1-5　十六进制数码及其对应的十进制数

十六进制数码	0	1	2	3	4	5	6	7	8	9	A	B	C	D	E	F
十进制数	0	1	2	3	4	5	6	7	8	9	10	11	12	13	14	15

十六进制的计数规则是低位向相邻高位"逢 16 进 1,借 1 为 16"。十六进制数一般用下标 16 或 H 表示,如 $A1_{16}$、$1F_H$ 等。对照式(1-1),十六进制的按权展开式为

$$D_{16} = \sum_{i=-m}^{n-1} a_i \times 16^i \qquad (1-5)$$

式中:n 是整数部分的位数;m 是小数部分的位数;a_i 是数码 0~9 和 A~F 中的一个。

【例 1-7】 对十六进制数,从 0_{16} 数到 30_{16}。

解 所求的十六进制数的序列如下(注意,没有使用下标 16)

0,1,2,3,4,5,6,7,8,9,A,B,C,D,E,F,10,11,12,13,14,15,16,17,18,19,1A,1B,1C,1D,1E,1F,20,21,22,23,24,25,26,27,28,29,2A,2B,2C,2D,2E,2F,30

自测练习

1.2.1 二进制是( )为基数的数制。

1.2.2 对于二进制数来说,位是指( )。

1.2.3 110_{10} 是以( )为基数。

1.2.4 基数为 8 的数制被称为( )。

1.2.5 基数为 16 的数制被称为( )。

1.2.6 十进制数的权值为( )。
　　(a) 10 的幂　　　　　(b) 2 的幂　　　　　(c) 等于数中相应的位

1.2.7 二进制数的权值为( )。
　　(a) 10 的幂　　　　　(b) 2 的幂　　　　　(c) **1** 或 **0**,取决于其位置

1.2.8 二进制计数系统包含( )。
　　(a) 一个数码　　　　(b) 没有数码　　　　(c) 两个数码

1.2.9 二进制计数系统中的一位称为( )。
　　(a) 字节　　　　　　(b) 比特　　　　　　(c) 2 的幂

1.2.10 八进制数"5"可用 3 位二进制数表示为( )。

1.2.11 二进制整数最右边一位的权值为( )。
　　(a) 0　　　　　　　　(b) 1　　　　　　　　(c) 2

1.2.12 十六进制数"9"可用 4 位二进制数表示为( )。

1.2.13 十六进制数"A"可用十进制数表示为( )。

1.2.14 MSB 的含义是( )。
　　(a) 最大权值　　　　(b) 主要位　　　　　(c) 最高有效位

1.2.15 LSB 的含义是( )。
　　(a) 最小权值　　　　(b) 次要位　　　　　(c) 最低有效位

1.2.16 $101110_2 + 11011_2 = ($)。

1.2.17 $1000_2 - 101_2 = ($)。

1.2.18 $1010_2 \times 101_2 = ($)。

1.2.19 $10101001_2 \div 1101_2 = ($)。

1.2.20 列出八进制数中的 8 个数码( )。

1.2.21 列出十六进制数的 16 个数码( )。

1.3　数制转换

本节将学习

☯ 二进制数与八进制数、十六进制数之间相互转换的方法

☯ 十进制数与二进制数、八进制数、十六进制数相互转换的方法

☯ 把一个数从一种数制转换到其他数制的方法

1.3.1　二进制数与八进制数的相互转换

八进制数和二进制数之间的相互转换非常简单。八进制能表示的最大十进制数值是 7,二进制计数系统需要 3 位数来表示 7(由于 $2^3 - 1 = 7$)。因此,每位八进制数需要 3 位二进制数来表示,如表 1-4 所示。

1. 将二进制数转换为八进制数

将二进制数转换为八进制数,是将整数部分自右往左开始,每 3 位分成一组,最后剩余不足 3 位时在左边补 **0**;小数部分自左往右,每 3 位一组,最后剩余不足 3 位时在右边补 **0**;然后由表 1-4 查得等价的八进制数码替换每组数据。

【例 1-8】 将下面的二进制数转换为八进制数。

(a)　1011001111_2　　　　(b)　10111011.1011_2

解　先将二进制数按整数、小数部分分别按 3 位分组,然后使用表 1-4 确定对应的八进制数。

（a）将 1011001111_2 转换为八进制数的过程如图 1-6 所示。从右往左每 3 位分成一组，因为最左边的一组只有 1 位，不足 3 位，所以添加了两个 0。最后转换的结果为

$$1011001111_2 = 1317_8$$

（b）将 10111011.1011_2 转换为八进制数的过程如图 1-7 所示。以小数点为起始点，分别向小数点的左、右边每 3 位分成一组，因为小数部分的最右边一组只有 1 位，不足 3 位，所以添加了两个 0，而整数部分的最左边一组只有 2 位，也不足 3 位，所以添加了一个 0。最后转换的结果为

$$10111011.1011_2 = 273.54_8$$

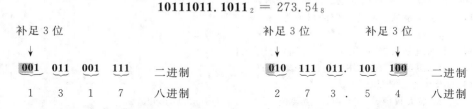

图 1-6　二进制数到八进制数的转换过程一　　图 1-7　二进制数到八进制数的转换过程二

2. 将八进制数转换为二进制数

将八进制数转换为二进制数时，对每位八进制数，只需将其替换成 3 位二进制数即可。

【例 1-9】 将八进制数 67.721_8 转换为二进制数。

解　对每位八进制数，按照表 1-4 写出对应的 3 位二进制数，如图 1-8 所示。

$$
\begin{array}{ccccc}
6 & 7 & . & 7 & 2 & 1 \\
110 & 111 & \cdot & 111 & 010 & 001
\end{array}
$$
八进制
二进制

图 1-8　八进制数到二进制数的转换过程

所以，$67.721_8 = 110111.111010001_2$

1.3.2　二进制数与十六进制数的相互转换

十六进制数和二进制数之间的相互转换非常简单。十六进制能表示的最大十进制的数值是 15（十六进制数码是 F），二进制计数系统需要 4 位数来表示 15（由于 $2^4-1=15$）。因此，每个十六进制数码需要 4 位二进制数来表示，如表 1-6 所示。

表 1-6　十六进制数码及其对应的二进制数

十六进制数码	0	1	2	3	4	5	6	7
二进制数	0000	0001	0010	0011	0100	0101	0110	0111
十六进制数码	8	9	A	B	C	D	E	F
二进制数	1000	1001	1010	1011	1100	1101	1110	1111

1. 将二进制数转换为十六进制数

将二进制数转换为十六进制数，是将整数部分自右往左开始，每 4 位分成一组，最后剩余不足 4 位时在左边补 0；小数部分自左往右，每 4 位一组，最后剩余不足 4 位时在右边补 0；然后由表 1-6 查得等价的十六进制数码替换每组数据。

【例 1-10】 将下面的二进制数转换为十六进制数。

(a) 111010111101.101_2 (b) 1110110000001001111_2

解 先将二进制数按整数、小数部分分别按 4 位分组,然后由表 1-6 确定对应的十六进制数。

(a) 转换过程如图 1-9 所示,所得结果为

$$111010111101.101_2 = EBD.A_{16}$$

(b) 转换过程如图 1-10 所示,所得结果为

$$1110110000001001111_2 = 3B04F_{16}$$

补足 4 位 → **1110** **1011** **1101** . **1010** 二进制 E B D . A 十六进制

补足 4 位 → **0011** **1011** **0000** **0100** **1111** 二进制 3 B 0 4 F 十六进制

图 1-9 二进制数到十六进制数的转换过程一   **图 1-10 二进制数到十六进制数的转换过程二**

2. 将十六进制数转换为二进制数

十六进制数到二进制数的转换也非常容易。对每位十六进制数,只需将其展开成 4 位二进制数即可。

【**例 1-11**】 将下面的十六进制数转换为二进制数。

(a) $942A_{16}$ (b) $1C9.2F_{16}$

解 对每个十六进制数码,按照表 1-6 写出对应的 4 位二进制数。

(a) 转换的过程如图 1-11 所示,所得结果为

$$942A_{16} = 1001010000101010_2$$

9 4 2 A 十六进制
1001 **0100** **0010** **1010** 二进制

图 1-11 十六进制数到二进制数的转换过程一

(b) 转换的过程如图 1-12 所示,所得结果为

$$1C9.2F_{16} = 000111001001.00101111_2$$

1 C 9 . 2 F 十六进制
0001 **1100** **1001** · **0010** **1111** 二进制

图 1-12 十六进制数到二进制数的转换过程二

1.3.3 十进制数与任意进制数的相互转换

十进制数与任意进制数之间的转换方法有按权展开式法和基数乘除法,下面结合例子来讨论这两种方法的具体应用。

1. 非十进制数转换为十进制数

把非十进制数转换成十进制数采用按权展开相加法。首先把非十进制数写成按权展开式,然后按十进制数的计数规则求其和。

【**例 1-12**】 将二进制数 101011.101_2 转换成十进制数。

解 只要将二进制数用按权展开式写出,并按十进制运算规则计算出相应的十进

制数值即可,故

$$101011.101_2 = 1 \times 2^5 + 0 \times 2^4 + 1 \times 2^3 + 0 \times 2^2 + 1 \times 2^1 + 1 \times 2^0 + 1 \times 2^{-1}$$
$$+ 0 \times 2^{-2} + 1 \times 2^{-3}$$
$$= 32 + 0 + 8 + 0 + 2 + 1 + 0.5 + 0 + 0.125$$
$$= 43.625_{10}$$

【例 1-13】 将八进制数 165.2_8 转换成十进制数。

解 将八进制数用按权展开式写出,并按十进制运算规则算出相应的十进制数值即可,故

$$165.2_8 = 1 \times 8^2 + 6 \times 8^1 + 5 \times 8^0 + 2 \times 8^{-1} = 64 + 48 + 5 + 0.25 = 117.25_{10}$$

【例 1-14】 将十六进制数 $2A.8_{16}$ 转换成十进制数。

解 将十六进制数用按权展开式写出,参考表 1-5,然后按十进制运算规则算出相应的十进制数值即可,故

$$2A.8_{16} = 2 \times 16^1 + A \times 16^0 + 8 \times 16^{-1} = 32 + 10 + 0.5 = 42.5_{10}$$

2. 十进制数转换为其他进制数

对于既有整数部分又有小数部分的十进制数转换成其他进制数,需要把整数部分和小数部分分别转换,再把两者的转换结果相加。

1) 整数转换

整数转换采用基数连除法,即除基取余法。把十进制整数 N 转换成 R 进制数的步骤如下:

(1) 将 N 除以 R,记下所得的商和余数;

(2) 将步骤(1)所得的商再除以 R,记下所得的商和余数;

(3) 重复步骤(2),直至商为 0;

(4) 将各个余数转换成 R 进制的数码,并按照与运算过程相反的顺序把各个余数排列起来(把第一个余数作为 LSB,最后一个余数作为 MSB),即为 R 进制数。

这一转换过程的流程图如图 1-13 所示。

【例 1-15】 将 37_{10} 转换成二进制数。

解 将十进制数转换成二进制数,采用除 2 取余法,步骤为

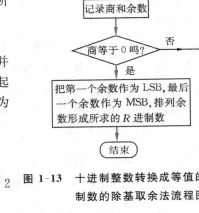

图 1-13 十进制整数转换成等值的 R 进制数的除基取余法流程图

$$
\begin{array}{lll}
37 \div 2 = 18 & \cdots\cdots & \text{余数 } 1 \quad \rightarrow \text{LSB} \\
18 \div 2 = 9 & \cdots\cdots & \text{余数 } 0 \quad \uparrow \\
9 \div 2 = 4 & \cdots\cdots & \text{余数 } 1 \quad \uparrow \\
4 \div 2 = 2 & \cdots\cdots & \text{余数 } 0 \quad \uparrow \\
2 \div 2 = 1 & \cdots\cdots & \text{余数 } 0 \quad \uparrow \\
1 \div 2 = 0 & \cdots\cdots & \text{余数 } 1 \quad \rightarrow \text{MSB}
\end{array}
$$

按照从 MSB 到 LSB 的顺序排列余数序列,可得

$$37_{10} = 100101_2$$

【**例 1-16**】 将 266_{10} 转换成八进制数。

解 将十进制数转换成八进制数,采用除 8 取余法,步骤为

$$266 \div 8 = 33 \quad \cdots\cdots \quad 余数 2 \quad \rightarrow LSB$$
$$33 \div 8 = 4 \quad \cdots\cdots \quad 余数 1 \quad \uparrow$$
$$4 \div 8 = 0 \quad \cdots\cdots \quad 余数 4 \quad \rightarrow MSB$$

按照从 MSB 到 LSB 的顺序排列余数序列,可得

$$266_{10} = 412_8$$

【**例 1-17**】 将 427_{10} 转换成十六进制数。

解 将十进制数转换成十六进制数,采用除 16 取余法,步骤为

$$427 \div 16 = 26 \quad \cdots\cdots \quad 余数 11 = B \quad \rightarrow LSB$$
$$26 \div 16 = 1 \quad \cdots\cdots \quad 余数 10 = A \quad \uparrow$$
$$1 \div 16 = 0 \quad \cdots\cdots \quad 余数 1 = 1 \quad \rightarrow MSB$$

按照从 MSB 到 LSB 的顺序排列余数序列,可得

$$427_{10} = 1AB_{16}$$

例 1-17 说明,十进制数除 16 的各次余数形成了十六进制数,且当余数大于 9 时,用字母 A～F 表示。

2) 纯小数转换

纯小数转换采用基数连乘法,即乘基取整法。把十进制的纯小数 M 转换成 R 进制数的步骤如下:

(1) 将 M 乘以 R,记下整数部分;

(2) 将步骤(1)乘积中的小数部分再乘以 R,记下整数部分;

(3) 重复步骤(2),直至小数部分为 0 或者满足预定精度要求为止;

(4) 将各步求得的整数部分转换成 R 进制的数码,并按照与运算过程相同的顺序排列起来,即为 R 进制数。

【**例 1-18**】 将 0.5625_{10} 转换成二进制数。

解 将十进制数小数转换成二进制数小数,采用乘 2 取整法,步骤为

$$0.5625 \times 2 = 1.125 \quad \cdots\cdots \quad 整数 1 \quad \rightarrow MSB$$
$$0.125 \times 2 = 0.250 \quad \cdots\cdots \quad 整数 0 \quad \downarrow$$
$$0.250 \times 2 = 0.50 \quad \cdots\cdots \quad 整数 0 \quad \downarrow$$
$$0.50 \times 2 = 1.00 \quad \cdots\cdots \quad 整数 1 \quad \rightarrow LSB$$

按照从 MSB 到 LSB 的顺序排列整数序列,可得

$$0.5625_{10} = \mathbf{0.1001}_2$$

【**例 1-19**】 将 0.35_{10} 转换成八进制数。

解 将十进制数小数转换成八进制数小数,采用乘 8 取整法,步骤为

$$0.35 \times 8 = 2.8 \quad \cdots\cdots \quad 整数 2 \quad \rightarrow MSB$$
$$0.8 \times 8 = 6.4 \quad \cdots\cdots \quad 整数 6 \quad \downarrow$$
$$0.4 \times 8 = 3.2 \quad \cdots\cdots \quad 整数 3 \quad \downarrow$$
$$0.2 \times 8 = 1.6 \quad \cdots\cdots \quad 整数 1 \quad \downarrow$$
$$\vdots \qquad\qquad \vdots \quad \rightarrow LSB$$

按照从 MSB 到 LSB 的顺序排列整数序列,可得

$$0.35_{10} = 0.2631\cdots_8$$

【例 1-20】 将 0.85_{10} 转换成十六进制数。

解 将十进制数小数转换成十六进制数小数,采用乘 16 取整法,步骤为

$$0.85 \times 16 = 13.6 \quad \cdots\cdots \quad 整数\ 13 = D \quad \rightarrow \quad MSB$$
$$0.6 \times 16 = 9.6 \quad \cdots\cdots \quad 整数\ 9 = 9 \qquad \downarrow$$
$$0.6 \times 16 = 9.6 \quad \cdots\cdots \quad 整数\ 9 = 9 \qquad \downarrow$$
$$\vdots \qquad\qquad\qquad \vdots \quad \rightarrow \quad LSB$$

按照从 MSB 到 LSB 的顺序排列整数序列,可得

$$0.85_{10} = 0.D99\cdots_{16}$$

【例 1-21】 将 17.25_{10} 转换成二进制数。

解 此题的十进制数既有整数部分又有小数部分,可用前述的除基取余法及乘基取整法分别转换整数、小数部分,然后合并即得所求的结果。步骤为

$$17.25_{10} \Rightarrow 17_{10} + 0.25_{10}$$
$$\downarrow \qquad \downarrow$$
$$\mathbf{10001_2 + 0.01_2 \Rightarrow 10001.01_2}$$

故 $\qquad\qquad\qquad\qquad 17.25_{10} = \mathbf{10001.01_2}$

自测练习

1.3.1 $1010010_2 = (\qquad)_8$。

1.3.2 $110111101.10101_2 = (\qquad)_8$。

1.3.3 $376.2_8 = (\qquad)_2$。

1.3.4 $1010010_2 = (\qquad)_{16}$。

1.3.5 $110111101.10101_2 = (\qquad)_{16}$。

1.3.6 $3AF.E_{16} = (\qquad)_2$。

1.3.7 $111100001111_2 = (\qquad)_{10}$。

1.3.8 $11100.011_2 = (\qquad)_{10}$。

1.3.9 $34.75_{10} = (\qquad)_2$。

1.3.10 $207.5_8 = (\qquad)_{10}$。

1.3.11 $376.125_{10} = (\qquad)_8$。

1.3.12 $78.8_{16} = (\qquad)_{10}$。

1.3.13 $9817.625_{10} = (\qquad)_{16}$。

1.4　二进制编码

本节将学习

❀ 用 BCD 码表示十进制数的方法

❀ BCD 码和自然二进制码的区别

❀ 8421、2421 等 BCD 码

❀ 余 3 码、格雷码

❀ 各种编码与二进制码的转换方法

❀ ASCII 码

❀ 原码、反码与补码

在数字系统中,常用 **0** 和 **1** 的组合来表示不同的数字、符号、动作或事物,这一过程称为编码。信息的编码通常由编码表说明,这些编码的组合称为代码。代码可分为有权代码和无权代码。有权代码的每一数位都定义了相应的位权,无权代码的数位没有定义相应的位权。下面介绍几种最常使用的二进制码。

1.4.1　有权二进制码

二进制码对于人们来说有些不易理解,例如,将二进制数 10010110_2 转换为十进制数形式,结果为 $10010110_2 = 150_{10}$。但是做这样的转换并非直接明了。

由二进制编码的十进制数(BCD)转换为十进制就容易得多。凡是用若干位二进制数来表示 1 位十进制数的方法,统称为十进制数的二进制编码,简称 BCD 码。

用二进制码表示 0~9 这 10 个数码,必须用 4 位二进制码来表示,而 4 位二进制码共有 16 种组合,从中取出 10 种组合来表示 0~9 的编码方案约有 2.9×10^{10} 种。

有权码是每个数位都具有权值的编码。下面介绍几种常用的有权二进制编码。

1. 8421BCD 码

8421BCD 码是最基本、最常用的一种编码方案,因而习惯上将其简称为 BCD 码。在这种编码方式中,每一位二进制数码都代表一个固定的数值,把每一位的 **1** 代表的十进制数加起来,得到的结果就是它所代表的十进制数码。由于代码中从左到右每一位的 **1** 分别表示 8、4、2、1,所以也把这种代码称为 8421 码。在 8421 码中,每一位 **1** 代表的十进制数称为这一位的权。表 1-7 列出了十进制数 0~9 对应的 4 位 BCD 码。虽然 8421BCD 码的权值与 4 位自然二进制码的权值相同,但二者是两种不同的代码。8421BCD 码只取用了 4 位自然二进制代码的前 10 种组合。

2. 2421BCD 码

2421BCD 码是另一种有权码,它的各位权值分别是 2、4、2、1。此外,常见的还有 4221BCD 码和 5421BCD 码,如表 1-7 所示。

表 1-7　常见的几种有权 BCD 码

十进制数	8421BCD				2421BCD				4221BCD				5421BCD			
	8s	4s	2s	1s	2s	4s	2s	1s	4s	2s	2s	1s	5s	4s	2s	1s
0	0	0	0	0	0	0	0	0	0	0	0	0	0	0	0	0
1	0	0	0	1	0	0	0	1	0	0	0	1	0	0	0	1
2	0	0	1	0	0	0	1	0	0	0	1	0	0	0	1	0
3	0	0	1	1	0	0	1	1	0	0	1	1	0	0	1	1
4	0	1	0	0	0	1	0	0	1	0	0	0	0	1	0	0
5	0	1	0	1	1	0	1	1	0	1	1	1	1	0	0	0
6	0	1	1	0	1	1	0	0	1	1	0	0	1	0	0	1
7	0	1	1	1	1	1	0	1	1	1	0	1	1	0	1	0
8	1	0	0	0	1	1	1	0	1	1	1	0	1	0	1	1
9	1	0	0	1	1	1	1	1	1	1	1	1	1	1	0	0

用 BCD 码表示十进制数,只要把十进制数的每一位数码,分别用 BCD 码取代即可;反之,若要知道 BCD 码代表的十进制数,只要 BCD 码以小数点为起点向左、右边每 4 位分成一组,再写出每一组代码代表的十进制数,并保持原排序即可。

【例 1-22】 求出 902.45_{10} 的 8421BCD 码。

解 图 1-14 说明了将十进制数转换为 8421BCD 码的方法。将十进制数的每一位转换为相应的 4 位 8421BCD 码（见表 1-7），即

$$902.45_{10} = \mathbf{100100000010.01000101}_{\text{8421BCD}}$$

【例 1-23】 求出 $\mathbf{10000010.1001}_{\text{5421BCD}}$ 所表示的十进制数。

解 将 5421BCD 码转换为十进制数的方法如图 1-15 所示。首先将 5421BCD 码以小数点为起点向左、右边每 4 位分成一组，每一组由与其相对应的十进制数码表示，且记在下方。那么 5421BCD 码 **10000010.1001** 就等于十进制数 52.6，即

$$\mathbf{10000010.1001}_{\text{5421BCD}} = 52.6_{10}$$

十进制	9	0	2	.	4	5
8421BCD	**1001**	**0000**	**0010**	·	**0100**	**0101**

图 1-14 十进制数到 8421BCD 码的转换过程

1000	0010	.	1001	5421BCD
5	2	.	6	十进制

图 1-15 5421BCD 码到十进制数的转换过程

1.4.2 无权二进制码

有一些无权的二进制码，它们的每一位都没有具体的权值，如余 3 码、格雷码就是两种无权的二进制码。

1. 余 3 码

余 3 码是一种特殊的 BCD 码，它是由 8421BCD 码加 3 后形成的，所以称为余 3 码（简写为 XS3）。如表 1-8 所示，对于一个数 N，它的余 3 码和对应的 8421BCD 码之间的关系为

$$(N)_{\text{XS3}} = (N)_{\text{8421BCD}} + (3)_{\text{8421BCD}}$$

表 1-8 8421BCD 码和余 3 码的对照表

十进制数	8421BCD 码	余 3 码	十进制数	8421BCD 码	余 3 码
0	**0000**	**0011**	5	**0101**	**1000**
1	**0001**	**0100**	6	**0110**	**1001**
2	**0010**	**0101**	7	**0111**	**1010**
3	**0011**	**0110**	8	**1000**	**1011**
4	**0100**	**0111**	9	**1001**	**1100**

【例 1-24】 用余 3 码对十进制数 2916_{10} 编码。

解 首先对十进制数进行 8421BCD 编码，再将各位 BCD 码加 3 即可，如图 1-16 所示。

十进制数	2	9	1	6
8421BCD 码	**0010**	**1001**	**0001**	**0110**
	↓	↓	↓	↓
余 3 码	**0101**	**1100**	**0100**	**1001**

图 1-16 用余 3 码对十进制数编码

所以有　　　　　　　　$2916_{10}=\mathbf{0101110001001001}_{XS3}$

2. 格雷码

格雷码是另一种无权的二进制码,它不属于 BCD 类型的编码。格雷码又叫循环码,具有多种编码形式,但有一个共同的特点,就是任意两个相邻的格雷码之间,仅有一位不同,其余各位均相同。与二进制数相似,格雷码可以拥有任意的位数。4 位格雷码及其相应的二进制码与十进制数的对照表如表 1-9 所示。

表 1-9　4 位格雷码与二进制码的对照表

十进制数	二进制码	格雷码	十进制数	二进制码	格雷码
0	**0000**	**0000**	8	**1000**	**1100**
1	**0001**	**0001**	9	**1001**	**1101**
2	**0010**	**0011**	10	**1010**	**1111**
3	**0011**	**0010**	11	**1011**	**1110**
4	**0100**	**0110**	12	**1100**	**1010**
5	**0101**	**0111**	13	**1101**	**1011**
6	**0110**	**0101**	14	**1110**	**1001**
7	**0111**	**0100**	15	**1111**	**1000**

格雷码与二进制码之间经常相互转换,具体方法如下。

(1) 二进制码到格雷码的转换。

① 格雷码的最高位(最左边)与二进制码的最高位相同;

② 从左到右,逐一将二进制码的两个相邻位相加,作为格雷码的下一位(舍去进位);

③ 格雷码和二进制码的位数始终相同。

【例 1-25】 把二进制码 **1001** 转换成格雷码。

解 把二进制码 **1001** 转换成格雷码的过程如图 1-17 所示。

(2) 格雷码到二进制码的转换。

① 二进制码的最高位(最左边)与格雷码的最高位相同;

② 将产生的每个二进制码位加上下一相邻位置的格雷码位,作为二进制码的下一位(舍去进位)。

【例 1-26】 把格雷码 **0111** 转换成二进制码。

解 把格雷码 **0111** 转换成二进制码的过程如图 1-18 所示。

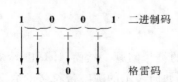

图 1-17　二进制码到格雷码的转换

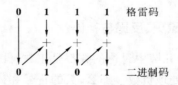

图 1-18　格雷码到二进制码的转换

1.4.3　字母数字码

计算机处理的数据不仅有数码,还有字母、标点符号、运算符号及其他特殊符号。这些符号都必须使用二进制码来表示,计算机才能直接处理。可同时用于表示字母和数字的编码,通常称为字母数字码。

目前,许多国家在计算机和其他数字设备中广泛使用 ASCII 码(读作"阿瑟克"码),即美国信息交换标准码(American Standard Code for Information Interchange)。ASCII 码用 7 位二进制码表示 128 个不同的数字、字母和符号,使用时加第 8 位作为奇偶校验位。ASCII 码的编码如表 1-10 所示。

ASCII 码是一种常用的现代字母数字码,用于计算机之间、计算机与打印机、键盘和视频显示等外部设备之间传输字符数字信息,操作人员由计算机键盘输入的信息在计算机内部的存储也使用 ASCII 码。ASCII 码已成为微型计算机标准输入/输出(I/O)编码。

【例 1-27】 一组信息的 ASCII 码如下,请问这组信息代表什么?

| 1001000 | 1000101 | 1001100 | 1010000 |

解 把每组 7 位码分为高 3 位和低 4 位两部分,分别作为列值和行值,查表 1-10 可确定其所表示的符号为 HELP。

表 1-10　美国信息交换标准码(ASCII 码)表

位765 位4321	000	001	010	011	100	101	110	111
0000	NUL	DLE	SP	0	@	P	`	p
0001	SOH	DC1	!	1	A	Q	a	q
0010	STX	DC2	"	2	B	R	b	r
0011	ETX	DC3	#	3	C	S	c	s
0100	EOT	DC4	$	4	D	T	d	t
0101	ENQ	NAK	%	5	E	U	e	u
0110	ACK	SYN	&	6	F	V	f	v
0111	BEL	ETB	'	7	G	W	g	w
1000	BS	CAN	(	8	H	X	h	x
1001	HT	EM	)	9	I	Y	i	y
1010	LF	SUB	*	:	J	Z	j	z
1011	VT	ESC	+	;	K	[	k	{
1100	FF	FS	,	<	L	]	l	|
1101	CR	GS	—	=	M	\	m	}
1110	SO	RS	.	>	N	^	n	~
1111	SI	US	/	?	O	_	o	DEL

1.4.4　原码、反码与补码

前面几节中讨论的数都是正数,没有涉及数的符号问题。然而,计算机既要处理正数,又要处理负数。那么,数的符号在计算机中是如何表示的呢? 带符号的数又如何在计算机中表示呢?

在计算机中,数总是存放在由存储元件构成的各种寄存器中,而二进制数码 0 和 1 也总是由存储元件的两种相反状态来表示,所以对于正号"+"或负号"-"也只能用这两种相反的状态来区别。

数的符号在计算机中的一种简单表示法为:正数符号位用"0"表示,负数符号位用

"1"表示。这样,数的符号标示也就"数码化"了。也就是说,带符号数的数值部分和符号部分统一由数码形式(仅用 **0** 和 **1** 两种数字符号)来表示。

若计算机的寄存器为 8 位,则数的存储格式如图 1-19 所示。实际上,这 8 个比特位组成的一组数据串称为一个字节。大多数计算机都是以 8 位一组来处理、存储二进制数据和信息的。在这 8 个比特位中,最高位为符号位。若符号位为 0,则该数为正;若符号位为 1,则该数为负。剩下的 7 位表示该数的绝对值大小。如二进制正数+**1011**和二进制负数−**1011**在该计算机中分别表示为 **00001011** 和 **10001011**。这种自然表示符号数的形式称为原码。

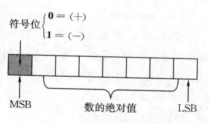

图 1-19 二进制符号数在 8 位寄存器中的存储格式

另一种符号数表示法为反码表示法。在反码表示法中,符号位与原码表示的符号位一样,即对于正数,符号位为 0;对于负数,符号位为 1。但是反码数值部分的形成与它的符号位有关,也就是说,对于正数,反码的数值部分与原码按位相同;对于负数,反码的数值部分是原码的按位变反(即 **1** 变 **0**,**0** 变 **1**),反码也因此而得名。

第 3 种符号数表示法为补码表示法。所谓补码,就是对 2 的补数。在补码表示法中,正数的表示与原码和反码的表示是一样的。对于负数,从原码到补码的规则是:符号位不变,数值部分则是按位求反,最低位加 1,简称"求反加 1"。在计算机中,当二进制数为正数时,其值以原码形式保存;当二进制数为负数时,其值以补码形式保存。

【例 1-28】 求二进制数 $x=+\mathbf{1011}$,$y=-\mathbf{1011}$ 在 8 位存储器中的原码、反码和补码的表示形式。

解 无论是原码、反码和补码形式,8 位存储器的最高位为符号位,其他位则是数值部分的编码。在数值部分,对于正数,原码、反码和补码按位相同;而对于负数,反码是原码的按位求反,补码则是原码的按位求反加 1。所以,二进制数 x 和 y 的原码、反码和补码分别表示如下:

$[x]_{原码}=00001011$, $[x]_{反码}=00001011$, $[x]_{补码}=00001011$

$[y]_{原码}=10001011$, $[y]_{反码}=11110100$, $[y]_{补码}=11110101$

【例 1-29】 求原码表示的带符号二进制数 **10010101** 的十进制数值。

解 在原码表示法中,正数和负数的十进制数值由所有为 **1** 的数值位相应的权值相加得到,而符号通过符号位来确定,故对应的十进制数为

$$-(2^4+2^2+2^0)=-21$$

【例 1-30】 求下面反码表示的带符号二进制数的十进制数值。

(a) **10011001**   (b) **01110100**

解 在反码表示法中,正数的十进制数值由所有为 **1** 的数值位相应的权值相加得到;负数的十进制数值通过赋符号位的权值为负值,并将所有为 **1** 的数值位相应的权值相加,再加上 **1** 得到。

(a) 对应的十进制数为

$$-128+(2^4+2^3+2^0)+1=-102$$

(b) 对应的十进制数为

$$2^6+2^5+2^4+2^2=116$$

另一种方法是将上述反码转换为原码后,再利用例 1-29 的方法求出。

【例 1-31】 求下面补码表示的带符号二进制数的十进制数值。

(a) **10011001**   (b) **01110100**

解 在补码表示法中,正数和负数的十进制数值由所有为 **1** 的数值位相应的权值相加得到,此外,负数中赋符号位的权值为负值。

(a) 对应的十进制数为

$$-128+(2^4+2^3+2^0)=-103$$

(b) 对应的十进制数为

$$2^6+2^5+2^4+2^2=116$$

同样,也可将上述补码转换为原码后,再利用例 1-29 的方法求出。

自测练习

1.4.1 "BCD"三个字母代表(   )。

1.4.2 使用 BCD 码表示十进制数需要(   )。

(a) 4 位   (b) 2 位   (c) 位数取决于十进制数字的位数

1.4.3 BCD 码用于表示(   )。

(a) 二进制数   (b) 十进制数   (c) 十六进制数

1.4.4 $679.8_{10}=($ $)_{8421BCD}$。

1.4.5 $98_{10}=($ $)_{4221BCD}$。

1.4.6 $75_{10}=($ $)_{5421BCD}$。

1.4.7 $97_{10}=($ $)_{2421BCD}$。

1.4.8 $01100001.00000101_{8421BCD}=($ $)_{10}$。

1.4.9 $111011.11_2=($ $)_{8421BCD}$。

1.4.10 $650_{10}=($ $)_{XS3}$。

1.4.11 $10000101_{XS3}=($ $)_{10}$。

1.4.12 $10011_2=($ $)_G$。

1.4.13 $011100_G=($ $)_2$。

1.4.14 ASCII 码有(   )。

(a) 7 位   (b) 12 位   (c) 4 位

1.4.15 字母 K 的 ASCII 码为(   )。

(a) 7   (b) 8   (c) 12

1.4.16 二进制补码中的(   )位是符号位。

(a) 最低   (b) 最高

1.4.17 十进制数 −35 的 8 位二进制补码为(   )。

1.4.18 二进制原码 11110001 所表示的带符号十进制数为(   )。

1.4.19 二进制反码 00010111 所表示的带符号十进制数为(   )。

1.4.20 二进制反码 11101000 所表示的带符号十进制数为(   )。

1.4.21 二进制补码 10101010 所表示的带符号十进制数为(   )。

1.5 带符号二进制数的加减运算

本节将学习

❀ 带符号二进制数的加法运算

❀ 带符号二进制数的减法运算

❀ 溢出条件

对于带符号的二进制数,一般采用补码形式进行运算。在进行加法运算时,直接相加;在进行减法运算时,可将其转换为加法运算。

1.5.1　加法运算

当两个带符号的二进制数相加时,有以下 4 种情况:

(1) 两个数都是正数;

(2) 正数的数值大于负数的数值;

(3) 负数的数值大于正数的数值;

(4) 两个数都是负数。

下面以 8 位带符号二进制数作为加数和被加数,分别用例子说明。

【例 1-32】　完成下面带符号二进制数的加法运算:

(a) 00000111+00000100　　　　　(b) 00001111+11111010

(c) 00010000+11101000　　　　　(d) 11111011+11110111

解　(a)中两个数都是正数,则

$$
\begin{array}{r}
0\,0\,0\,0\,0\,1\,1\,1 \\
+\,0\,0\,0\,0\,0\,1\,0\,0 \\
\hline
0\,0\,0\,0\,1\,0\,1\,1
\end{array}
\qquad
\begin{array}{r}
7 \\
+\,4 \\
\hline
1\,1
\end{array}
$$

和是正数,因而属于二进制原码形式。

(b)中正数的数值大于负数的数值,则

$$
\begin{array}{r}
0\,0\,0\,0\,1\,1\,1\,1 \\
+\,1\,1\,1\,1\,1\,0\,1\,0 \\
\hline
1\,0\,0\,0\,0\,1\,0\,0\,1
\end{array}
\qquad
\begin{array}{r}
15 \\
+\,-6 \\
\hline
9
\end{array}
$$

最后的进位被舍去,和是正数,因而属于二进制原码形式。

(c)中负数的数值大于正数的数值,则

$$
\begin{array}{r}
0\,0\,0\,1\,0\,0\,0\,0 \\
+\,1\,1\,1\,0\,1\,0\,0\,0 \\
\hline
1\,1\,1\,1\,1\,0\,0\,0
\end{array}
\qquad
\begin{array}{r}
16 \\
+\,-24 \\
\hline
-8
\end{array}
$$

和是负数,所以属于二进制补码形式。

(d)中两个数都是负数,则

$$
\begin{array}{r}
1\,1\,1\,1\,1\,0\,1\,1 \\
+\,1\,1\,1\,1\,0\,1\,1\,1 \\
\hline
1\,1\,1\,1\,1\,0\,0\,1\,0
\end{array}
\qquad
\begin{array}{r}
-5 \\
+\,-9 \\
\hline
-14
\end{array}
$$

最后的进位被舍去,和是负数,所以属于二进制补码形式。

注意:当两个数的和所需的位数超出了这两个数的位数时,就会发生溢出。仅仅在两个数都是正数或都是负数的情况下,才会发生溢出。例如:

$$
\begin{array}{r}
0\,1\,1\,1\,1\,1\,0\,1 \\
+\,0\,0\,1\,1\,1\,0\,1\,0 \\
\hline
1\,0\,1\,1\,0\,1\,1\,1
\end{array}
\qquad
\begin{array}{r}
125 \\
+\,58 \\
\hline
183
\end{array}
$$

上例中,和 183 超出了 7 个数值位所能表示的最大值 127,从而产生了溢出,此时所得的运算结果是错误的。

1.5.2 减法运算

当两个带符号的二进制数进行减法运算时,只需要将减数进行"求反加 1",然后与被减数进行加法运算,并舍去最后的任何进位即可得到运算结果。

【例 1-33】 完成下面带符号二进制数的减法运算:

(a) $00001000-00000011$ (b) $00001100-11110111$

(c) $11100111-00010011$ (d) $10001000-11100010$

解 (a)
$$
\begin{array}{r}
0\ 0\ 0\ 0\ 1\ 0\ 0\ 0 \\
+\ 1\ 1\ 1\ 1\ 1\ 1\ 0\ 1 \\
\hline
1\ 0\ 0\ 0\ 0\ 0\ 1\ 0\ 1
\end{array}
$$

舍去最后的进位后,差的结果为 00000101($+5$);验证:$8-3=5$。

(b)
$$
\begin{array}{r}
0\ 0\ 0\ 0\ 1\ 1\ 0\ 0 \\
+\ 0\ 0\ 0\ 0\ 1\ 0\ 0\ 1 \\
\hline
0\ 0\ 0\ 1\ 0\ 1\ 0\ 1
\end{array}
$$

差的结果为 00010101($+21$);验证:$12-(-9)=21$。

(c)
$$
\begin{array}{r}
1\ 1\ 1\ 0\ 0\ 1\ 1\ 1 \\
+\ 1\ 1\ 1\ 0\ 1\ 1\ 0\ 1 \\
\hline
1\ 1\ 1\ 0\ 1\ 0\ 1\ 0\ 0
\end{array}
$$

舍去最后的进位后,差的结果为 11010100,由于符号位为 1,表示差值为负,所以是补码形式,则差的原码为 10101100;验证:$(-25)-(+19)=-44$。

(d)
$$
\begin{array}{r}
1\ 0\ 0\ 0\ 1\ 0\ 0\ 0 \\
+\ 0\ 0\ 0\ 1\ 1\ 1\ 1\ 0 \\
\hline
1\ 0\ 1\ 0\ 0\ 1\ 1\ 0
\end{array}
$$

差的结果为负,其补码形式为 10100110,则差的原码为 11011010;验证:$(-120)-(-30)=-90$。

自测练习

1.5.1 $00100001+10111100=($)。

1.5.2 $01110111-00110010=($)。

1.5.3 $00111011+10101011=($)。

1.5.4 $11100000+10011101=($)。

1.5.5 $00110110-10101110=($)。

1.5.6 $10001111-10101101=($)。

1.6 课外资料阅读

用于错误检测的奇偶校验法

许多系统使用奇偶校验位作为位错误检测的手段,分为偶数奇偶校验位和奇数奇偶校验位两种方式。偶数奇偶校验位使得 **1** 的总数为偶数;奇数奇偶校验位使得 **1** 的总数为奇数。注意,这里"**1** 的总数"指包括奇偶校验位在内的 **1** 的总数。奇偶校验位可以位于编码数据的开头或者结尾。

例如:假设使用偶数奇偶校验位传输 BCD 编码 **0101**,则包括奇偶校验位的总编码为 **00101**。其中,最左边的一位"**0**"是奇偶校验位,其值取"**0**"保证了包括奇偶校验位在内的 **1** 的总数为偶数。反之,如果使用奇数奇偶校验位传输相同的 BCD 编码 **0101**,则包括奇偶校验位的总编码为 **10101**。

现在,让我们假设偶数奇偶校验位的 BCD 编码 **00101** 在传输过程中发生了错误(第 3 位的 1 变成了 0),接收到的编码为 **00001**。接收端的奇偶校验检测电路确定为奇数个 **1**,而应当为偶数个 **1**,这样就检测出了一个错误。

本 章 小 结

1. 数制中允许使用的数码个数称为"基数";某个数位上数码为 **1** 时所表示的数值,称为该数位的"权值"。

2. 二进制数有两个数码:**0** 和 **1**。二进制计数系统是一个加权体系,其权值是 2 的幂。

3. 使用 N 位二进制数,可表示的十进制数范围是 $0\sim 2^{N}-1$。

4. 八进制计数系统使用 8 个数码:$0\sim 7$。

5. 十六进制计数系统使用 16 个数码:$0\sim 9$,$A\sim F$。

6. 从二进制(八进制或十六进制)到十进制的转换,采用按权展开式,即 $D_{10}=\sum a_i R^i$。式中,$R=2,8$ 或 16;a_i 为各位的数码,对于二进制 $a_i=0$ 或 1。

7. 在八进制与二进制的转换中,1 位八进制数与 3 位二进制数相对应,如表 1-4 所示;在十六进制与二进制的转换中,1 位十六进制数与 4 位二进制数相对应,如表 1-6 所示。

8. 从二进制到八进制(或十六进制)的转换,采用分组转换法,即把二进制数按 3 位一组(或 4 位一组)进行分组,然后把每一组转换为八进制(或十六进制)数。

9. 十进制整数转换为二进制、八进制、十六进制的方法是除基取余法,十进制纯小数的转换采用乘基取整法,十进制数既有整数部分又有小数部分,则可用除基取余法及乘基取整法分别转换整数、小数部分,然后合并即得到所求的结果。

10. 八进制到十六进制的转换(反之亦然),其方法是首先转换为二进制数,再由此二进制数转换为所要求的进制数。

11. 用 **0** 和 **1** 的组合来表示信息的过程即编码,编码的组合称为代码。

12. BCD 码和余 3 码用于表示一位或多位十进制数。

13. 格雷码又称为循环码,它与 BCD 码和余 3 码不同,可以是任意位数。

14. ASCII 码是计算机中使用的一种字母、数字混合编码。ASCII 码是 7 位编码,包括 128 个不同的数字、字母和符号。

15. 符号数的表示有 3 种形式,即原码、反码和补码,而在符号数的运算中常用补码形式。

16. 带符号的二进制数可以直接进行加法运算;在进行减法运算时,只需将减数进行"求反加 1",然后与被减数进行加法运算,并舍去最后的任何进位即可得到运算结果。

习 题 一

1.2 数制

1.2.1 如果比特数如下所示,那么能够达到的最大数分别为多少?

(a) 3　　　　(b) 5　　　　(c) 7　　　　(d) 9　　　　(e) 12

1.2.2 完成下列二进制表达式的运算。

(a) $10101+1001$　　(b) $110101-1111$　　(c) 1010×101　　(d) $1001101\div111$

1.3 数制转换

1.3.1 求出下列各数制表示的十进制数。

(a) 11010_2　　(b) 1011.011_2　(c) 57.643_8　　(d) $76.EB_{16}$

1.3.2 将下列二进制数转换为八进制数及十六进制数。

(a) 110101001001_2　　　　(b) 0.10011_2　　(c) 1011111.01101_2

1.3.3 将下列八进制数转换为二进制数和十六进制数。

(a) 16_8　　(b) 172_8　　(c) 61.53_8　　(d) 126.74_8

1.3.4 将下列十六进制数转换为二进制数和八进制数。

(a) $2A_{16}$　　(b) $B2F_{16}$　　(c) $D3.E_{16}$　　(d) $1C3.F9_{16}$

1.3.5 将下列十进制数转换为十六进制数。

(a) 14　　(b) 56　　(c) 435　　(d) 841

1.3.6 将下列十进制数转换为八进制数。

(a) 18　　(b) 72　　(c) 555　　(d) 1075

1.3.7 将下列十六进制数转换为十进制数。

(a) FFE_{16}　　(b) $56A_{16}$　　(c) $C082_{16}$

1.3.8 将下列八进制数转换为十进制数。

(a) 27_8　　(b) 670_8　　(c) $5\,331_8$

1.4 二进制编码

1.4.1 将下列十进制数转换为二进制码及8421BCD码。

(a) $1\,986_{10}$　　(b) 67.311_{10}　　(c) 1.1834_{10}　　(d) 0.9047_{10}

1.4.2 写出下列各十进制数的8421BCD码和余3码。

(a) 13　　(b) 6.25　　(c) 0.125

1.4.3 用格雷码分别表示下列各数。

(a) 10110_2　　(b) 010110_2

1.4.4 将下列各数表示为8421BCD码。

(a) 11011011_2　　　　(b) 456_{10}　　　　(c) 174_8

(d) $2DA_{16}$　　　　(e) $10110011_{2421BCD}$　　(f) 11000011_{XS3}

1.4.5 写出下列各二进制数的原码、反码和补码。

(a) $+1110$　　(b) $+10110$　　(c) -1001　　(d) -10110

1.4.6 已知下列带符号二进制数的原码,求其补码。

(a) 010100　　(b) 101011　　(c) 110010　　(d) 100001

1.4.7 将下列带符号的十进制数转换为8位二进制补码形式。

(a) $+13$　　(b) $+110$　　(c) -25　　(d) -90

1.4.8 根据表1-10,给出下列信息(包括空格在内)对应的ASCII码串。

CAUTION! High Voltage.

1.5 带符号二进制数的加减运算

1.5.1 完成下面带符号二进制数的加法运算:

(a) $01011001+10101101$　　　　(b) $11011001+10101101$

1.5.2 完成下面带符号二进制数的减法运算:

(a) $01011011-11100101$　　　　(b) $10001010-11111100$

2

逻辑门

本章介绍数字电路的基本逻辑单元——门电路,及其对应的逻辑运算与图形描述符号,并针对实际应用介绍三态逻辑门和集电极开路逻辑门,最后简要介绍 TTL 及 CMOS 集成电路逻辑门的逻辑功能、外特性和性能参数。

2.1 基本逻辑门

本节将学习
- 与、或、非三种基本逻辑运算
- 与、或、非三种基本逻辑门的逻辑功能
- 逻辑门的真值表
- 逻辑门的输入输出波形关系

在逻辑代数中,最基本的逻辑运算有**与、或、非**三种。每种逻辑运算代表一种函数关系,这种函数关系可用逻辑符号写成逻辑表达式来描述,也可用文字来描述,还可用表格或图形的方式来描述。

最基本的逻辑关系有 3 种:**与逻辑关系、或逻辑关系、非逻辑关系**。

实现基本逻辑运算和常用复合逻辑运算的单元电路称为逻辑门电路。例如,实现与运算的电路称为**与逻辑门**,简称**与门**;实现与非运算的电路称为**与非逻辑门**,简称与非门。逻辑门电路是设计数字系统的最小单元。

2.1.1 与门

与运算是一种二元运算,它定义了两个变量 A 和 B 的一种函数关系。用语句来描述即为:当且仅当变量 A 和 B 都为 **1** 时,函数 F 为 **1**;或者用另一种方式来描述为:只要变量 A 或 B 中有一个为 **0**,则函数 F 为 **0**。与运算又称为**逻辑乘运算**,也称为**逻辑积运算**。其逻辑关系表达式为

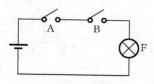

图 2-1 与运算电路

$$F = A \cdot B$$

式中:乘号"·"表示与运算。在不至于引起混淆的前提下,乘号"·"经常被省略。该式可读作 F 等于 A 乘 B;也可读作 F 等于 A 与 B。

　　逻辑与运算可用开关电路中两个开关串联的例子来说明,如图 2-1 所示。开关 A、B 所有可能的动作方式如表 2-1 所示,此表称为功能表。如果用 **1** 表示开关闭合、**0** 表示开关断开,灯亮时 F=**1**,灯灭时 F=**0**,则上述功能可用表 2-2 描述,这种表格称为真值表。它将输入变量所有可能的取值组合与其对应的输出变量的取值逐个列举出来,是描述逻辑功能的一种重要方法。

表 2-1　功能表

开关 A	开关 B	灯 F
断开	断开	灭
断开	闭合	灭
闭合	断开	灭
闭合	闭合	亮

表 2-2　与运算真值表

A	B	F=A·B
0	**0**	**0**
0	**1**	**0**
1	**0**	**0**
1	**1**	**1**

　　由**与**运算关系的真值表可知,与逻辑的运算规律为

$$0 \cdot 0 = 0, \quad 0 \cdot 1 = 1 \cdot 0 = 0, \quad 1 \cdot 1 = 1$$

简记为:有 **0** 出 **0**,全 **1** 出 **1**。

　　由此可推出其一般形式为

$$A \cdot 0 = 0, \quad A \cdot 1 = A, \quad A \cdot A = A$$

　　实现与逻辑运算功能的电路称为**与门**。每个**与门**有 2 个或 2 个以上的输入端和 1 个输出端,图 2-2 所示为 2 输入端**与门**的逻辑符号。在实际应用中,制造工艺限制了**与门**电路的输入变量个数,所以实际**与门**电路的输入个数是有限的。其他门电路同样如此。

(a) 矩形符号　　　(b) 特异形符号	(a) 3输入与门　　　(b) 8输入与门
图 2-2　与门逻辑符号	图 2-3　多输入与门逻辑符号

【例 2-1】　画出表示 3 输入与门和 8 输入与门的逻辑符号。

　　解　使用标准符号,并加入正确数量的输入数据线,结果如图 2-3 所示。

【例 2-2】　向 2 输入与门输入如图 2-4 所示的波形,求其输出波形 F。

　　解　当输入波形 A 和 B 同时为高电平时(对应于图 2-5 中的阴影部分),输出波形 F 为高电平。

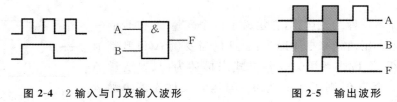

图 2-4　2 输入与门及输入波形　　　　　图 2-5　输出波形

2.1.2 或门

或运算是另一种二元运算,它定义了变量 A、B 与函数 F 的另一种关系。可用语句描述为:只要变量 A 和 B 中任何一个为 **1**,则函数 F 为 **1**;或描述为:当且仅当变量 A 和 B 均为 **0** 时,函数 F 才为 **0**。或运算又称为逻辑加,也称为逻辑和。其运算符号为"**+**"。或运算的逻辑关系表达式为

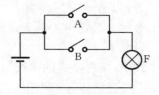

图 2-6　或运算电路

$$F = A + B$$

式中:加号"**+**"表示**或**运算。该式可读作:F 等于 A 加 B;也可读作:F 等于 A 或 B。

逻辑**或**运算可用开关电路中 2 个开关并联的例子来说明,如图 2-6 所示。其功能表和真值表分别如表 2-3、表 2-4 所示。

<table>
<tr><td colspan="3" align="center">表 2-3　功能表</td></tr>
<tr><td>开关 A</td><td>开关 B</td><td>灯 F</td></tr>
<tr><td>断开</td><td>断开</td><td>灭</td></tr>
<tr><td>断开</td><td>闭合</td><td>亮</td></tr>
<tr><td>闭合</td><td>断开</td><td>亮</td></tr>
<tr><td>闭合</td><td>闭合</td><td>亮</td></tr>
</table>

<table>
<tr><td colspan="3" align="center">表 2-4　或运算真值表</td></tr>
<tr><td>A</td><td>B</td><td>F＝A＋B</td></tr>
<tr><td>0</td><td>0</td><td>0</td></tr>
<tr><td>0</td><td>1</td><td>1</td></tr>
<tr><td>1</td><td>0</td><td>1</td></tr>
<tr><td>1</td><td>1</td><td>1</td></tr>
</table>

由**或**运算关系的真值表可知,或逻辑的运算规律为

$$0+0=0, \quad 0+1=1+0=1, \quad 1+1=1$$

简记为:有 **1** 出 **1**,全 **0** 出 **0**。

由此可推出其一般形式为

$$A+0=A, \quad A+1=1, \quad A+A=A$$

实现**或**逻辑运算功能的电路称为**或门**。每个**或**门有 2 个或 2 个以上的输入端和 1 个输出端,图 2-7 所示为 2 输入端**或**门的逻辑符号。

【例 2-3】　画出表示 3 输入**或**门和 8 输入**或**门的逻辑符号。

解　使用标准符号,并加入正确数量的输入数据线,结果如图 2-8 所示。

（a）矩形符号　　（b）特异形符号　　　　　　（a）3 输入或门　　（b）8 输入或门

图 2-7　或门逻辑符号　　　　　　　　　　图 2-8　多输入或门逻辑符号

【例 2-4】　向 2 输入**或**门输入如图 2-9 所示的波形,求其输出波形 F。

解　当输入波形 A 和 B 之一或全部为高电平时(对应于图 2-10 中的阴影部分),输出波形 F 为高电平。

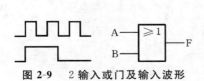

图 2-9　2 输入或门及输入波形

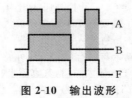

图 2-10　输出波形

2.1.3　非门

逻辑非运算是一元运算,它定义了一个变量(记为 A)的函数关系。可用语句描述为:当 A=1 时,函数 F=0;反之,当 A=0 时,函数 F=1。非运算也称为反运算或逻辑否定。其逻辑关系表达式为

$$F=\overline{A}$$

式中:字母上方的横线"—"表示非运算。该式可读作:F 等于 A 非,或 F 等于 A 反。

逻辑非运算可用图 2-11(a)所示的开关电路来说明。在图 2-11(b)中,若令 A 表示开关处于常开位置,则 $\overline{A}$ 表示开关处于常闭位置。其功能表和真值表分别如表 2-5、表 2-6 所示。

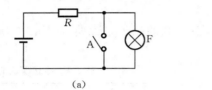

(a)　　　　　　　　　　　　　　　(b)

图 2-11　非运算电路

表 2-5　功能表

开关	灯
断开	亮
闭合	灭

表 2-6　非运算真值表

A	F=$\overline{A}$
0	1
1	0

由非运算关系的真值表可知,非逻辑的运算规律为

$$\overline{0}=1, \quad \overline{1}=0$$

简记为:有 0 出 1,有 1 出 0。

由此可推出其一般形式为

$$\overline{\overline{A}}=A, \quad A+\overline{A}=1, \quad A\cdot\overline{A}=0$$

实现非逻辑运算功能的电路称为非门。非门也称为反相器。每个非门有 1 个输入端和 1 个输出端。图 2-12 所示为非门的逻辑符号。

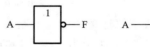

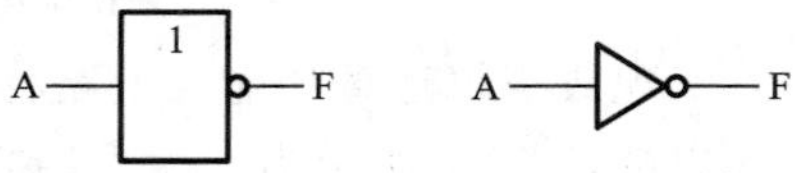

(a)矩形符号　　　　　(b)特异形符号

图 2-12　非门逻辑符号

【例 2-5】　向非门输入如图 2-13 所示的波形,求其输出波形 F。

解　如图 2-14 所示,当输入波形为高电平时,输出波形就为低电平;反之亦然。

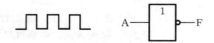

图 2-13　非门及输入波形

图 2-14　输出波形

自测练习

2.1.1　满足(　　)时,与门输出为高电平。
　　(a)只要有 1 个或多个输入为高电平　　　　(b)所有输入都是高电平
　　(c)所有输入都是低电平
2.1.2　4 输入与门有(　　)种可能的输入状态组合。
2.1.3　对于 5 输入与门,其真值表有(　　)行、(　　)列。
2.1.4　与门执行(　　)逻辑运算。

2.1.5　满足（　　）时,或门输出为低电平。

(a) 1 个输入为高电平　　　　　　　(b) 所有输入都是低电平

(c) 所有输入都是高电平　　　　　　(d) (a)和(c)都对

2.1.6　4 输入或门有（　　）种可能的输入状态组合。

2.1.7　对于 5 输入或门,其真值表有（　　）行、（　　）列。

2.1.8　或门执行（　　）逻辑运算。

2.1.9　非门执行（　　）逻辑运算。

2.1.10　非门有（　　）个输入。

2.2　复合逻辑门

本节将学习

❂ 与非、或非、异或、同或的复合逻辑运算

❂ 与非门、或非门的逻辑功能

❂ 异或门、同或门的逻辑功能

❂ 各种复合逻辑门的真值表描述及输出波形

基本逻辑运算的复合称为复合逻辑运算。而实现复合逻辑运算的电路称为复合逻辑门。最常用的复合逻辑门有**与非门、或非门、与或非门**和**异或门**等。

2.2.1　与非门

与运算后再进行非运算的复合运算称为**与非运算**,实现与非运算的逻辑电路称为**与非门**。一个与非门有 2 个或 2 个以上的输入端和 1 个输出端,2 输入端与非门的逻辑符号如图 2-15 所示。其输出与输入之间的逻辑关系表达式为

$$F=\overline{A \cdot B}$$

与非门的真值表如表 2-7 所示。使用与非门可实现任何逻辑功能的逻辑电路。因此,与非门是一种通用逻辑门。

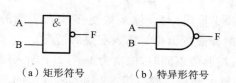

（a）矩形符号　　（b）特异形符号

图 2-15　与非门逻辑符号

表 2-7　与非门真值表

A	B	$F=\overline{A \cdot B}$
0	0	1
0	1	1
1	0	1
1	1	0

【**例 2-6**】　向 2 输入与非门输入如图 2-16 所示的波形,求其输出波形 F。

解　当输入波形 A 和 B 同为高电平时(对应于图 2-17 中的阴影部分),输出波形 F 为低电平。

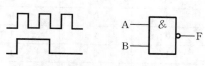

图 2-16　2 输入与非门及输入波形

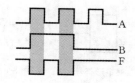

图 2-17　输出波形

2.2.2 或非门

或运算后再进行非运算的复合运算称为**或非运算**,实现**或非运算**的逻辑电路称为**或非门**。**或非门**也是一种通用逻辑门。一个**或非门**有 2 个或 2 个以上的输入端和 1 个输出端,2 输入端**或非门**的逻辑符号如图 2-18 所示。其输出与输入之间的逻辑关系表达式为

$$F = \overline{A+B}$$

或非门的真值表如表 2-8 所示。和**与非门**一样,**或非门**也是可实现任何逻辑功能的逻辑电路。因此,**或非门**也是一种通用逻辑门。

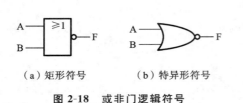

（a）矩形符号　　　（b）特异形符号

图 2-18　或非门逻辑符号

表 2-8　或非门真值表

A	B	$F = \overline{A+B}$
0	0	1
0	1	0
1	0	0
1	1	0

【例 2-7】 向 2 输入**或非门**输入如图 2-19 所示的波形,求其输出波形 F。

解 只要输入波形 A、B 有一个或均为高电平时(对应于图 2-20 中的阴影部分),输出波形 F 就为低电平。

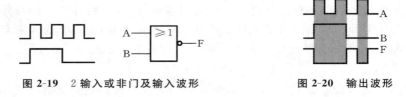

图 2-19　2 输入或非门及输入波形　　**图 2-20　输出波形**

2.2.3 异或门

在集成逻辑门中,**异或逻辑**主要为 2 输入变量门,对 3 输入或更多输入变量的逻辑,都可以由 2 输入变量门导出。所以,常见的**异或逻辑**是 2 输入变量的情况。

对于 2 输入变量的**异或逻辑**,当 2 个输入端取值不同时,输出为 **1**;当 2 个输入端取值相同时,输出为 **0**。实现**异或逻辑**运算的逻辑电路称为**异或门**。2 输入**异或门**的逻辑符号如图 2-21 所示。其输入与输出之间的逻辑关系表达式为

$$F = A \oplus B = \overline{A}B + A\overline{B}$$

其真值表如表 2-9 所示。

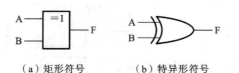

（a）矩形符号　　（b）特异形符号

图 2-21　2 输入异或门逻辑符号

表 2-9　2 输入异或门真值表

A	B	$F = A \oplus B$
0	0	0
0	1	1
1	0	1
1	1	0

【例 2-8】 向**异或门**输入如图 2-22 所示的波形,求其输出波形 F。

解 当输入波形 A 和 B 有且只有一个为高电平时（对应于图 2-23 中的阴影部分），输出波形 F 就为高电平。

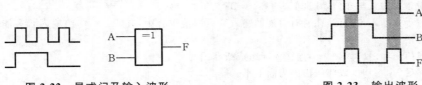

图 2-22 异或门及输入波形　　　　　图 2-23 输出波形

对于多变量的**异或**逻辑运算，常以 2 变量的**异或**逻辑运算的定义为依据进行推证。N 个变量的**异或**逻辑运算中输出值和输入变量取值的对应关系为：输入变量的取值组合中，有奇数个 **1** 时，**异或**逻辑运算的输出值为 **1**；反之，输出值为 **0**。

2.2.4　同或门

异或运算后再进行**非**运算，则称为**同或**运算。实现同或运算的电路称为**同或**门。2 变量**同或**门的逻辑符号如图 2-24 所示，其输入与输出之间的逻辑关系表达式为

$$F=A\odot B=\overline{A\oplus B}=\overline{A}\,\overline{B}+AB$$

其真值表如表 2-10 所示。

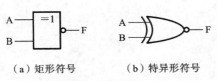

（a）矩形符号　　（b）特异形符号

图 2-24 同或门逻辑符号

表 2-10　2 输入同或门真值表

A	B	F＝A⊙B
0	**0**	**1**
0	**1**	**0**
1	**0**	**0**
1	**1**	**1**

【例 2-9】 向同或门输入如图 2-25 所示的波形，求其输出波形 F。

解 当输入波形 A 和 B 有且只有一个为高电平时（对应于图 2-26 中的阴影部分），输出波形 F 就为低电平。

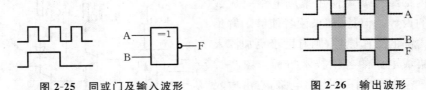

图 2-25 同或门及输入波形　　　　图 2-26 输出波形

像多变量的**异或**逻辑运算一样，多变量的**同或**逻辑运算也常以 2 变量的**同或**逻辑运算的定义为依据进行推证。N 个变量的**同或**逻辑运算中输出值和输入变量取值的对应关系为：输入变量的取值组合中，有偶数个 **0** 时，**同或**逻辑运算的输出值为 **1**；反之，输出值为 **0**。

自测练习

2.2.1 2 输入与非门对应的逻辑表达式是（　　）。

2.2.2 满足（　　）时，与非门输出为低电平。

　　（a）只要有 1 个输入为高电平　　　　（b）所有输入都是高电平

(c) 所有输入都是低电平

2.2.3 当用 2 输入与门的 1 个输入端传输信号时,作为控制端的另一输入端应加(　　)电平。

2.2.4 对于 5 输入与非门,有(　　)种可能的输入变量取值组合。

2.2.5 对于 4 输入与非门,其真值表有(　　)行、(　　)列。

2.2.6 对于 8 输入与非门,在所有可能的输入变量取值组合中,有(　　)组输入状态能够输出低电平。

2.2.7 **或门**和非门应该(　　)连接才能组成**或非门**。

2.2.8 满足(　　)时,**或非门**输出为高电平。

    (a) 1 个输入为高电平　　　　　　　　(b) 所有输入都是低电平

    (c) 多于 1 个的输入是高电平　　　　　(d) (a)和(c)都对

2.2.9 当 2 输入**异或门**的输入端电平(　　)(相同,不相同)时,其输出为 **1**。

2.2.10 将 2 输入**异或门**用作反相器时,应将另一输入端接(　　)电平。

2.2.11 当 2 输入**同或门**的输入端电平(　　)(相同,不相同)时,其输出为 **1**。

2.2.12 要使 2 输入变量**异或门**输出端 F 的状态为 **0**,A 端应该(　　)。

    (a) 接 B　　　　　　　　　　(b) 接 **0**　　　　　　　　(c) 接 **1**

2.2.13 (　　)是**异或门**的表达式。

    (a) $F=AB+\overline{AB}$　　　　　　　(b) $F=\overline{A}+AB$　　　　　(c) $F=\overline{AB}+\overline{AB}$

2.2.14 **异或门**可看作 **1** 的(　　)(奇、偶)数检测器。

2.3　其他逻辑门

本节将学习

😀 集电极开路逻辑门的概念

😀 集电极开路逻辑门的使用方法

😀 集电极开路逻辑门的应用

😀 三态逻辑门的概念及逻辑功能

😀 三态逻辑门的应用

2.1 节、2.2 节介绍了常用逻辑门电路的功能及特点。在实际应用中,它们均以集成电路的形式出现,普通读者无需了解集成电路的内部结构就可使用集成电路完成数字电路的设计。但是,如果读者能够了解集成电路内部的工作原理,则有助于更加深入地理解集成电路的各项技术指标。图 2-27 给出了 3 输入与非门的内部电路,它由输入级、分相放大级和推拉式输出级组成。正常情况下,三极管 T_3 和 T_4 轮流饱和导通。当 T_3 导通、T_4 截止时,F 输出低电平;当 T_4 导通、T_3 截止时,F 输出高电平。

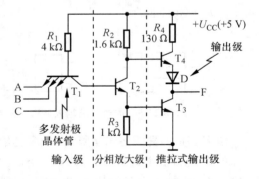

图 2-27　3 输入与非门内部电路

2.3.1　集电极开路逻辑门

集电极开路逻辑门是对普通逻辑门内部的推拉式输出级进行改进而得到的,即在推拉式输出级基础上省去三极管 T_4 和二极管 D,这样输出端和内部电源之间不存在连接的通路,当三极管 T_3 饱和导通时,门电路输出低电平;当三极管 T_3 截止时,输出端既没有和地线相连,也没有和电源相连,这时输出端处于悬空状态。

　　由于集电极开路输出端不存在和内部电源的连接通路,故多个集电极开路输出端可以连接在一起。图 2-28 给出了三个集电极开路逻辑门连接在一起的示意图,其公共输出端通过一个电阻连接到 +5 V 电源上,该电阻称为上拉电阻 R_P。当三个集电极均处于悬空状态时,其输出为高电平;当任一三极管处于饱和导通时,电流由外部 +5 V 电源通过上拉电阻流经饱和导通的三极管到地,其输出为低电平。

　　集电极开路逻辑门简称 OC 门,用符号"⌾"表示,图 2-29 所示为集电极开路与非门的逻辑符号。

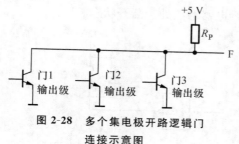

图 2-28　多个集电极开路逻辑门连接示意图

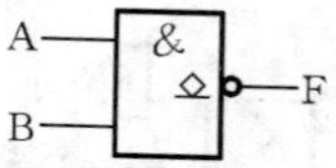

图 2-29　集电极开路与非门逻辑符号

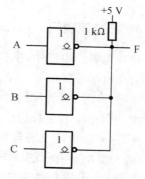

　　图 2-30 给出了三个 OC 非门输出端连接在一起的示意图,当输入 A、B 和 C 均为低电平时,三个非门的输出端均处于悬空状态,这时 1kΩ 的上拉电阻将输出端 F 的电压拉至高电平;如果输入 A、B、C 中任一个为高电平,使得相应非门的输出三极管处于饱和导通,这时输出端 F 为低电平。可以看出,该电路完成的逻辑功能和 3 输入**或非门**完全相同。

　　图 2-31 给出了两个 OC 与非门输出端连接在一起的示意图,连接后实现的逻辑功能如表 2-11 所示。显然,F 与 F_1、F_2 之间为**与逻辑**关系,即 $F=F_1 \cdot F_2=$

图 2-30　多个 OC 非门连接示意图

$\overline{AB} \cdot \overline{CD}$。由于这种与逻辑是由两个 OC 门的输出端直接相连实现的,故称为**线与**。

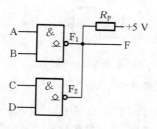

图 2-31　OC 与非门构成的线与逻辑电路

表 2-11　两个 OC 与非门输出端相连后的真值表

F_1	F_2	F
0	0	0
0	1	0
1	0	0
1	1	1

2.3.2　集电极开路逻辑门的应用

　　7406、7407、7416 和 7417(均为集成电路型号,详见 2.4 节)是具有高电压输出能力的集电极开路门电路。尽管集成电路本身的供电电压为 +5 V,但是通过上拉电阻可使其输出电压高达 30 V。例如 7406 和 7407 的输出电压最大值为 30 V;7416 和 7417 的输出电压最大值为 15 V。

除了具有高电压输出特性外,集电极开路门电路输出低电平时比普通门电路吸收更多电流,如 7406、7407、7416 和 7417 可吸收 40 mA 电流。由于具有以上两个方面的特性,集电极开路门电路广泛应用于需要高电压输出和较大电流的场合。

图 2-32 给出了用于实现电平转换的示意图,OC 与非门通过上拉电阻连接在 +10 V 电源上,当输入 A、B 中有一个为低电平时,则输出端高电平为 10 V。

图 2-33 为 7406 集电极开路非门驱动一个 12 V 继电器的示意图。当非门输出低电平时,将有较大电流(约 20 mA)流经继电器线圈,该电流使继电器触点处于关闭状态;当非门输入低电平时,其输出为悬空状态,而箝位二极管使得继电器线圈两端电压约为0.7 V,这时流经线圈的电流非常小,使继电器触点处于断开状态。

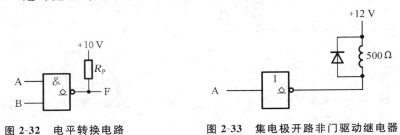

图 2-32 电平转换电路   图 2-33 集电极开路非门驱动继电器

2.3.3 三态逻辑门

普通逻辑门电路中,推拉式输出级的两个三极管交替处于导通和截止状态,使得输出端为高电平或低电平。下面介绍一种新类型的门电路,该种类型的门电路中,推拉式输出级的两个三极管可同时处于截止状态,这时输出端处于高阻状态或悬空状态。这种类型的门电路有三种输出状态:高电平、低电平和高阻状态。故称之为三态逻辑门。

图 2-34 给出了三态与非门的逻辑符号,用"∇"表示,并增加了一个控制端 EN。图 2-34(a)为高电平有效的三态与非门,即当控制端为高电平时,三态与非门工作,实现正常与非功能;当控制端为低电平时,三态与非门禁止,输出为高阻状态。在图 2-34(b)中,控制端包含小圆圈,表示低电平有效,即当控制端为低电平时,实现正常与非功能;当控制端为高电平时,输出为高阻状态。

(a) 控制端高电平有效   (b) 控制端低电平有效

图 2-34 三态与非门逻辑符号

和普通门电路不同,多个三态逻辑门的输出端可以直接连接在一起,但是要求这些三态门不能同时处于工作状态,任何时刻只能有一个三态门工作。图 2-35 给出了多个三态与非门用于总线传输的示意图,只要使各三态与非门的控制端轮流为 **0**,就可以把各三态与非门的输出信号轮流传送到总线上,实现多路数据在总线上的分时传输。

此外,利用三态门还可以实现数据的双向传输,如图 2-36 所示。其中,门 G_1 和门 G_2 为三态反相器,门 G_1 低电平有效,门 G_2 高电平有效。当控制端 EN 为 **0** 时,门 G_1 工作,门 G_2 禁止,数据从 A 传输到 B;当控制端 EN 为 **1** 时,门 G_2 工作,门 G_1 禁止,数据从 B 传输到 A。

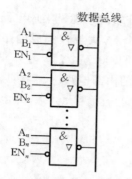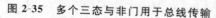

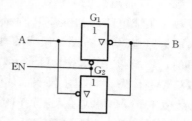

图 2-35　多个三态与非门用于总线传输　　图 2-36　利用三态反相器实现数据双向传输

自 测 练 习

2.3.1 集电极开路的与非门也称为（　　），使用集电极开路的与非门，其输出端和电源之间应外接（　　）电阻。

2.3.2 三态门的输出端有（　　）、（　　）和（　　）三种状态。

2.3.3 三态门输出为高阻状态时，（　　）是正确的说法。
（a）用电压表测量指针不动　　　　（b）相当于悬空
（c）电压不高不低　　　　　　　　（d）测量电阻指针不动

2.3.4 以下电路中可以实现**线与**功能的有（　　）。
（a）与非门　　　　　（b）三态输出门　　　　（c）集电极开路门

2.3.5 对于图 2-34(b)所示的三态与非门，当控制端 EN＝0 时，三态门输出为（　　）；当 EN＝1 时，三态门输出为（　　）。

2.3.6 两个普通与非门的输出端（　　）直接相连。
（a）能　　　　　　　　（b）不能

2.4　集成电路逻辑门

本节将学习
- TTL 集成逻辑门的概念
- 比较各种 TTL 系列的特性
- CMOS 集成逻辑门的概念
- 集成电路逻辑门的性能参数
- 门电路的扇出系数
- TTL 与 CMOS 两种集成电路在混合应用时的接口

2.4.1　概述

把若干个有源器件和无源器件及其连线按照一定的功能要求，制作在一块半导体基片上，这样的产品称为集成电路。若它完成的功能是逻辑功能或数字功能，则称为数字集成电路。最简单的数字集成电路是集成逻辑门。

集成电路比分立元件电路有更多显著的优点，如体积小、耗电小、重量轻、可靠性高等，所以集成电路一出现就受到人们的极大重视并迅速得到广泛应用。

数字集成电路的规模一般是根据门的数目来划分的。小规模集成电路(简称 SSI)约为 10 个门,中规模集成电路(简称 MSI)约为 100 个门,大规模集成电路(简称 LSI)约为 1 万个门,而超大规模集成电路(简称 VLSI)则为 100 万个门。在本节中,将介绍小规模数字集成电路的基本知识,而不涉及集成电路的内部电路。

集成电路逻辑门,按照其组成的有源器件的不同可分为两大类:一类是双极型晶体管逻辑门;另一类是单极型 MOS 场效应管逻辑门。

双极型晶体管逻辑门主要有晶体管—晶体管逻辑门(简称 TTL 门)、射极耦合逻辑门(简称 ECL 门)和集成注入逻辑门(简称 I^2L 门)等。

单极型 MOS 场效应管逻辑门主要有 P 沟道增强型 MOS 管构成的逻辑门(简称 PMOS 门)、N 沟道增强型 MOS 管构成的逻辑门(简称 NMOS 门)和利用 PMOS 管和 NMOS 管的互补电路构成的门电路(简称 CMOS 门,又称为互补 MOS 门)。

其中,使用最广泛的是 TTL 集成电路和 CMOS 集成电路。每种集成电路又分为不同的系列,每个系列的数字集成电路都有不同的品种类型,用不同的代码表示,也就是器件型号的后几位数码。

00:4 路 2 输入**与非**门。

02:4 路 2 输入**或非**门。

08:4 路 2 输入**与**门。

10:3 路 3 输入**与非**门。

20:双路 4 输入**与非**门。

27:3 路 3 输入**或非**门。

32:4 路 2 输入**或**门。

86:4 路 2 输入**异或**门。

具有相同品种类型代码的集成电路,不管属于哪个系列,它们的逻辑功能相同,外形尺寸相同,引脚也兼容。例如,7400、74LS00、74ALS00、74HC00 和 74AHC00 等型号的产品都是 14 个引脚兼容的 4 路 2 输入**与非**门封装。图 2-37 给出了 7400 芯片的引脚图、双列直插式封装(Dual In-line Package,简称 DIP)的外形图。其他型号芯片的引脚图见集成电路技术手册。最常用的是采用塑料或陶瓷封装技术的双列直插式封装(DIP)形式,这种封装是绝缘密封的,有利于插到电路板上。另一种常见的 IC 封装形式是 SMT(Surface-Mount Technology,简称 SMT)封装,也称为表面贴装。SMT 封装的芯片直接焊接在电路板的表面,无需在印刷电路上穿孔,所以其密度更高,即给定区域内可以放置更多的 IC 芯片。

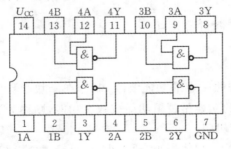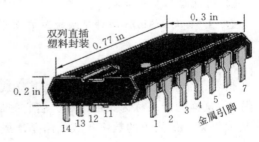

图 2-37　7400 芯片引脚图及 DIP 封装外形图

使用集成门电路芯片时,要特别注意其引脚图及排列情况,分清每个门的输入端、输出端、电源端和接地端所对应的引脚,这些信息及芯片中门电路的性能参数,都收录在有关产品的数据手册中,使用时要养成查数据手册的习惯。

2.4.2　TTL 集成电路逻辑门

TTL 门电路由双极型三极管构成,其特点是速度快、抗静电能力强;但其功耗较大,不适宜做成大规模集成电路,目前广泛应用于中、小规模集成电路中。TTL 门电路有 74(民用)和 54(军用)两大系列,每个系列中又有若干子系列。例如,74 系列包含如下基本子系列。

74:标准 TTL(Standard TTL)。

74L:低功耗 TTL(Low-power TTL)。

74S:肖特基 TTL(Schottky TTL)。

74AS:先进肖特基 TTL(Advanced Schottky TTL)。

74LS:低功耗肖特基 TTL(Low-power Schottky TTL)。

74ALS:先进低功耗肖特基 TTL(Advanced Low-power Schottky TTL)。

使用者在选择 TTL 子系列时主要考虑它们的速度和功耗,其速度及功耗的比较如表 2-12 所示。其中 74LS 系列产品具有最佳的综合性能,是 TTL 集成电路的主流,是应用最广的系列。54 系列和 74 系列具有相同的子系列,两个系列的参数基本相同,主要在电源电压范围和工作温度范围上有所不同。54 系列适应的范围更大,如表 2-13 所示。不同子系列在速度、功耗等参数上有所不同。全部 TTL 集成门电路都采用+5 V 电源供电,逻辑电平为标准 TTL 电平。

表 2-12　TTL 系列的速度及功耗的比较

速度	TTL 系列	功耗	TTL 系列
最快 ↓ 最慢	74AS	最小 ↓ 最大	74L
	74S		74ALS
	74ALS		74LS
	74LS		74AS
	74		74
	74L		74S

表 2-13　54 系列与 74 系列的比较

系　　列	电源电压/V	环境温度/℃
54	4.5~5.5	−55~+125
74	4.75~5.25	0~70

2.4.3　CMOS 集成电路逻辑门

CMOS 门电路由 MOS 场效应管构成,它的特点是集成度高、功耗低,但速度较慢、抗静电能力差。虽然 TTL 门电路由于速度快和有更多选择类型而流行多年,但都已成为过去。随着集成电路制造工艺的不断发展,CMOS 电路的集成度、工作速度、功耗和抗干扰能力远优于 TTL。因此,CMOS 门电路获得了广泛的应用,特别是在大规模集成电路和微处理器中已经占据了支配地位。

CMOS 门电路的供电电源可以在 3~18 V 之间,不过,为了与 TTL 门电路的逻辑电平兼容,多数 CMOS 门电路使用＋5 V 电源。另外,还有 3.3 V 的 CMOS 门电路是最近发展起来的,它的功耗比 5 V CMOS 门电路低得多。同 TTL 门电路一样,CMOS门电路也有 74 和 54 两大系列,通过字母 C 来标识。

74 系列 5 V CMOS 门电路的基本子系列如下。

74C:CMOS。

74HC 和 74HCT:高速 CMOS(High-speed CMOS),T 表示和 TTL 直接兼容。

74AC 和 74ACT:先进 CMOS(Advanced CMOS),它们提供了比 TTL 系列更高的速度和更低的功耗。

74AHC 和 74AHCT:先进高速 CMOS(Advanced High-speed CMOS)。

74C 系列 CMOS 门电路和 74 系列 TTL 门电路具有相同的功能和引脚排列,例如7430 和 74C30 都是 8 输入与非门,且引脚排列完全相同。

74 系列 3.3 V CMOS 门电路的基本子系列如下。

74LVC:低压 CMOS(Lower-voltage CMOS)。

74ALVC:先进低压 CMOS(Advanced Lower-voltage CMOS)。

和＋5 V 电源电压下工作的 CMOS 门电路相比,在 3.3 V 电源电压下工作的 CMOS门电路的功耗可进一步减少。近年来,随着便携式设备的不断出现,先后推出了体积更小、重量更轻、速度更快、功耗更低的 CMOS 半导体器件,电源工作电压低至 1.8 V。

2.4.4 集成门电路的性能参数

本节仅从使用的角度介绍集成逻辑门电路的几个外部特性参数,目的是希望对集成逻辑门电路的性能指标有一个概括性的认识。至于每种集成逻辑门电路的实际参数,可在具体使用时查阅有关的产品手册。

数字集成电路的性能参数主要包括:直流电源电压、输入/输出逻辑电平、传输延迟时间、输入/输出电流、功耗等。

1. 直流电源电压

TTL 集成电路的标准直流电源电压为 5 V,最低 4.5 V,最高 5.5 V。CMOS 集成电路的直流电源电压可以在 3~18 V 之间,74 系列 CMOS 集成电路有 5 V 和 3.3 V 两种。CMOS 电路的一个优点是电源电压的允许范围比 TTL 电路大,如 5 V CMOS 门电路,当其电源电压在 2~6 V 范围内时能正常工作,3.3 V CMOS 门电路,当其电源电压在 2~3.6 V 范围内时能正常工作。

2. 输入/输出逻辑电平

对一个 TTL 集成门电路来说,它的输出"高电平",并不是理想的＋5 V 电压,其输出"低电平",也并不是理想的 0 V 电压。这主要是由于制造工艺上的误差,使得即使是同一型号的器件,输出电平也不可能完全一样;另外,由于所带负载及环境温度等外部条件的不同,输出电平也会有较大的差异。但是,这种差异应该在一定的允许范围之内,否则就无法正确标识出逻辑 **1** 和逻辑 **0**,从而造成错误的逻辑操作。

数字集成电路分别有如下 4 种不同的输入/输出逻辑电平。

对于 TTL 电路,有:

低电平输入电压范围 U_{IL} 为 0~0.8 V;

高电平输入电压范围 U_{IH} 为 2~5 V;

低电平输出电压范围 $U_{OL} \leqslant 0.4$ V;

高电平输出电压范围 $U_{OH} \geqslant 2.4$ V。

对于 5 V CMOS 电路,有:

低电平输入电压范围 U_{IL} 为 0~1.5 V;

高电平输入电压范围 U_{IH} 为 3.5~5 V;

低电平输出电压范围 $U_{OL} \leqslant 0.33$ V;

高电平输出电压范围 $U_{OH} \geqslant 4.4$ V。

门电路输出高、低电平的具体电压值与所接的负载有关。

TTL 电路的输入/输出逻辑电平示意图如图 2-38 所示。当输入电平在 $U_{IL(max)}$ 和 $U_{IH(min)}$ 之间时,逻辑电路可能把它当作 **0**,也可能把它当作 **1**。而当逻辑电路因所接负载过多等原因不能正常工作时,高电平输出可能低于 $U_{OH(min)}$,低电平输出可能高于 $U_{OL(max)}$。

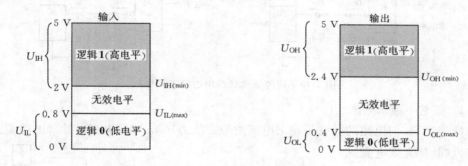

图 2-38　标准 TTL 门的输入/输出逻辑电平

3. 传输延迟时间 t_{pd}

在集成门电路中,由于晶体管开关时间的影响,使得输出与输入之间存在传输延迟。传输延迟时间越短,工作速度越快,工作频率越高。因此,传输延迟时间是衡量门电路工作速度的重要指标。例如,在特定条件下,传输延迟时间为 10 ns 的逻辑电路要比 20 ns 的电路快。

由于实际的信号波形有上升沿和下降沿之分,因此 t_{pd} 是两种变化情况所反映的结果。一是输出从高电平转换到低电平时,输入脉冲指定参考点与输出脉冲相应参考点之间的时间,记为 t_{PHL};另一种是输出从低电平转换到高电平时的情况,记为 t_{PLH},如图 2-39 所示为一个反相器的传输延迟时间 t_{PHL} 和 t_{PLH} 的测量。参考点可以选在输入和输出脉冲相应边沿的 50% 处。在实际应用中,常用平均传输延迟时间来表示门电路的传输延迟时间。

$$t_{pd} = \frac{1}{2}(t_{PHL} + t_{PLH})$$

TTL 集成门电路的传输延迟时间 t_{pd} 的值为几纳秒至十几纳秒;一般 CMOS 集成门电路的传输延迟时间 t_{pd} 较大,为几十纳秒左右,但高速 CMOS 系列的 t_{pd} 较小,只有

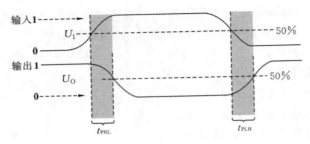

图 2-39 t_{PHL} 和 t_{PLH} 的定义

几纳秒左右;ECL 集成门电路的传输延迟时间 t_{pd} 最小,有的小于 1 ns。

4. 输入/输出电流

对于集成门电路,驱动门与负载门之间的电压和电流关系如图 2-40 所示,这实际上是电流在一个逻辑电路的输出与另一个电路的输入之间如何流动的描述。在高电平输出状态下,驱动门提供电流 I_{OH} 给负载门,作为负载门的输入电流 I_{IH},这时驱动门处于"拉电流"工作状态。而在低电平输出状态下,驱动门处于"灌电流"状态。

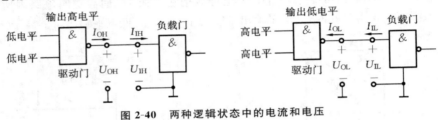

图 2-40 两种逻辑状态中的电流和电压

1) 低电平输出电流 I_{OL}

标准 TTL 门电路的低电平输出电流的最大值为16 mA,该电流由外部电路流入门电路内部,称为灌电流。

2) 低电平输入电流 I_{IL}

标准 TTL 门电路的低电平输入电流的最大值为 -1.6 mA,负号表示该电流是由 TTL 门电路内部送到外部电路。图 2-41 表示了一个与非门驱动 10 个其他类型门电路的示意图。当与非门输出为低电平时,它可以从与之相连的门电路吸收电流,其最大值为 16 mA,而输入为低电平的门电路可以提供 1.6 mA 的电流,故一个与非门最多可以驱动 10 个门电路。通常将门电路可以驱动其他门电路的数量称为扇出系数,该参数反映了门电路驱动负载的能力。门电路扇出系数的计算公式为

$$扇出系数 = \frac{驱动门电路的 I_{OL}}{负载门电路的 I_{IL}}$$

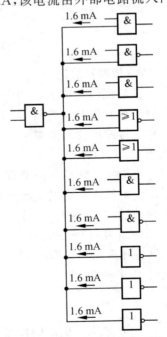

3) 高电平输出电流 I_{OH}

标准 TTL 门电路的高电平输出电流为 -0.4 mA。注意,门电路的高电平输出电流远小于其低电平输出电

图 2-41 TTL 门电路扇出系数

流。在实际数字电路设计中,可以利用门电路低电平输出电流较大这一特点来驱动发光二极管。图 2-42(a) 给出了利用门电路低电平驱动发光二极管的示意图。在图 2-42 (b)所示电路中,从理论上而言,当 7408 门的输出为高电平时,发光二极管被点亮,但是实际上由于 7408 门电路高电平输出电流仅为 800 μA,远小于发光二极管的导通电流,这使得 7408 门的输出电压低于 $U_{OH(min)}$,导致输出电压不再为高电平,故发光二极管不能被点亮。

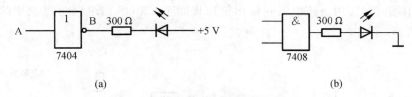

$$\text{(a)} \qquad\qquad\qquad \text{(b)}$$

图 2-42　利用门电路驱动发光二极管

4）高电平输入电流 I_{IH}

标准 TTL 门电路的高电平输入电流为 40 μA。高电平输出时扇出系数的计算公式为

$$\text{扇出系数} = \frac{\text{驱动门电路的 } I_{OH}}{\text{负载门电路的 } I_{IH}}$$

如果低电平输出扇出系数与高电平输出扇出系数不相同,则选择两者中的较小者作为门电路驱动负载的参数指标。

5. 功耗

功耗是指门电路通电工作时所消耗的电功率,它等于电源电压 U_{CC} 和电源电流 I_{CC} 的乘积,即功耗 $P_D = U_{CC} \cdot I_{CC}$。但由于在门电路中电源电压是固定的,而电源电流不是常数,也就是说,在门电路输出高电平和输出低电平时通过电源的电流是不一样的,因而这两种情况下的功耗大小也不一样,一般求它们的平均值:

$$P_D = U_{CC}\left(\frac{I_{CCH} + I_{CCL}}{2}\right)$$

一般情况下,CMOS 门电路的功耗较低,而且与工作频率有关(频率越高功耗越大),其数量级为微瓦,因而 CMOS 门电路广泛应用于电池供电的便携式产品中;TTL 门电路的功耗较高,其数量级为毫瓦,且基本与工作频率无关。

2.4.5　TTL 与 CMOS 门电路的接口 *

TTL 门电路和 CMOS 门电路是两种不同类型的电路,它们的参数并不完全相同。因此,在一个数字系统中,如果同时使用 TTL 门电路和 CMOS 门电路,为了保证系统能够正常工作,必须考虑两者之间的连接问题,以满足 TTL 和 CMOS 门电路的连接所需要的条件,如表 2-14 所示。

表 2-14　TTL 门电路与 CMOS 门电路的连接条件

驱　动　门	连接条件	负　载　门
$U_{OH(min)}$	$>$	$U_{IH(min)}$
$U_{OL(max)}$	$<$	$U_{IL(max)}$
I_{OH}	$>$	I_{IH}
I_{OL}	$>$	I_{IL}

　　如果不满足表 2-14 所列条件,必须增加接口电路。常用的方法有增加上拉电阻、采用专门接口电路、驱动门并联等。例如,在连接 TTL 和 +5 V 电压工作的 CMOS 门电路时,由于 TTL 门电路的高电平输出电压范围为 2.4~5 V,而 CMOS 门电路的高电平输入电压范围为 3.5~5 V,因此为了保证 TTL 输出能够被 CMOS 门电路识别,TTL 输出端必须通过一个上拉电阻 R_P 将输出电压提高至 3.5 V 以上,如图 2-43 所示。

　　在连接 TTL 和高电压工作的 CMOS 门电路时,必须使用集电极开路 TTL 门电路,且输出端需要使用上拉电阻将输出电压提高至 CMOS 门电路可以识别的范围,如图 2-44 所示。

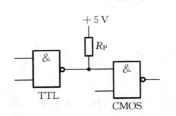

图 2-43　TTL 驱动门与 CMOS
负载门的连接

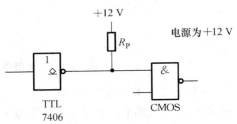

图 2-44　集电极开路 TTL 门电路与 CMOS
门电路的连接示意图

　　在图 2-45 中,CMOS 与非门工作电压为 5~18 V,而普通 TTL 门电路的输入电压远小于 CMOS 门电路的输出电压,故 TTL 门电路不能直接连接到 CMOS 与非门的输出端。这时,可以考虑使用 CC4049 反相缓冲门电路完成电平转换功能。CC4049 的工作电压为 +5V,其高电平输入电压可达 +15V,其输出电压和 TTL 门电路完全兼容。如果在进行 CMOS 到 TTL 电平转换时,希望输出

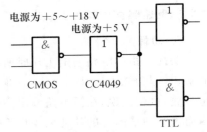

图 2-45　CMOS 与 TTL 的接口

信号与输入信号相同,则可以选用 CC4050 同相缓冲门电路。

　　和 TTL 门电路兼容的 CMOS 门电路如 74HCT 系列门电路,可以直接和 TTL 门电路连接。反过来,TTL 门电路也可以直接和 74HCT 系列门电路连接。

2.5　应用实例阅读

实例 1　汽车安全带检测报警电路

　　图 2-46 所示的是一个汽车安全带检测报警电路。该电路用于检测汽车点火后,在一定的时间内安全带是否系上,如果安全带没有系上,则电路会进行音响报警。

　　图中的与门有三个输入,一个是点火开关输入信号 A,一个是安全带输入信号 B,另一个是定时控制输入信号 C。点火后 A 为高电平 1,没有点火时 A 为低电平 0;没有系安全带时 B 为高电平 1,系上安全带后 B 为低电平 0;定时器为延时电路。

　　工作原理如下:假设点火后 30 s 内,定时器输出 C 为低电平 0,点火 30 s 后,C 为高

电平 **1**。因此，在汽车点火 30 s 后，若安全带没有系上，与门将产生高电平输出，驱动报警电路发出声音以提醒驾乘人员系上安全带。

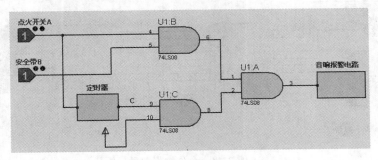

图 2-46　汽车安全带检测报警电路

实例 2　房间入侵检测报警电路

图 2-47 所示电路用于一个有两扇窗和一扇门的房间入侵检测。在门窗处安装有磁性开关传感器，有人入侵即门窗打开时，传感器产生高电平信号，无人入侵即门窗关闭时产生低电平信号。分别用变量 A、B、C 表示两扇窗和一扇门，只要任何一扇窗或门打开，则 A、B、C 中至少有一个高电平 **1**，电路都将产生高电平信号，驱动报警电路报警。

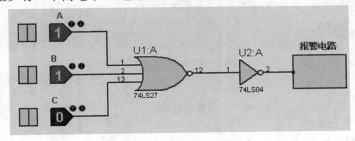

图 2-47　房间入侵检测报警电路

实例 3　共享数码管

现有两组 4 位二进制数，分别为个位 **0001** 和十位 **0010**。只用一个数码管完成个位数和十位数的显示。

采用的电路如图 2-48 所示，集成电路 74HC4511 为显示译码器，其输入为 8421BCD 码，通常与数码管配套使用，用于显示 8421BCD 对应的十进制数。集成电路 74LS241 为带三态逻辑门输出的八缓冲器/驱动器，1 脚 $\overline{1OE}$ 和 19 脚 2OE 为集成电路内部 8 个三态逻辑门的使能控制信号。当 $\overline{1OE}=\mathbf{0}$ 时，1Y0～1Y3＝1A0～1A3，$\overline{1OE}=$ **1** 时，1Y0～1Y3 为高阻状态；当 2OE＝**0** 时，2Y0～2Y3 为高阻状态，2OE＝**1** 时，2Y0～2Y3＝2A0～2A3。

1 脚和 19 脚可作为数码管显示个位数和十位数的控制开关，当控制开关接"0"时，1Y0～1Y3＝1A0～1A3＝个位二进制数 **0001**，2Y0～2Y3 为高阻状态，与显示译码器的输入端断开，数码管显示个位对应的十进制数 1，如图 2-48 所示；当控制开关接"1"时，2Y0～2Y3＝2A0～2A3＝十位二进制数 **0010**，1Y0～1Y3 为高阻状态，与显示译码器的输入端断开，数码管显示十位对应的十进制数 2，如图 2-49 所示，实现了数码管的共享使用。

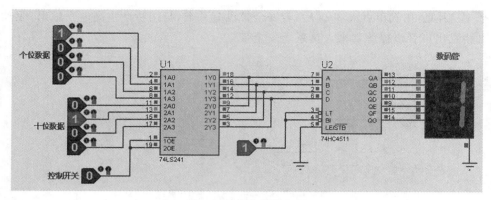

图 2-48 个位数据显示

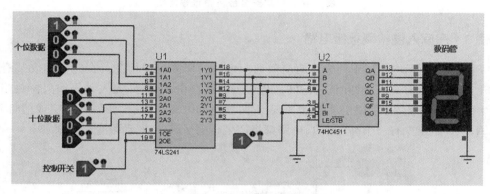

图 2-49 十位数据显示

自 测 练 习

2.4.1 最流行的数字 IC 是(　　)和(　　)集成电路。

2.4.2 字母 TTL 代表(　　)。

2.4.3 字母 CMOS 代表(　　)。

2.4.4 (　　)TTL 子系列传输延时最短,(　　)TTL 子系列功耗最小。

2.4.5 CMOS 门电路比 TTL 门电路的集成度(　　)、带负载能力(　　)、功耗(　　)。

2.4.6 对于 TTL 门电路,如用万用表测得某输出端电压为 2 V,则输出电平为(　　)。

　　(a) 高电平　　　　　　(b) 低电平　　　　　　(c) 既不是高电平也不是低电平

2.4.7 对于 TTL 门电路,3 V 输入为(　　)输入。

　　(a) 禁止　　　　　　(b) 高电平　　　　　　(c) 低电平

2.4.8 对于 TTL 门电路,0.5 V 输入为(　　)输入。

　　(a) 禁止　　　　　　(b) 高电平　　　　　　(c) 低电平

2.4.9 输入信号经多级门传输到输出端所经过的门越多,总的延迟时间就越(　　)。

2.4.10 扇出系数越大,说明逻辑门的负载能力越(　　)(强,弱)。

2.4.11 功耗极低是(　　)数字 IC 系列的显著特点。

　　(a) CMOS　　　　　　(b) TTL

2.4.12 (　　)门电路的特点是具有很好的抗干扰能力。

　　(a) CMOS　　　　　　(b) TTL

2.4.13 所有 TTL 子系列的(　　)特性都相同。

　　(a) 速度　　　　　　(b) 电压

2.4.14 TTL 集成电路中,(　　)子系列速度最快。

2.4.15 下列(　　)不是 TTL 集成电路。

　　(a) 74LS00　　　　(b) 74AS00　　　　(c) 74HC00　　　(d) 74ALS00

本章小结

1. 逻辑门是数字系统的"构造块",是一种"判决"电路。根据输入电平的组合情况,逻辑门产生可预测的输出电平。

2. 逻辑运算的 3 种基本运算是**与、或、非**运算,与其对应的表示方式是逻辑符号、逻辑关系表达式和真值表。基本逻辑运算是构成复合逻辑运算的基础。

3. 只有当所有输入都是高电平时,**与**门的输出才是高电平。只要有 1 个或多个输入为高电平时,**或**门的输出就是高电平。**非**门(反相器)产生的输出电平正好与输入电平相反。

4. 常用的复合逻辑运算有**与非**运算、**或非**运算、**异或**及**同或**运算,其中**与非、或非**运算是通用运算。利用这些简单的逻辑关系可以组成更复杂的逻辑运算。

5. **与非**门等价于在**与**门后接一个反相器(即**非**门)。**或非**门等价于在**或**门后接一个反相器(即**非**门)。

6. 只有当所有输入都是高电平时,**与非**门的输出才是低电平。只有当所有输入都是低电平时,**或非**门的输出才是高电平。

7. **与非**门可用来实现任一种基本运算和复合逻辑运算;**或非**门同样可做到这一点。

8. **异或**门的表达式为 $F = A\overline{B} + \overline{A}B$,仅当输入 A 和 B 处于相反的逻辑电平时,输出 F 才变为高电平。

9. **同或**门的表达式为 $F = \overline{A}\,\overline{B} + AB$,仅当输入 A 和 B 处于相同逻辑电平时,输出 F 才变为高电平。

10. 把集电极开路逻辑门的输出端通过上拉电阻连接到一起能实现**线与**功能。多个三态逻辑门的输出端可以直接连接到一起,但是要求这些三态门不能同时处于工作状态,任何时刻只能有一个三态门处于工作状态。

11. 各种类型的逻辑门都是以集成电路(IC)形式提供的。主要的数字集成电路系列是 TTL 和 CMOS 系列。

12. TTL 系列集成电路采用双极型晶体管制造,这种系列提供有许多 SSI 逻辑门和 MSI 器件。

13. CMOS 门电路利用互补 MOSFET 制造。由于它具有功耗低、速度快、集成度高等特点,CMOS 门电路已经占领了市场。

14. 对数字 IC 的理解重点在于它们的输出与输入之间的逻辑关系和外部电气特性。其性能参数主要包括:直流电源电压、输入/输出逻辑电平、传输延迟时间、输入/输出电流、扇出系数、功耗等。其特性包括:集成电路类型、引脚排列图和符号。

15. 在一个数字系统中,如果同时使用 TTL 和 CMOS 门电路,必须考虑两者之间的接口是否匹配,以保证整个电路能够正常工作。

习 题 二

2.1 基本逻辑门

2.1.1 对于下列输入变量,分别写出其对应的与、或逻辑表达式。

    (a) A,B   (b) A,B,C   (c) A,B,C,D

2.1.2 如果与门有两个输入,分别为 A 和 B,则对应于下列各种输入组合,求其输出。

    (a) A=1,B=0   (b) A=1,B=1   (c) A=0,B=0   (d) A=0,B=1

2.1.3 如果与门有 3 个输入,分别为 A、B 和 C,则对应于下列各种输入组合,求其输出。

    (a) A=1,B=0,C=1   (b) A=0,B=1,C=0

    (c) A=1,B=1,C=1   (d) A=1,B=0,C=1

2.1.4 如果或门有 3 个输入,分别为 A、B 和 C,则对应于下列各种输入组合,求其输出。

(a) $A=1,B=0,C=1$　　　　　(b) $A=0,B=1,C=0$

(c) $A=1,B=1,C=1$　　　　　(d) $A=1,B=0,C=1$

2.2　复合逻辑门

2.2.1　求出习题2.2.1图中逻辑电路图的逻辑表达式。

2.2.2　列出习题2.2.1图中逻辑电路图的真值表。

2.2.3　已知 $Y=\overline{\overline{AB}+C}$，画出实现 Y 输出的逻辑电路图。

2.2.4　两种开关电路如习题2.2.4图(a)、(b)所示，写出反映 F 和 A、B、C 之间逻辑关系的真值表、表达式，并画出逻辑电路图。若 A、B、C 的变化规律如题2.2.4图(c)所示，试画出 F_1、F_2 的波形图。

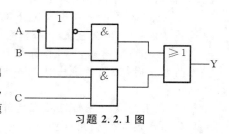

习题 2.2.1 图

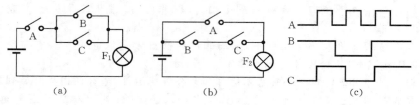

习题 2.2.4 图

2.2.5　将下列电平组合分别输入一个**异或门**，求它的输出。

(a) 0,0　　　　(b) 0,1　　　　(c) 1,0　　　　(d) 1,1

2.2.6　将下列电平组合分别输入一个**同或门**，求它的输出。

(a) 0,0　　　　(b) 0,1　　　　(c) 1,0　　　　(d) 1,1

2.2.7　求下列式子的逻辑运算结果。

(a) $1\oplus0\oplus1\oplus1\oplus0\oplus1\oplus0$　　　　　　(b) $1\odot0\odot1\odot1\odot0\odot1\odot0$

2.3　其他逻辑门

2.3.1　已知习题2.3.1图(a)所示输入波形，画出习题2.3.1图(b)、(c)的输出波形。

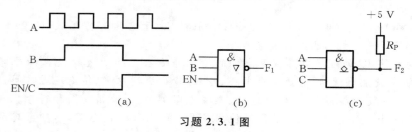

习题 2.3.1 图

2.3.2　求出习题2.3.2图所示电路的输出端 Y 的逻辑表达式。

2.3.3　求出习题2.3.3图所示电路的输出端 Y 的逻辑表达式。

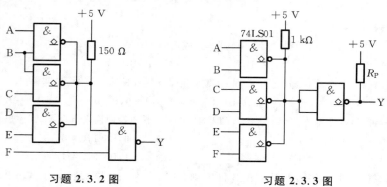

习题 2.3.2 图　　　　　　　习题 2.3.3 图

2.4 集成电路逻辑门

2.4.1 如习题 2.4.1 图所示,在由 74 系列 TTL 与非门组成的电路中,计算门 G_1 能驱动多少个同样的与非门。要求 G_1 输出的高、低电平满足 $U_{OH} \geq 3.2$ V, $U_{OL} \leq 0.4$ V。与非门的输入电流为 $I_{IL} \leq -1.5$ mA, $I_{IH} \leq 40$ μA。$U_{OL} \leq 0.4$ V 时输出电流最大值为 $I_{OL} = 16$ mA, $U_{OH} \geq 3.2$ V 时输出电流最大值为 $I_{OH} = -0.4$ mA, G_1 的输出电阻可忽略不计。

2.4.2 已知 74AS20 的电流参数为 $I_{OL(max)} = 20$ mA, $I_{IL(max)} = 0.5$ mA, $I_{OH(max)} = 2$ mA, $I_{IH(max)} = 20$ μA。试计算一个 74AS20 输出能驱动多少个 74AS20 与非门的输入。

2.4.3 如习题 2.4.3 图所示,设发光二极管参数如下: $I_D = 5$ mA, $U_F = 2$ V。当 TTL 反相器的输出分别为 3 V 和 0.2 V 时,判断输出是高电平还是低电平,以及是红灯亮还是绿灯亮。

2.4.4 如习题 2.4.4 图所示,当 TTL 反相器的输出分别为高、低电平时,判断三极管会不会导通,且发光二极管会不会发亮。

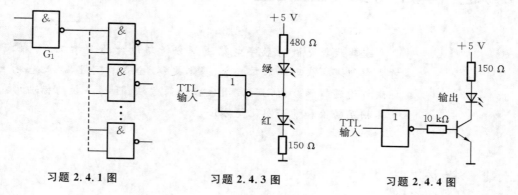

习题 2.4.1 图　　　　习题 2.4.3 图　　　　习题 2.4.4 图

3

逻辑代数基础

逻辑代数是进行数字电路逻辑分析与设计的数学工具。本章首先介绍逻辑代数的基本概念、基本定律、公式和定理,在此基础上详细讨论逻辑函数的几种常用代数化简方法、逻辑函数的标准形式及其相互转换和卡诺图化简方法。

3.1 概述

本节将学习
- 逻辑函数的基本概念
- 逻辑函数的 4 种表示方法

3.1.1 逻辑函数的基本概念

数字电路是一种开关电路。开关的两种状态——"开通"与"关断",可用二元常量 0 和 1 表示。另一方面,数字电路的 I/O 量,一般用高、低电平来体现,高、低电平又可用二元常量来表示。如用"1"表示高电平,用"0"表示低电平。因此就整体而言,数字电路的输入量和输出量之间的关系是一种因果关系,它可以用逻辑函数来描述。

利用二值数字逻辑中的 1(逻辑 1)和 0(逻辑 0)不仅可以表示二进制数,还可表示许多对立的逻辑状态。英国数学家布尔于 1854 年提出了逻辑代数的基本思想,经过一百多年的发展,逻辑代数(也称为"布尔代数")已成为分析和设计数字电路不可缺少的数学工具。

逻辑代数提供了一种方法,即使用二值函数进行逻辑运算,使得用语言描述显得十分复杂的逻辑命题,使用逻辑代数语言后,就变成了简单的逻辑代数式,称为**逻辑函数**。

3.1.2 逻辑函数的表示方法

设输入逻辑变量为 A、B、C、…,输出逻辑变量为 F,当 A、B、C、…的取值确定后,F 的值就被唯一地确定下来,则称 F 是 A、B、C、…的逻辑函数,记为

$$F = f(A, B, C, \cdots)$$

逻辑变量和逻辑函数的取值只能是 **0** 或 **1**,没有其他中间值。

逻辑函数除了用逻辑表达式表述外,还常常采用另外 4 种方法来表述,分别是真值表、逻辑电路图、卡诺图和波形图。

(1) 真值表是一种用表格表示逻辑函数的方法,它是用逻辑变量的所有可能取值组合及其对应的逻辑函数值所构成的表格。

(2) 逻辑电路图是用规定的图形符号表示逻辑函数运算关系的网络图形。

(3) 卡诺图是用方格矩阵的形式描述逻辑函数关系,并可将逻辑函数化为最简形式。

(4) 波形图是用电平的高、低变化来动态表示逻辑变量及其函数值变化的图形。

例如,对于逻辑函数 $F = AB$,用真值表可如表 3-1 所示;用逻辑电路图可如图 3-1 所示;用波形图可如图 3-2 所示。卡诺图的表示方法在本章最后一节专门介绍。

表 3-1　F＝AB 真值表

A	B	F＝AB
0	**0**	**0**
0	**1**	**0**
1	**0**	**0**
1	**1**	**1**

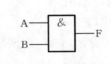

图 3-1　F＝AB 逻辑电路图

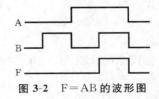

图 3-2　F＝AB 的波形图

自 测 练 习

3.1.1 数字电路的输入量和输出量之间的关系,可以用(　　　)来描述。

3.1.2 逻辑函数常常采用的表述方法有(　　　)。

3.1.3 $F = \overline{A \cdot B \cdot C}$ 的真值表为(　　　)。

3.1.4 $F = \overline{A \cdot B \cdot C}$ 的逻辑电路图为(　　　)。

3.1.5 $F = \overline{A \cdot B \cdot C}$ 的波形图为(　　　)。

3.2　逻辑代数的运算规则

本节将学习

- 逻辑代数的交换律、结合律和分配律
- 逻辑代数的基本公式
- 摩根定理及其不同形式
- 逻辑代数的代入规则、反演规则和对偶规则

3.2.1　逻辑代数的基本定律

和普通代数一样,逻辑代数也有如下 3 个基本定律。

1) 交换律

$$AB = BA \tag{3-1}$$

$$A + B = B + A \tag{3-2}$$

2) 结合律

$$(AB)C = A(BC) \tag{3-3}$$

$$(A+B)+C=A+(B+C) \tag{3-4}$$

3)分配律

$$A(B+C)=AB+AC \tag{3-5}$$

$$A+(BC)=(A+B)(A+C) \tag{3-6}$$

注意:在分配律的公式(3-5)中,括号内的变量进行**或**运算,在重新分配时,由**或**运算连接两项;在公式(3-6)中,括号内的变量进行**与**运算,在重新分配时,由**与**运算连接两项。上述 3 个定律均可由真值表加以证明。

3.2.2 逻辑代数的基本公式

公式 1: $A \cdot 0=0$, $A+1=1$

公式 2: $A \cdot 1=A$, $A+0=A$

公式 3: $A \cdot A=A$, $A+A=A$

公式 4: $A \cdot \overline{A}=0$, $A+\overline{A}=1$

公式 5: $\overline{\overline{A}}=A$

公式 6: $A+AB=A$, $A+\overline{A}B=A+B$

公式 7: $AB+\overline{A}C+BC=AB+\overline{A}C$

公式 7 的含义为:一项含 A,另一项含 A 非,这两项的其余部分组成第 3 项,则该项多余。

公式 7 的证明如下:

$$AB+\overline{A}C+BC=AB+\overline{A}C+(A+\overline{A})BC=AB+\overline{A}C+ABC+\overline{A}BC$$
$$=AB(1+C)+\overline{A}C(1+B)=AB+\overline{A}C$$

3.2.3 摩根定理

摩根与布尔是同一时代的英国数学家,他提出的两条逻辑定理是逻辑表达式变换的强有力的工具,是逻辑代数的重要组成部分,其内容如下。

(1)输入变量**与**运算的取反等于各个输入变量取反的**或**运算,即

$$\overline{AB}=\overline{A}+\overline{B}$$

(2)输入变量**或**运算的取反等于各个输入变量取反的**与**运算,即

$$\overline{A+B}=\overline{A}\,\overline{B}$$

上述定理同样适用于多个变量的情形,如

$$\overline{ABC}=\overline{A}+\overline{B}+\overline{C}$$

$$\overline{A+B+C}=\overline{A}\,\overline{B}\,\overline{C}$$

【例 3-1】 应用摩根定理求 $F=\overline{(AB+\overline{C})(A+\overline{B}C)}$。

解 反复应用摩根定理可得

$$F=\overline{AB+\overline{C}}+\overline{A+\overline{B}C}=\overline{AB}C+\overline{A}\,\overline{\overline{B}C}=(\overline{A}+\overline{B})C+\overline{A}(B+\overline{C})$$
$$=\overline{A}C+\overline{B}C+\overline{A}B+\overline{A}\,\overline{C}=\overline{A}+\overline{B}C$$

3.2.4 逻辑代数的规则

1. 代入规则

任何一个含有变量 A 的逻辑等式,如果将所有出现 A 的位置都代之以同一个逻辑

函数 F,等式仍然成立。这个规则称为**代入规则**。

例如,给定逻辑等式 $A(B+C)=AB+AC$,若等式中的 C 都用 $(C+D)$ 代替,该逻辑等式仍然成立,即

$$A(B+(C+D))=AB+A(C+D)$$

代入规则可以用来扩展定理的应用范围。因为将已知等式的某一个变量用任意一个函数代替后,就得到一个新的等式。

2. 反演规则

对于任何一个逻辑式 F,若将其中所有的"·"换成"+"、"+"换成"·"、"0"换成"1"、"1"换成"0",原变量换成反变量、反变量换成原变量,得到的结果就是 $\overline{F}$。这个规则称为**反演规则**。

反演规则为求取已知逻辑函数的反函数提供了方便。但是,在使用反演规则时应注意遵守以下两个原则。

(1) 注意保持原函数中的运算符号的优先顺序不变。

【**例 3-2**】 *已知逻辑函数* $F=\overline{A}+\overline{B}(C+\overline{D}E)$,*试求其反函数* $\overline{F}$。

解　$\overline{F}=A(B+\overline{C}(D+\overline{E}))$

(而不应该是 $\overline{F}=AB+\overline{C}D+\overline{E}$)

(2) 不属于单个变量上的反号应保留不变,或不属于单个变量上的反号下面的函数当一个变量处理。

【**例 3-3**】 *已知逻辑函数* $F=A+B+\overline{\overline{C}\cdot\overline{D}+\overline{E}}$,*求其反函数* $\overline{F}$。

解　解法1:　$F=A+B+\overline{\overline{C}\cdot\overline{D}+\overline{E}}=A+B+\overline{C}\,\overline{D}E$

　　　　　　$\overline{F}=\overline{A}(B+\overline{C}\,\overline{D}E)=\overline{A}B+\overline{A}\,\overline{C}\,\overline{D}E$

　　　　解法2:　$\overline{F}=\overline{A}\cdot\overline{B(C+D+\overline{E})}=\overline{A}(B+\overline{C+D+\overline{E}})$

　　　　　　　　$=\overline{A}(B+\overline{C}\,\overline{D}E)=\overline{A}B+\overline{A}\,\overline{C}\,\overline{D}E$

3. 对偶规则

对于任何一个逻辑表达式 F,如果将式中所有的"·"换成"+"、"+"换成"·"、"0"换成"1"、"1"换成"0",而变量保持不变,原表达式中的运算优先顺序不变,就可以得到一个新的表达式,这个新的表达式称为 F 的对偶式 F^*。这个规则称为**对偶规则**。

【**例 3-4**】 *已知逻辑函数* $F=AB+\overline{C}D$,*求其对偶式* F^*。

解　$F^*=(A+B)(\overline{C}+D)$

【**例 3-5**】 *已知逻辑函数* $F=A+B+\overline{\overline{C}\cdot\overline{D}+\overline{E}}$,*求其对偶式* F^*。

解　$F=A+B+\overline{\overline{C}\cdot\overline{D}+\overline{E}}=A+B+\overline{C}\,\overline{D}E$

　　　$F^*=A\cdot\overline{B(\overline{C}+\overline{D}+E)}=A\cdot(\overline{B}+\overline{\overline{C}+\overline{D}+E})=A\overline{B}+ACD\overline{E}$

对偶式有以下两个重要的性质。

性质1:若 $F(A,B,C,\cdots)=G(A,B,C,\cdots)$,则

$$F^*=G^*$$

性质2:　　　　　　　　　　　　$(F^*)^*=F$

　　根据对偶性质,当已证明某两个逻辑表达式相等时,便可知它们的对偶式也相等。显然,利用对偶的性质可以使前面定律、公式的数目减少一半。

　　有些逻辑函数表达式的对偶式就是原函数本身,即 $F^* = F$,这时称函数 F 为自对偶函数。

　　【例 3-6】 证明函数 $F = (A + \overline{C})\overline{B} + A(\overline{B} + \overline{C})$ 是自对偶函数。

　　证明　$F^* = (\overline{AC} + \overline{B})(A + \overline{B}\,\overline{C}) = (A + \overline{B})(\overline{C} + \overline{B})(A + \overline{B})(A + \overline{C})$

　　　　　　$= (A + \overline{B})(\overline{B} + \overline{C})(A + \overline{C}) = A(\overline{B} + \overline{C})(A + \overline{C}) + \overline{B}(\overline{B} + \overline{C})(A + \overline{C})$

　　　　　　$= (\overline{B} + \overline{C})(A + \overline{AC}) + (\overline{B} + \overline{B}\,\overline{C})(A + \overline{C}) = A(\overline{B} + \overline{C}) + \overline{B}(A + \overline{C}) = F$

自测练习

3.2.1　逻辑代数有(　　)、(　　)和(　　)3 种基本逻辑运算。

3.2.2　逻辑代数的 3 个规则是指(　　)、(　　)和(　　)。

3.2.3　下面(　　)等式应用了交换律。

　　(a) $AB = BA$ 　　　　　　　　　　　(b) $A = A + A$

　　(c) $A + B = B + A$ 　　　　　　　　(d) $A + (B + C) = (A + B) + C$

3.2.4　下面(　　)等式应用了结合律。

　　(a) $A(BC) = (AB)C$ 　　　　　　　(b) $A = A + A$

　　(c) $A + B = B + A$ 　　　　　　　　(d) $A + (B + C) = (A + B) + C$

3.2.5　下面(　　)等式应用了分配律。

　　(a) $A(B + C) = AB + AC$ 　　　　　(b) $A(BC) = (AB) \cdot C$

　　(c) $A(A + 1) = A$ 　　　　　　　　(d) $A + AB = A$

3.2.6　逻辑函数 $F = (A + B)(C + \overline{D})$ 的反函数 $\overline{F} = ($　　$)$,对偶函数 $F^* = ($　　$)$。

3.2.7　逻辑函数 $F = A + B + \overline{CD} + \overline{E}$ 的反函数 $\overline{F} = ($　　$)$,对偶函数 $F^* = ($　　$)$。

3.2.8　自对偶函数 F 的特征是(　　)。

3.3　逻辑函数的代数化简法

本节将学习

　✿　并项化简法

　✿　吸收化简法

　✿　消去化简法

　✿　配项化简法

　✿　各种化简方法的综合运用

　　逻辑函数表达式有各种不同的表示形式,即使同一类型的表达式也可能有繁有简。对于某一个逻辑函数来说,尽管函数表达式的形式不同,但它们所描述的逻辑功能是相同的。一般说来,逻辑函数的表达式越简单,设计出来的相应逻辑电路也越简单。然而,从逻辑问题概括出来的逻辑函数通常都不是最简的,因此,必须对逻辑函数进行化简。

　　代数法化简就是运用逻辑代数的定律、公式和规则对逻辑函数进行化简的方法。这种方法没有固定的步骤可以遵循,主要取决于对逻辑代数中公式、定律和规则的熟练掌握及灵活运用的程度。尽管如此,还是可以对大多数常用的方法进行归纳和总结。

3.3.1　并项化简法

利用公式 $A+\overline{A}=1$,可将两项合并成一项,并消去一个变量。

【例 3-7】　化简下列逻辑函数。

(a) $F=A\overline{B}\overline{C}+A\overline{B}C$　　　　　　　(b) $F=ABC+\overline{A}BC+B\overline{C}$

(c) $F=A(BC+\overline{B}\overline{C})+A(B\overline{C}+\overline{B}C)$

解　(a) $F=A\overline{B}\overline{C}+A\overline{B}C=A\overline{B}(\overline{C}+C)=A\overline{B}$

(b) $F=ABC+\overline{A}BC+B\overline{C}=(A+\overline{A})BC+B\overline{C}=BC+B\overline{C}=B$

(c) $F=A(BC+\overline{B}\overline{C})+A(B\overline{C}+\overline{B}C)=A(B\odot C)+A(B\oplus C)$

$\quad\quad =A(B\odot C)+A(\overline{B\odot C})=A$

3.3.2　吸收化简法

利用公式 $A+AB=A$ 和 $A+\overline{A}B=A+B$,消去多余的项。

【例 3-8】　化简下列逻辑函数。

(a) $F=\overline{A}B+\overline{A}BCD(\overline{E}+F)$　　　　(b) $F=A\overline{B}+C+\overline{A}CD+B\overline{C}D$

(c) $F=A+\overline{\overline{A}\ \overline{BC}}(\overline{A}+\overline{BC}+D)+BC$

解　(a) $F=\overline{A}B+\overline{A}BCD(\overline{E}+F)=\overline{A}B$

(b) $F=A\overline{B}+C+\overline{A}CD+B\overline{C}D=A\overline{B}+C+\overline{C}(\overline{A}+B)D$

$\quad\quad =A\overline{B}+C+(\overline{A}+B)D=A\overline{B}+C+\overline{\overline{A}B}D=A\overline{B}+C+D$

(c) $F=A+\overline{\overline{A}\ \overline{BC}}(\overline{A}+\overline{BC}+D)+BC=A+BC+(A+BC)(\overline{A}+\overline{BC}+D)$

$\quad\quad =A+BC$

3.3.3　配项化简法

(1) 利用公式 $A+\overline{A}=1$,给某一个**与**项配项,然后将其拆分成两项,再和其他项合并。

【例 3-9】　化简 $F_1=AB+\overline{A}\overline{C}+B\overline{C}$,$F_2=\overline{A}\overline{B}+\overline{B}\overline{C}+BC+AB$。

解　$F_1=AB+\overline{A}\overline{C}+B\overline{C}=AB+\overline{A}\overline{C}+A B\overline{C}+\overline{A}B\overline{C}$

$\quad\quad =AB+\overline{A}\overline{C}+AB\overline{C}=AB+\overline{C}(\overline{A}+AB)=AB+\overline{C}(\overline{A}+\overline{B})$

$\quad\quad =AB+\overline{C}\ \overline{AB}=AB+\overline{C}$

$\quad\quad F_2=\overline{A}\overline{B}+\overline{B}\overline{C}+BC+AB=\overline{A}\overline{B}(C+\overline{C})+\overline{B}\overline{C}+BC(A+\overline{A})+AB$

$\quad\quad =\overline{A}\overline{B}C+\overline{A}\overline{B}\overline{C}+\overline{B}\overline{C}+ABC+\overline{A}BC+AB=AB+\overline{B}\overline{C}+\overline{A}C(B+\overline{B})$

$\quad\quad =AB+\overline{B}\overline{C}+\overline{A}C$

(2) 利用公式 $A+A=A$,为某项配上所能与其合并的项。

【例 3-10】　化简 $F=ABC+AB\overline{C}+A\overline{B}C+\overline{A}BC$。

解　$F=ABC+AB\overline{C}+A\overline{B}C+\overline{A}BC$

$\quad\quad =(ABC+AB\overline{C})+(ABC+A\overline{B}C)+(ABC+\overline{A}BC)$

$\quad\quad =AB+AC+BC$

使用配项化简法要有一定的经验,否则越配越繁。

3.3.4 消去冗余项法

利用公式 $AB+\overline{A}C+BC=AB+\overline{A}C$,将冗余项 BC 消去。且含冗余项 BC 的与项仍是冗余项,如 ABC。

【例 3-11】 化简 $F_1=AC+A\overline{B}CD+ABC+\overline{C}D+ABD$,$F_2=AB+\overline{B}C+AC(DE+FG)$。

解 $F_1=AC+A\overline{B}CD+ABC+\overline{C}D+ABD=AC(1+\overline{B}D+B)+\overline{C}D+ABD$
$\qquad =AC+\overline{C}D+ABD=AC+\overline{C}D$

$\qquad F_2=AB+\overline{B}C+AC(DE+FG)=AB+\overline{B}C$

实际应用中遇到的逻辑函数往往比较复杂,化简时应灵活使用所学的定律、公式及规则,综合运用各种方法。

【例 3-12】 化简 $F=AD+A\overline{D}+AB+\overline{A}C+BD+\overline{B}E+DE$。

解 $F=AD+A\overline{D}+AB+\overline{A}C+BD+\overline{B}E+DE=A+AB+\overline{A}C+BD+\overline{B}E+DE$
$\qquad =A+\overline{A}C+BD+\overline{B}E+DE=A+C+BD+\overline{B}E+DE=A+C+BD+\overline{B}E$

【例 3-13】 化简 $F=(\overline{B}+D)(\overline{B}+D+A+G)(C+E)(\overline{C}+G)(A+E+G)$。

解 (1) 先求出 F 的对偶函数 F^*,并对其化简为
$$F^*=\overline{B}D+\overline{B}DAG+CE+\overline{C}G+AEG=\overline{B}D+CE+\overline{C}G$$
(2) 求 F^* 的对偶函数,便得 F 的最简或与表达式为
$$F=(\overline{B}+D)(C+E)(\overline{C}+G)$$

自测练习

3.3.1 $F=AB+A\overline{B}$ 可化简为 F=(　　　)。

3.3.2 $F=(\overline{AB}+C)ABD+AD$ 可化简为 F=(　　　)。

3.3.3 $F=AC+\overline{A}D+\overline{C}D$ 可化简为 F=(　　　)。

3.3.4 $F=AB+A(B+C)+B(B+C)$ 可化简为 F=(　　　)。

3.3.5 $F=(\overline{A}+B)C+ABC$ 可化简为 F=(　　　)。

3.3.6 $F=A+\overline{B}+\overline{CD}+\overline{ADB}$ 可化简为 F=(　　　)。

3.3.7 $F=AB+\overline{A}C+\overline{B}C$ 可化简为 F=(　　　)。

3.3.8 采用配项法,$F=AB+\overline{A}C+BC$ 可化简为 F=(　　　)。

3.3.9 $F=AB+\overline{A}C+BCDEFGH$ 可化简为 F=(　　　)。

3.4　逻辑函数的标准形式

本节将学习
- 最小项与最大项的定义、性质和相互关系
- 把逻辑函数转换为标准与或表达式
- 把逻辑函数转换为标准或与表达式
- 两种标准形式的互相转换
- 标准形式与真值表的互相转换

逻辑函数的一般形式都不是唯一的,为了在逻辑问题的研究中使逻辑函数能和唯一的逻辑函数表达式对应,引入逻辑函数标准形式的概念。

逻辑函数的标准形式建立在最小项和最大项概念的基础之上,所以下面先介绍最小项和最大项。

3.4.1　最小项与最大项

1. 最小项的定义和性质

1)最小项的定义

设有 n 个变量,它们所组成的具有 n 个变量的**与**项中,每个变量以原变量或反变量的形式出现一次,且仅出现一次,这个乘积项称为最小项。

由定义可知,n 个变量有 2^n 个最小项。例如,4 变量 A、B、C、D 有 16 个最小项: $\overline{A}\,\overline{B}\,\overline{C}\,\overline{D}、\overline{A}\,\overline{B}\,\overline{C}\,D、\overline{A}\,\overline{B}\,C\,\overline{D}、\cdots、ABCD$。为了书写方便,把最小项记作 m_i。下标 i 的取值规则是:按照变量顺序将最小项中的原变量用 **1** 表示,反变量用 **0** 表示,由此得到一个二进制数,与该二进制数对应的十进制数即下标 i 的值。例如,4 变量 A、B、C、D 的 16 个最小项可记为

$$\overline{A}\,\overline{B}\,\overline{C}\,\overline{D}=m_0,\overline{A}\,\overline{B}\,\overline{C}\,D=m_1,\overline{A}\,\overline{B}\,C\,\overline{D}=m_2,\cdots,ABCD=m_{15}$$

2)最小项的性质

(1) 对于任何一个最小项,只有对应的一组变量取值,才能使其值为 **1**。即取值 1 的机会最小,这也是最小项名称的由来。例如,变量 ABCD 只有在 ABCD=**1111** 时,才为 **1**。

(2) 相同变量构成的两个不同最小项的逻辑**与**为 **0**。例如,在 4 变量最小项中, $m_4 \cdot m_6=\mathbf{0}$。

(3) n 个变量的全部最小项的逻辑**或**为 **1**,即

$$\sum m_i=\mathbf{1}$$

(4) 某一个最小项不是包含在逻辑函数 F 中,就是包含在反函数 $\overline{F}$ 中。

(5) n 个变量构成的最小项有 n 个相邻最小项。相邻最小项是指除一个变量互为相反外,其余变量均相同的最小项。例如,$A\,\overline{B}CD$ 与 ABCD 是相邻最小项。

2. 最大项的定义和性质

1)最大项的定义

设有 n 个变量,它们所组成的具有 n 个变量的**或**项中,每个变量以原变量或反变量的形式出现一次,且仅出现一次,这个**或**项称为最大项。

由定义可知:n 个变量有 2^n 个最大项。例如,4 变量 A、B、C、D 有 16 个最大项: $A+B+C+D,A+B+C+\overline{D},A+B+\overline{C}+D,\cdots,\overline{A}+\overline{B}+\overline{C}+\overline{D}$。为了书写方便,把最大项记为 M_i。下标 i 的取值规则是:按照变量顺序将最大项中的原变量用 **0** 表示,反变量用 **1** 表示,由此得到一个二进制数,与该二进制数对应的十进制数即下标 i 的值。例如,4 变量 A、B、C、D 有 16 个最大项,分别可记为

$$A+B+C+D=M_0,A+B+C+\overline{D}=M_1,$$
$$A+B+\overline{C}+D=M_2,\cdots,\overline{A}+\overline{B}+\overline{C}+\overline{D}=M_{15}$$

2)最大项的性质

(1) 对于任何一个最大项,只有对应的一组变量取值,才能使其值为 **0**。其余情况

均为 **1**，即取值 **1** 的机会最大，这也是最大项名称的由来。例如，变量 ABCD，只有在 ABCD＝**0000** 时，才有 A＋B＋C＋D＝**0**。

（2）相同变量构成的任何两个不同最大项的逻辑**或**为 **1**。例如，在 4 变量最大项中，$M_4＋M_6＝1$。

（3）n 个变量的全部最大项的逻辑**与**为 **0**，即

$$\prod M_i＝0$$

（4）某一个最大项不是包含在逻辑函数 F 中，就是包含在反变量 $\overline{F}$ 中。

（5）n 个变量构成的最大项有 n 个相邻最大项。相邻最大项是指除一个变量互为相反外，其余变量均相同的最大项。例如，A＋B＋C＋D 与 A＋B＋C＋$\overline{D}$ 是相邻最大项。

3. 最小项与最大项的关系

下标 i 相同的最小项与最大项互补，即 $m_i＝\overline{M_i}$。如 $\overline{ABC}＝\overline{A}＋\overline{B}＋\overline{C}$ 即为 $\overline{m_7}＝M_7$。

3.4.2　标准与或表达式

任何一个逻辑函数都可以表示成最小项之和的形式，称为标准**与或**表达式。如果逻辑函数不是以最小项之和的形式给出，则可以利用公式 A＋$\overline{A}$＝**1** 把它变换成最小项之和的形式。

【例 3-14】　将 $F(A,B,C,D)＝ABC＋\overline{A}B\overline{D}$ 变换为最小项之和的形式。

解　$F＝ABC＋\overline{A}B\overline{D}＝ABC(D＋\overline{D})＋\overline{A}B\overline{D}(C＋\overline{C})$

　　　$＝ABCD＋ABC\overline{D}＋\overline{A}BC\overline{D}＋\overline{A}B\overline{C}\overline{D}＝m_{15}＋m_{14}＋m_6＋m_4$

　　　$＝\sum m(4,6,14,15)$

【例 3-15】　将 $F(A,B,C)＝AB＋\overline{A}BC$ 变换成标准**与或**表达式。

解　$F＝AB＋\overline{A}BC＝AB(C＋\overline{C})＋\overline{A}BC$

　　　$＝ABC＋AB\overline{C}＋\overline{A}BC＝\sum m(3,6,7)$

3.4.3　标准或与表达式

任何一个逻辑函数都可以表示成最大项之积的形式，称为标准**或与**表达式。如果逻辑函数不是以最大项之积的形式给出，则可以利用公式 A·$\overline{A}$＝**0** 及 A＋BC＝(A＋B)(A＋C) 把它变换成最大项之积的形式。

【例 3-16】　将**或与**表达式 $F(A,B,C)＝(A＋\overline{B})(A＋B＋C)$ 变换成标准**或与**表达式。

解　$F＝(A＋\overline{B})(A＋B＋C)＝(A＋\overline{B}＋C\overline{C})(A＋B＋C)$

　　　$＝(A＋\overline{B}＋C)(A＋\overline{B}＋\overline{C})(A＋B＋C)＝\prod M(0,2,3)$

3.4.4　两种标准形式的相互转换

对于一个 n 变量的逻辑函数 F，若 F 的标准**与或**表达式由 K 个最小项相**或**构成，则 F 的标准**或与**表达式一定由 $2^n－K$ 个最大项相**与**构成，并且对于任何一组变量取值组合对应的序号 i，若标准**与或**表达式中不含 m_i，则标准**或与**表达式中一定含 M_i。据此，可以根据两种标准形式中的一种直接写出另一种。

【例 3-17】 将标准与或表达式 $F(A,B,C)=\sum m(0,3,5,6)$ 变换为标准或与表达式。

解 $F(A,B,C)=\sum m(0,3,5,6)=\prod M(1,2,4,7)$

【例 3-18】 将与或表达式 $F(A,B,C)=AB+\overline{A}C$ 变换成标准或与表达式。

解 $F(A,B,C)=AB+\overline{A}C=ABC+AB\overline{C}+\overline{A}BC+\overline{A}\,\overline{B}C$

$$=\sum m(1,3,6,7)=\prod M(0,2,4,5)$$

3.4.5 逻辑函数表达式与真值表的相互转换

1. 由真值表求对应的逻辑函数表达式

如果给出了函数的真值表,则只要将函数值为 **1** 的最小项相加,便是函数的标准**与或**表达式;将函数值为 **0** 的最大项相乘,便是函数的标准**或与**表达式。如果某函数 F 的真值表如表 3-2 所示,则

$$F=m_1+m_2+m_3+m_5=\sum m(1,2,3,5)$$
$$=\overline{A}\,\overline{B}C+\overline{A}B\overline{C}+\overline{A}BC+A\overline{B}C=M_0\cdot M_4\cdot M_6\cdot M_7$$
$$=\prod M(0,4,6,7)=(A+B+C)(\overline{A}+B+C)(\overline{A}+\overline{B}+C)(\overline{A}+\overline{B}+\overline{C})$$

表 3-2 真值表

A	B	C	F	最小项	最大项
0	0	0	0	m_0	M_0
0	0	1	1	m_1	M_1
0	1	0	1	m_2	M_2
0	1	1	1	m_3	M_3
1	0	0	0	m_4	M_4
1	0	1	1	m_5	M_5
1	1	0	0	m_6	M_6
1	1	1	0	m_7	M_7

2. 由逻辑函数表达式求对应的真值表

首先在真值表中列出输入变量二进制值的所有可能取值组合;其次将逻辑函数的**与或**(**或与**)表达式变换为标准**与或**(**或与**)形式;最后将构成标准**与或**(**或与**)形式的每个最小项(最大项)对应的输出变量处填上 **1**(**0**),其他填上 **0**(**1**)。

例如,逻辑函数 $F=AB+\overline{A}BC=ABC+AB\overline{C}+\overline{A}BC$,构成该函数的最小项共有 3 项:ABC 为 **111**、$AB\overline{C}$ 为 **110**、$\overline{A}BC$ 为 **011**,则在真值表中,输入变量二进制值 **111**、**110**、**011** 对应的输出变量处填上 **1**,其他填上 **0**,即得该函数的真值表。

自测练习

3.4.1 逻辑函数表达式有( )和( )两种标准形式。

3.4.2 由 n 个变量构成的任何一个最小项有( )种变量取值使其值为 **1**,任何一个最大项有( )种变量取值使其值为 **1**。

3.4.3 n 个变量可构成( )个最小项或最大项。

3.4.4 标准**或与**式是由( )(最小项,最大项)构成的逻辑表达式。

3.4.5 逻辑函数 $F = AC + \overline{B}$ 的标准与或表达式为（　　）。

3.4.6 逻辑函数 $F(A,B,C,D) = B\overline{C}\overline{D} + \overline{A}B + AB\overline{C}D + BC$ 的最小项之和的形式 $F = \sum m($　　$)$。

3.4.7 将标准与或表达式 $F(A,B,C) = \sum m(0,2,7,6)$ 改写为标准**或**与表达式为（　　）。

3.4.8 逻辑函数 $F = AB + C$ 的标准**或**与表达式为（　　）。

3.4.9 逻辑函数 $F = A\overline{B} + BC$ 的真值表为（　　）。

3.4.10 逻辑函数 $F = \overline{(A+\overline{B}+C+D)(A+\overline{B}+\overline{C}+D)}$ 的标准与或表达式为（　　）。

3.4.11 逻辑函数 $F = \overline{\overline{A}\,\overline{B}\,\overline{C}\,D + \overline{A}\,B\,\overline{C}\,D}$ 的标准**或**与表达式为（　　）。

3.4.12 如题3.4.12表所示真值表，则对应的**与或**逻辑表达式为（　　），对应的**或与**表达式为（　　）。

题3.4.12表　真值表

A	B	C	F
0	0	0	0
0	0	1	1
0	1	0	0
0	1	1	1
1	0	0	0
1	0	1	1
1	1	0	0
1	1	1	1

3.5　逻辑函数的卡诺图化简法

本节将学习

♻　2变量、3变量和4变量卡诺图

♻　**与或**表达式的卡诺图表示

♻　**与或**表达式的卡诺图化简

♻　**或与**表达式的卡诺图化简

♻　含无关项逻辑函数的卡诺图化简

♻　多输出逻辑函数的化简

逻辑函数的代数化简法需要特别熟悉逻辑代数的公式、定理和定律，而且还要掌握一定的化简技巧。比较简单易行的方法是使用卡诺图进行化简，这种方法是由美国工程师卡诺提出来的，它是一种图形化简方法。

3.5.1　卡诺图

卡诺图是一种描述逻辑函数的方格矩阵，每个方格代表一个最小项或最大项。它和真值表相似，包含了输入变量的所有可能取值组合以及每种取值组合下的输出结果，它相当于真值表的一种变形，两者之间是等效的。

卡诺图中，方格的数目等于最小项或最大项的总数，即等于 2^n（n 为输入变量数）。行、列两组变量取值按照格雷码顺序进行排列，使得每行和每列的相邻方格之间仅有一位变量发生变化。2、3、4变量的卡诺图如图3-3所示。

（a）2变量卡诺图

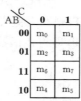

（b）3变量卡诺图

（c）4变量卡诺图

图3-3　2、3、4变量的卡诺图

3.5.2　与或表达式的卡诺图表示

对于标准形式的**与或**表达式来说,卡诺图的表示方法为:在表达式的每一个最小项所对应的方格中填入 **1**,其余方格中填入 **0**,就得到了该逻辑函数的卡诺图。如果是非标准形式的**与或**表达式,可利用 3.4 节所介绍的方法将它转换为标准形式。

【例 3-19】　用卡诺图表示标准**与或**表达式 $F=\overline{A}BC+ABC+A\overline{B}C$。

解　每个最小项对应的变量取值组合写法为:原变量用 **1** 表示,反变量用 **0** 表示。该标准**与或**表达式的卡诺图如图 3-4 所示。

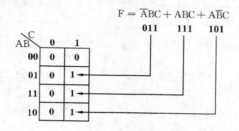

图 3-4　标准与或表达式的卡诺图

【例 3-20】　用卡诺图表示逻辑函数 $F=\overline{A}BCD+ABD+ACD$。

解　首先将逻辑函数 F 化为若干个最小项之和的标准形式

$$F=\overline{A}BCD+ABD+ACD=\overline{A}BCD+ABD(C+\overline{C})+ACD(B+\overline{B})$$

$$=\overline{A}BCD+ABCD+AB\overline{C}D+ABCD+A\overline{B}CD=\sum m(7,11,13,15)$$

画出 4 变量的卡诺图,在对应于该函数 F 中的各最小项的方格中填入 **1**,其余方格中填入 **0**,就得到如图 3-5 所示的卡诺图。

当然,也可直接由非标准形式的**与或**表达式得到相应的卡诺图,详见下面的例题。

AB\CD	00	01	11	10
00	0	0	0	0
01	0	0	1	0
11	0	1	1	0
10	0	0	1	0

图 3-5　非标准与或表达式
的卡诺图实例一

AB\CD	00	01	11	10
00	1	0	1	1
01	1	0	0	1
11	0	0	0	0
10	0	0	1	1

图 3-6　非标准与或表达式
的卡诺图实例二

【例 3-21】　用卡诺图表示逻辑函数 $F=\overline{A}\,\overline{D}+\overline{B}C$。

解　在变量 A、D 取值均为 0,而变量 B、C 为任意值的所有方格中填入 1;在变量 B、C 取值分别为 0、1,而变量 A、D 为任意值的所有方格中填入 1,其余方格中填入 0,结果如图 3-6 所示。

3.5.3　与或表达式的卡诺图化简

1. 卡诺图化简的依据

在卡诺图中,如果两个最小项之间只有一个变量取值不同,其余变量相同,则称它们具有逻辑相邻性,这两个最小项为逻辑相邻最小项,如 ABC 和 $AB\overline{C}$。显然,卡诺图中几何位置相邻(仅指上下或左右,不包括对角)的方格所对应的最小项一定是逻辑相邻最小项,如图 3-7(a)中的 m_0 和 m_1。此外,与卡诺图中心轴对称的左右两边及上下两边方格对应的最小项,也是逻辑相邻最小项,如图 3-7(a)中 m_0 与 m_2 及 m_1 与 m_9 都是逻辑相邻最小项。

(a) 逻辑相邻最小项的概念

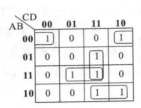

(b) 2个逻辑相邻最小项(4种情况)

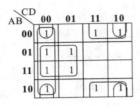

(c) 4个逻辑相邻最小项(4种情况)

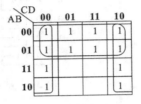

(d) 8个逻辑相邻最小项(2种情况)

图 3-7 逻辑相邻最小项情况举例

两个逻辑相邻最小项可以合并为一项并消去一个变量,如 $AB + A\overline{B} = A$,取值发生变化的变量 B 被消去。一般地,4 个逻辑相邻最小项可以合并为一项,并消去两个变量;8 个逻辑相邻最小项可以合并为一项,并消去三个变量。这就是卡诺图化简的依据。因此,逻辑函数化简的实质就是在卡诺图中寻找逻辑相邻最小项,并将它们进行合并。

2. 卡诺图化简的步骤

(1) 根据以下规则对卡诺图中的 **1** 进行分组,并将每组用"圈"围起来。

① 每个圈内只能含有 $2^n (n=0,1,2,3,\cdots)$ 个最小项。

② 每个圈内的多个最小项具有逻辑相邻性,即它们为逻辑相邻项,具体情况分别如图 3-7(b)、(c)、(d)所示。

③ 所有取值为 **1** 的方格均要被圈过,即不能漏下取值为 **1** 的方格。但它们可以多次被圈。

④ 圈的个数尽量少,圈内方格的个数尽可能多。

(2) 由每个圈得到一个合并的**与**项。该与项由该圈中取值未发生变化的所有变量构成,而取值发生变化的变量被消去。该与项的写法为:取值为 **1** 的变量用原变量表示,取值为 **0** 的变量用反变量表示。

(3) 将上一步各合并的**与**项相加,即得所求的最简**与或**表达式。

【例 3-22】 用卡诺图化简法求出逻辑函数 F $(A,B,C,D) = \sum m(2,4,5,6,10,11,12,13,14,15)$ 的最简**与或**表达式。

解 首先画出该逻辑函数的卡诺图,如图 3-8

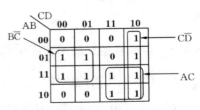

图 3-8 例 3-22 用卡诺图

所示。然后,按照上述步骤进行化简。

该卡诺图中的 **1** 被分为 3 组,分别对应 3 个圈。第 1 个变量 A 和 D 的取值发生了变化,所以这些变量被消去。留下了变量 B 和 $\overline{C}$ 而形成合并后的**与**项 $B\overline{C}$。由同样方法可得到其他 2 个圈对应的**与**项 AC 和 $C\overline{D}$。将这 3 个**与**项相加就得到最简**与或**表达式为

$$F = B\overline{C} + AC + C\overline{D}$$

【例 3-23】 某逻辑电路的输入变量为 A、B、C、D,它的真值表如表 3-3 所示,用卡诺图化简法求出逻辑函数 F(A,B,C,D)的最简**与或**表达式。

表 3-3 真值表

输入				输出	输入				输出
A	B	C	D	F	A	B	C	D	F
0	**0**	**0**	**0**	1	**1**	**0**	**0**	**0**	1
0	**0**	**0**	**1**	0	**1**	**0**	**0**	**1**	0
0	**0**	**1**	**0**	0	**1**	**0**	**1**	**0**	1
0	**0**	**1**	**1**	0	**1**	**0**	**1**	**1**	0
0	**1**	**0**	**0**	1	**1**	**1**	**0**	**0**	0
0	**1**	**0**	**1**	1	**1**	**1**	**0**	**1**	0
0	**1**	**1**	**0**	0	**1**	**1**	**1**	**0**	0
0	**1**	**1**	**1**	0	**1**	**1**	**1**	**1**	1

解 由上述真值表画出卡诺图,如图 3-9 所示。找出可以合并的最小项,即对应画圈,并写出最简**与或**表达式。

$$F = \overline{C}\,\overline{D} + AB\overline{D} + \overline{A}B\overline{C} + ABCD$$

【例 3-24】 用卡诺图化简法求出逻辑函数 $F(A,B,C,D) = \sum m(0,2,3,4,6,8,10,11,12,14)$ 的最简**与或**表达式。

解 画出该逻辑函数的卡诺图,如图 3-10 所示,其最简**与或**表达式为 $F = \overline{B}C + \overline{D}$。

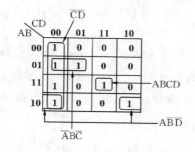

图 3-9 例 3-23 用卡诺图

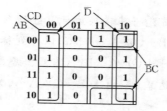

图 3-10 例 3-24 用卡诺图

3.5.4 或与表达式的卡诺图化简

1. 或与表达式的卡诺图表示

对于标准形式的**或与**表达式来说,卡诺图的表示方法为:把表达式中的每一个最大

项所对应的方格中填入 **0**,其余方格中填入 **1**,就得到了该逻辑函数的卡诺图。对于非标准形式的**或与**表达式,可将其转换为标准形式。

【例 3-25】 用卡诺图表示标准**或与**表达式 $F=(A+B+C)(A+\overline{B}+C)(\overline{A}+\overline{B}+C)(\overline{A}+B+\overline{C})$。

解 每个最大项对应的变量取值组合写法为:原变量用 **0** 表示,反变量用 **1** 表示。该逻辑函数的标准**或与**表达式的卡诺图如图 3-11 所示。

$$F=(A+B+C)(A+\overline{B}+C)(\overline{A}+\overline{B}+C)(\overline{A}+B+\overline{C})$$

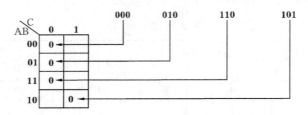

图 3-11 例 3-25 用卡诺图

2. 或与表达式的卡诺图化简

或与表达式的卡诺图化简过程和**与或**表达式的卡诺图化简过程基本相同,只不过是对卡诺图中的 **0** 进行分组而产生合并的**或**项,该**或**项的写法为:取值为 **1** 的变量用反变量表示,取值为 **0** 的变量用原变量表示。将各合并的**或**项相与,即得所求的最简**或与**表达式。

【例 3-26】 用卡诺图化简**或与**表达式 $F=(A+B+C)(A+\overline{B}+C)(\overline{A}+\overline{B}+C)(\overline{A}+B+\overline{C})$。

解 根据逻辑函数的**或与**表达式可画出卡诺图,如图 3-12 所示。将卡诺图中的 **0** 分为 3 组,分别对应 3 个圈。第 1 个圈中变量 B 的取值发生了变化,所以这个变量被消去。留下了变量 A 和 C 而形成合并后的**或**项 $A+C$。由同样方法可得到其他 2 个圈对应的**或**项 $\overline{B}+C$ 和 $\overline{A}+B+\overline{C}$。将这 3 个**或**项相与就得到最简**或与**表达式为

$$F=(A+C)(\overline{B}+C)(\overline{A}+B+\overline{C})$$

【例 3-27】 用卡诺图化简**或与**表达式 $F=(A+B+C)(A+\overline{B}+C)(\overline{A}+\overline{B}+C)(\overline{A}+\overline{C})$。

解 首先将其转换为标准**或与**形式。利用等式 $B=(A+B)(\overline{A}+B)$,将 $\overline{A}+\overline{C}$ 转换为 $(\overline{A}+B+\overline{C})(\overline{A}+\overline{B}+\overline{C})$ 以得到标准**或与**形式 $F=(A+B+C)(A+\overline{B}+C)(\overline{A}+\overline{B}+C)(\overline{A}+B+\overline{C})(\overline{A}+\overline{B}+\overline{C})$。根据该式画出卡诺图,如图 3-13 所示,最后可得到最简**或与**表达式 $(A+C)(\overline{B}+C)(\overline{A}+\overline{C})$。

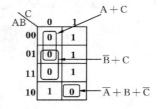

图 3-12 例 3-26 用卡诺图

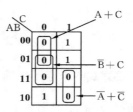

图 3-13 例 3-27 用卡诺图

3. 或与表达式的其他化简方法

其基本思路是将**或与**表达式转换为**与或**表达式后，按照 3.5.3 节所介绍的方法进行化简。

【例 3-28】 用卡诺图化简**或与**表达式 $F=(B+C+D)(A+\overline{B}+C+D)(\overline{A}+B+C+\overline{D})(\overline{A}+\overline{B}+C+D)$。

解 (1) 求出该逻辑函数的反函数 $\overline{F}=\overline{B}\overline{C}\overline{D}+\overline{A}B\overline{C}\overline{D}+A\overline{B}\overline{C}D+AB\overline{C}\overline{D}$。根据该式画出卡诺图如图 3-14 所示。

(2) 对反函数进行卡诺图化简，得 $\overline{F}=\overline{C}\,\overline{D}+A\overline{B}\overline{C}$。

(3) 对上述反函数再求反即得原函数的最简**或与**表达式 $F=(C+D)(\overline{A}+B+C)$。

AB \ CD	00	01	11	10
00	1	0	0	0
01	1	0	0	0
11	1	0	0	0
10	1	1	0	0

图 3-14 例 3-28 用卡诺图

AB \ CD	00	01	11	10
00	0	0	0	0
01	0	1	0	0
11	0	1	0	0
10	0	0	1	1

图 3-15 例 3-29 用卡诺图

【例 3-29】 用卡诺图化简法求出逻辑函数 $F(A,B,C,D)=\prod M(2,4,5,10)$ 的最简**或与**表达式。

解 (1) 求出逻辑函数 F 的对偶式 F^*。由

$$F(A,B,C,D)=\prod M(2,4,5,10)$$

$$=(A+B+\overline{C}+D)(A+\overline{B}+C+D)(A+\overline{B}+C+\overline{D})(\overline{A}+B+\overline{C}+D)$$

得

$$F^*=AB\overline{C}D+A\overline{B}CD+A\overline{B}C\overline{D}+\overline{A}B\overline{C}D=\sum m(5,10,11,13)$$

根据该式画出卡诺图，如图 3-15 所示。

(2) 对对偶函数 F^* 进行卡诺图化简，可得 $F^*=B\overline{C}D+A\overline{B}C$。

(3) 对对偶函数 F^* 求反即得原函数的最简**或与**表达式 $F=(B+\overline{C}+D)(A+\overline{B}+C)$。

3.5.5 含无关项逻辑函数的卡诺图化简

在分析某些具体的逻辑函数时经常会遇到这样的问题：在真值表内对应于变量的某些取值组合下，函数的值可以是任意的；或者这些变量的取值组合根本不会出现。这些变量的取值组合所对应的最小项或最大项称为**无关项**或**任意项**，用符号“d”、“×”或“ϕ”表示，它们的函数值可以为 **0** 或 **1**。使用无关项有助于逻辑函数的化简。

含无关项的逻辑函数有以下表示方法。

(1) 最小项表达式：$F=\sum m(\ )+\sum d(\ )$ 或者 $\begin{cases}F=\sum m(\ )\\ \sum d(\ )=\mathbf{0}\end{cases}$。

(2) 最大项表达式：$F=\prod M(\ )\cdot\prod d(\ )$ 或者 $\begin{cases}F=\prod M(\ )\\ \prod d(\ )=\mathbf{1}\end{cases}$。

【例 3-30】 化简函数 $F(A,B,C,D) = \sum m(0,3,4,7,11) + \sum d(8,9,12,13,14,15)$。

解 函数对应于最小项 m_0、m_3、m_4、m_7、m_{11} 的方格中填入 **1**,而对应于无关项 m_8、m_9、m_{12}、m_{13}、m_{14}、m_{15} 的方格中填入×,表示其取值不确定,卡诺图如图 3-16 所示。

在化简过程中,无关项的取值可视具体情况取 **0** 或取 **1**,即如果无关项对化简有利,则取 **1**;如果无关项对化简不利,则取 **0**。

当无关项 m_8、m_{12}、m_{15} 均取 **1**,其他无关项 m_9、m_{13}、m_{14} 均取 **0** 时,函数可化简为

$$F = \overline{C}\,\overline{D} + CD$$

【例 3-31】 已知约束条件为 $AD + BC = 0$,化简函数 $F = \overline{B}C\overline{D} + \overline{A}BCD + AB\overline{D} + \overline{B}\,\overline{C}\,\overline{D}$。

解 上述约束条件应理解为:对于函数 F,其输入变量的取值必须受到表达式 $AD + BC = 0$ 的限制。将约束条件转变为最小项之和的形式

$$AD + BC = ABCD + AB\overline{C}D + A\overline{B}CD + A\overline{B}\,\overline{C}D + \overline{A}BCD + ABC\overline{D} + \overline{A}BC\overline{D} = 0$$

上式左边的最小项都是无关项,即 $\sum d(6,7,9,11,13,14,15) = 0$,由此可得到逻辑函数 F 的卡诺图如图 3-17 所示。由卡诺图可得最简**与或**表达式

$$F = C + \overline{B}\,\overline{D}$$

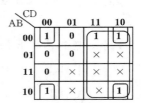

图 3-16 例 3-30 用卡诺图   图 3-17 例 3-31 用卡诺图

3.5.6 多输出逻辑函数的化简

实际逻辑问题中,大量存在着由同一组输入变量产生多个输出函数的问题,实现这类问题会涉及多输出逻辑函数的化简。

在进行多输出逻辑函数的化简时,如果只是孤立地求出各输出逻辑函数的最简表达式,然后设计出相应的逻辑电路图,再将其拼在一起,一般不能保证逻辑电路整体最简。因为各输出函数之间往往存在相互联系,具有某些共同的部分,因此,应该将它们当作一个整体考虑,而不是将其完全分开。使这类逻辑电路达到最简的关键在于函数化简时应找出各输出函数的公用项,以便在逻辑电路中实现对公用项逻辑部件的共享,从而使电路整体最简。

【例 3-32】 化简下面多输出函数。

$$F_1 = \sum m(2,3,6,7,10,11,12,13,14,15)$$

$$F_2 = \sum m(2,6,10,12,13,14)$$

解 分别作出它们的卡诺图,如图 3-18 所示。观察两个卡诺图,找出两者相同的部分,并化简可得 $F_1 = C + AB\overline{C}$,$F_2 = C\overline{D} + AB\overline{C}$。虽然 F_1 不是最简,但整体达到了最简。

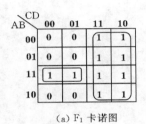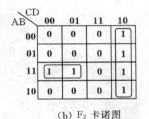

（a）F_1 卡诺图　　　　　　（b）F_2 卡诺图

图 3-18　例 3-32 用卡诺图

自测练习

3.5.1　卡诺图相邻方格所代表的最小项只有（　　）个变量取值不同。

3.5.2　n 变量卡诺图中的方格数等于（　　）。

3.5.3　卡诺图中，变量取值按（　　）（二进制码,格雷码）顺序排列。

3.5.4　如题 3.5.4 图所示 3 变量卡诺图,左上角方格对应的 A、B、C 变量的取值为 **000**,它代表的最小项为（　　）,最大项为（　　）。

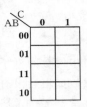

3.5.5　在题 3.5.4 图所示 3 变量卡诺图中,最小项 $A\overline{BC}$ 对应的方格为（　　）。

3.5.6　在题 3.5.4 图所示 3 变量卡诺图中,最大项 $A+B+\overline{C}$ 对应的方格为（　　）。

3.5.7　3 变量逻辑函数 $F=AB+C$ 的卡诺图表示为（　　）。

3.5.8　3 变量逻辑函数 $F=(A+B+C)(A+\overline{B}+C)$ 的卡诺图表示为（　　）。

题 3.5.4 图

3.5.9　3 变量逻辑函数 $F=(A+B+C)(A+\overline{C})$ 的卡诺图表示为（　　）。

3.5.10　某 3 变量逻辑函数 F 的约束条件为 $AB+AC=\mathbf{0}$,则它包含的无关项为（　　）。

3.6　课外资料阅读

布尔代数

　　1835 年,20 岁的乔治·布尔(G. Boole)(见图 3-19)开办了一所私人授课学校。为了给学生们开设必要的数学课程,他兴趣浓厚地读起了当时一些介绍数学知识的教科书。不久,他就感到惊讶,这些东西就是数学吗? 实在令人难以置信。于是,这位只受过初步数学训练的青年自学了艰深的《天体力学》和抽象的《分析力学》。由于他对代数关系的对称和美有很强的感觉,在孤独的研究中,他首先发现了不变量,并把这一成果写成论文发表。这篇高质量的论文发表后,布尔仍然留在小学教书,但是他开始和许多一流的英国数学家交往或通信,其中有数学家、逻辑学家德·摩根(De Mogen)(见图 3-20)。摩根在 19 世纪前半叶卷入了一场著名的争论,布尔知道摩根是对的,于是在 1848 年出版了一本薄薄的小册子来为朋友辩护。这本小册子是他 6 年后更伟大的成果的预告,它一问世,立即获得了摩根的赞扬,摩根肯定他开辟了新的、棘手的研究科目。布尔此时已经在研究逻辑代数,即布尔代数。他把逻辑简化成极为容易和简单的一种代数。在这种代数中,适当的材料上的“推理”,成了公式的初等运算的事情,这些公式比过去在中学代数课程中所运用的大多数公式要简单得多。这样,就使逻辑本身可以接受数学的支配。为了使自己的研究工作趋于完善,布尔在此后 6 年的漫长时间里,又付出了不同寻常的努力。1854 年,他发表了《思维规律》这部杰作,当时他已 39 岁,

图 3-19　数学家 G. 布尔

图 3-20　德·摩根

布尔代数问世了,数学史上树起了一座新的里程碑。像几乎所有的新生事物一样,布尔代数提出后没有受到人们的重视。欧洲大陆的数学家蔑视地称它为没有数学意义的、哲学上稀奇古怪的东西,他们怀疑英伦岛国的数学家能否在数学上做出独特贡献。布尔在他的杰作出版后不久就去世了。20世纪初,罗素在《数学原理》中认为,"纯数学是布尔在一部他称之为《思维规律》的著作中发现的。"此说一出,立刻引起世人对布尔代数的注意。今天,布尔提出的逻辑代数已经发展成为纯数学的一个主要分支。(资料来源:百度百科)

本 章 小 结

1. 逻辑函数的表示方法有:逻辑表达式、真值表、逻辑电路图、卡诺图和波形图。

2. 逻辑代数的基本定律、基本公式和摩根定理是逻辑代数运算和变换的基础。代入规则、反演规则和对偶规则在一定条件下使逻辑代数的运算和变换更方便和简单。

3. 逻辑函数的化简就是使逻辑表达式中的项数最少、每项所含变量最少。化简的目的是为了实现逻辑函数的电路最简单。

4. 逻辑函数的代数化简法是利用逻辑代数的定律、公式和定理对逻辑函数进行化简,这种方法要求熟练掌握和灵活运用逻辑代数中的定律、公式和定理,常用的方法有:并项化简法、吸收化简法、消去化简法、配项化简法及它们的综合运用。

5. 任何一个逻辑函数都可以表示成最小项之和的形式,称为标准**与或**表达式。利用公式 $A+\overline{A}=1$ 可以把一个逻辑函数转换成标准**与或**表达式。

6. 任何一个逻辑函数都可以表示成最大项之积的形式,称为标准**或与**表达式。利用公式 $A \cdot \overline{A}=0$ 及 $A+BC=(A+B)(A+C)$ 可以把一个逻辑函数转换成标准**或与**表达式。

7. 逻辑函数的两种标准形式可以相互转换:对于一个 n 变量的逻辑函数 F,若 F 的标准**与或**式由 K 个最小项相**或**构成,则 F 的标准**或与**式一定由 2^n-K 个最大项相**与**构成。并且对于任何一组变量取值组合对应的序号 i,若标准**与或**式中不含 m_i,则标准**或与**式中一定含 M_i。

8. 逻辑函数式与真值表可以相互转换:(1) 由真值表求对应的逻辑函数表达式时,只要将函数值为 **1** 的那些最小项相加,便是函数的标准**与或**表达式;将函数值为 **0** 的那些最大项相乘,便是函数的标准**或与**表达式。(2) 由逻辑函数表达式求对应的真值表时,首先在真值表中列出输入变量二进制值的所有可能取值组合;其次将逻辑函数的**与或**(**或与**)表达式转换为标准**与或**(**或与**)形式;最后将构成标准**与或**(**或与**)形式的每个最小项(最大项)对应的输出变量处填上**1**(**0**),其他填上**0**(**1**)。

9. 卡诺图是一种描述逻辑函数的方格矩阵,每个方格代表一个最小项或最大项。它和真值表相似,包含了输入变量的所有可能取值组合以及每种取值组合下的输出结果。它相当于真值表的另一种表示形式,两者之间是完全等效的,可以互求。

10. 卡诺图化简法是将逻辑函数用卡诺图表示后,基于逻辑相邻项合并的原理进行化简的,它有严格的规则和步骤,其特点是简单、直观、不易出错,适合 5 变量以下的任何逻辑函数的化简。

习题 三

3.1 概述

3.1.1 一个电路有 3 个输入端 A、B、C,当其中 2 个输入端有 **1** 信号时,输出 F 有 **1** 信号,试列出真值表,并写出 F 的逻辑表达式。

3.1.2 当变量 A、B、C 取值分别为 **010**、**110**、**101** 时,求下列函数的值。

(a) $\overline{A}B + BC$

(b) $(A + B + C)(A + \overline{B} + \overline{C})$

(c) $(AB + AC)B$

3.2 逻辑代数的运算规则

3.2.1 试证明下列逻辑恒等式。

(a) $(A + B)(\overline{A} + C)(B + C) = (A + B)(\overline{A} + C)$

(b) $(\overline{A \oplus B})(\overline{B \oplus C})(\overline{C \oplus D}) = \overline{AB} + \overline{BC} + \overline{CD} + \overline{DA}$

(c) $(A \oplus B) \oplus C = A \oplus (B \oplus C)$

(d) $ABC + \overline{A}\overline{B}\overline{C} = \overline{\overline{A}B + \overline{B}C + \overline{A}C}$

(e) $ABC + A\overline{B}C + AB\overline{C} = AB + AC$

(f) $A + A\overline{B}C + \overline{A}CD + (\overline{C} + \overline{D})E = A + CD + E$

3.2.2 用反演规则求下列函数的反函数。

(a) $F = \overline{A}B + B\overline{C} + A(C + \overline{D})$

(b) $F = A(\overline{B} + (C\overline{D} + \overline{E}F)G)$

3.2.3 写出下列函数表达式的对偶式。

(a) $F = A\overline{C} + \overline{B}C$

(b) $F = (\overline{A} + B)(C + DE) + \overline{D}$

3.2.4 回答下列问题。

(a) 如果已知 X + Y = X + Z,那么 Y = Z。这一说法正确吗?为什么?

(b) 如果已知 XY = XZ,那么 Y = Z。这一说法正确吗?为什么?

(c) 如果已知 X + Y = X + Z,那么 XY = XZ。这一说法正确吗?为什么?

(d) 如果已知 X + Y = X · Y,那么 X = Y。这一说法正确吗?为什么?

3.2.5 利用与非门实现逻辑函数 $F = A\overline{B} + BC + \overline{A}C$。

3.2.6 利用或非门实现逻辑函数 $F = A\overline{B} + \overline{A}C$。

3.3 逻辑函数的代数化简法

3.3.1 用公式法将下列逻辑函数化简为最简**与或**表达式。

(a) $F(A, B) = (A + B)(A\overline{B})$

(b) $F(A, B, C, D) = (\overline{A}B + \overline{A}\overline{B} \cdot \overline{C} + ABC)(AD + BC)$

(c) $F(A, B, C) = A + ABC + A\overline{B}\overline{C} + BC + \overline{B}\overline{C}$

(d) $F(A, B) = \overline{AB + \overline{A}\overline{B} + \overline{A}B + A\overline{B}}$

$\qquad$ (e) $F(A,B,C)=(A+B+C)(\overline{A}+B+C)$

$\qquad$ (f) $F(A,B,C,D)=ABC\overline{D}+ABD+BC\overline{D}+ABCD+B\overline{C}$

$\qquad$ (g) $F(A,B,C)=\overline{\overline{\overline{AC}+\overline{A}BC}+\overline{B}C+AB\overline{C}}$

$\qquad$ (h) $F(A,B,C)=\overline{\overline{\overline{A\overline{B}}+ABC}+A(B+A\overline{B})}$

$\qquad$ (i) $F(A,B,C)=\overline{A}B+(AB+A\overline{B}+\overline{A}B)C$

$\qquad$ (j) $F(A,B,C)=\overline{\overline{AB+\overline{A}\overline{B}}\cdot\overline{BC+\overline{B}\overline{C}}}$

3.4　逻辑函数的标准形式

3.4.1　已知逻辑函数 $F(A,B,C)=\overline{(A\overline{B}+\overline{C})\cdot\overline{BC}}$，求 F 的标准与或表达式和标准**或与**表达式。

3.4.2　将下列逻辑函数展开为最小项表达式。

$\qquad$ (a) $F(A,B,C)=\overline{\overline{A}(B+\overline{C})}$

$\qquad$ (b) $F(A,B,C,D)=\overline{\overline{A}\ \overline{B}+ABD}\cdot(B+\overline{C}D)$

3.5　逻辑函数的卡诺图化简法

3.5.1　用卡诺图判断下列逻辑函数 Y 和 Z 的关系。

$\qquad$ $Y=AB+BC+CA, \quad Z=\overline{A}\ \overline{B}+\overline{B}\ \overline{C}+\overline{C}\ \overline{A}$

3.5.2　试画出逻辑函数 $F(A,B,C,D)=(A+D)\overline{(\overline{A}+\overline{D})}$ 的卡诺图。

3.5.3　利用卡诺图将逻辑函数 F 化成最简的与或表达式及最简的与非表达式。

$\qquad$ (1) $F(A,B,C)=AB\overline{C}+A\overline{C}+BC$

$\qquad$ (2) $F(A,B,C)=\sum m(1,2,3,4,5,6)$

$\qquad$ (3) $F(A,B,C,D)=\sum m(1,4,8,12,13)$

$\qquad$ (4) $F(A,B,C,D)=\sum m(0,3,4,5,6,7,12,14,15)$

3.5.4　用卡诺图将具有约束条件的逻辑函数 F 化成最简的与或表达式。

$\qquad$ (1) $F(A,B,C)=\sum m(1,2,4,7)+\sum d(3,5)$

$\qquad$ (2) $F(A,B,C,D)=\sum m(1,4,9,13)+\sum d(5,6,7,10)$

$\qquad$ (3) $F(A,B,C,D)=\sum m(1,2,3,8,9,10)+\sum d(12,13,14,15)$

$\qquad$ (4) $F(A,B,C,D)=\sum m(1,2,6,9,10,15)+\sum d(0,4,8,12)$

3.5.5　已知逻辑函数 $X(A,B,C,D)=A\overline{C}D+\overline{A}B\overline{D}+BCD+\overline{A}CD, Y(A,B,C,D)=\overline{\overline{A}C}D+BC+A\overline{C}\overline{D}$，利用卡诺图化简法求逻辑函数 $F_1=XY, F_2=X+Y, F_3=X\oplus Y$ 的最简与或表达式。

3.5.6　将以下逻辑函数 F 化为最简与或非表达式。

$\qquad\qquad$ $F(A,B,C,D)=AB\overline{C}+AB\overline{D}+\overline{A}BC+AC\overline{D}$，且 $\overline{B}C+\overline{B}CD=0$

4

组合逻辑电路

数字电路可分为两大类：组合逻辑电路和时序逻辑电路。本章首先介绍组合逻辑电路的概念，然后用多个不同类型的实例讨论组合逻辑电路的分析及设计方法。在此基础上，重点介绍构成组合逻辑电路的编码器、译码器等中规模集成电路的逻辑功能、使用方法和应用，最后简单分析组合逻辑电路的竞争与冒险现象。

4.1 组合逻辑电路的分析

本节将学习
- ⚛ 组合逻辑电路的概念
- ⚛ 组合逻辑电路的一般分析方法
- ⚛ 分析组合逻辑电路的几个实例

4.1.1 组合逻辑电路的定义

如果一个逻辑电路在任何时刻产生的稳定输出值仅取决于该时刻各输入值的组合，而与它们以前的状态无关，这样的逻辑电路称为组合逻辑电路，如图 4-1 所示。

组合逻辑电路的输出与输入之间可以用逻辑函数表示为

$$F_i = f_i(X_1, X_2, \cdots, X_n) \quad (i=1,2,\cdots,m)$$

组合逻辑电路的特点是由逻辑门电路组成、输出与输入之间不存在反馈回路。

图 4-1 组合逻辑电路框图

4.1.2 组合逻辑电路的分析步骤

组合逻辑电路的分析就是根据给定的逻辑电路得到与之对应的逻辑功能，其分析步骤如下。

(1) 根据给定的逻辑电路，写出输出逻辑函数表达式；

(2) 化简逻辑电路的输出逻辑函数表达式；

（3）根据化简后的输出逻辑函数表达式列出真值表；

（4）由真值表确定电路的逻辑功能。

其中，最后一步是整个分析过程的难点。

4.1.3 组合逻辑电路的分析举例

1. 单输出组合逻辑电路的分析

【例 4-1】 已知逻辑电路如图 4-2 所示，分析该电路逻辑功能。

解 （1）根据给定的逻辑电路，写出逻辑函数表达式

$$P_1 = \overline{ABC}, \quad P_2 = P_1 \cdot A = \overline{ABC} \cdot A$$

$$P_3 = P_1 \cdot B = \overline{ABC} \cdot B, \quad P_4 = P_1 \cdot C = \overline{ABC} \cdot C$$

$$F = \overline{P_2 + P_3 + P_4} = \overline{\overline{ABC} \cdot A + \overline{ABC} \cdot B + \overline{ABC} \cdot C}$$

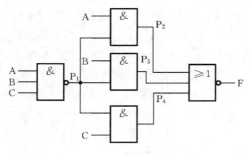

图 4-2 例 4-1 用逻辑电路图

表 4-1 例 4-1 真值表

输入			输出
A	B	C	F
0	0	0	1
0	0	1	0
0	1	0	0
0	1	1	0
1	0	0	0
1	0	1	0
1	1	0	0
1	1	1	1

（2）化简逻辑电路的输出函数表达式

$$F = \overline{\overline{ABC} \cdot A + \overline{ABC} \cdot B + \overline{ABC} \cdot C} = ABC + \overline{A + B + C} = ABC + \overline{A}\,\overline{B}\,\overline{C}$$

（3）根据化简后的逻辑函数表达式列出真值表，如表 4-1 所示。

（4）逻辑功能评述：观察真值表中 F 为 **1** 时的规律：只有当 A、B、C 这 3 个变量都为相同值时，输出 F 为 **1**，否则为 **0**。因此，该电路称为"判一致"电路。

【例 4-2】 已知逻辑电路如图 4-3 所示，分析该电路的逻辑功能。

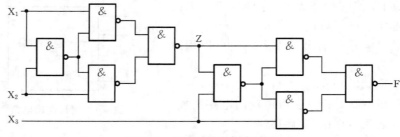

图 4-3 例 4-2 用逻辑电路图

解 （1）根据给定的逻辑电路，写出逻辑函数表达式并对其进行变换

$$Z = \overline{\overline{\overline{X_1 X_2} X_1} \cdot \overline{\overline{X_1 X_2} X_2}} = X_1 \oplus X_2$$

$$F = \overline{\overline{\overline{ZX_3} Z} \cdot \overline{\overline{ZX_3} X_3}} = Z \oplus X_3 = X_1 \oplus X_2 \oplus X_3$$

（2）根据化简后的逻辑函数表达式列出真值表，如表 4-2 所示。

（3）逻辑功能评述：通过真值表可以看出，当输入变量是奇数个 **1** 时，输出是 **1**，否则为 **0**。这个电路称为奇偶判别电路。

表 4-2 例 4-2 真值表

输入			输出
X₁	X₂	X₃	F
0	**0**	**0**	**0**
0	**0**	**1**	**1**
0	**1**	**0**	**1**
0	**1**	**1**	**0**
1	**0**	**0**	**1**
1	**0**	**1**	**0**
1	**1**	**0**	**0**
1	**1**	**1**	**1**

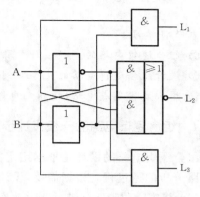

图 4-4 例 4-3 用逻辑电路图

2. 多输出组合逻辑电路的分析

【例 4-3】 已知逻辑电路如图 4-4 所示，分析该电路的逻辑功能。

解 （1）根据给定的逻辑电路，写出所有输出逻辑函数表达式，并对其进行变换得

$$L_1 = A \cdot \overline{B}, \quad L_2 = \overline{A \cdot \overline{B} + \overline{A} \cdot B} = A \odot B, \quad L_3 = \overline{A} \cdot B$$

（2）根据化简后的逻辑函数表达式列出真值表，如表 4-3 所示。

（3）逻辑功能评述：该电路是一位二进制数比较器。当 A＝B 时，L_2＝**1**；当 A＞B 时，L_1＝**1**；当 A＜B 时，L_3＝**1**。注意，在确定该电路的逻辑功能时，输出函数 L_1、L_2、L_3 不能分开考虑。

表 4-3 例 4-3 真值表

输入		输出		
A	B	L_1	L_2	L_3
0	**0**	**0**	**1**	**0**
0	**1**	**0**	**0**	**1**
1	**0**	**1**	**0**	**0**
1	**1**	**0**	**1**	**0**

自 测 练 习

4.1.1 组合逻辑电路的输出仅仅只与该时刻的（   ）有关，而与（   ）无关。

4.1.2 题 4.1.2 图所示的两个电路中，图（   ）电路是组合逻辑电路。

题 4.1.3 表

A	B	L_1	L_2
0	**0**	**0**	**0**
0	**1**	**0**	**1**
1	**0**	**0**	**1**
1	**1**	**1**	**0**

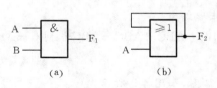

题 **4.1.2** 图

4.1.3 题 4.1.3 表所示的真值表表示的逻辑功能是（   ）（1 位加法器，1 位减法器）。

4.1.4 题 4.1.4 图所示的输出逻辑函数表达式 F_1＝（   ），F_2＝（   ）。

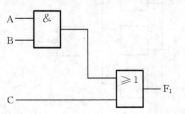

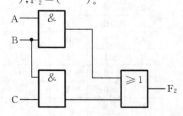

题 **4.1.4** 图

4.2   组合逻辑电路的设计

本节将学习

🔄 组合逻辑电路的一般设计步骤

🔄 设计组合逻辑电路的几个实例

🔄 用小规模集成电路(逻辑门电路)实现组合逻辑电路的逻辑功能

4.2.1   组合逻辑电路的一般设计步骤

组合逻辑电路的设计是根据给定的逻辑功能得到与之对应的逻辑电路,是组合逻辑电路分析的逆过程。根据需要,设计组合逻辑电路的基本步骤如下。

(1)将实际逻辑问题进行逻辑抽象,确定输入、输出变量;分别对输入、输出变量进行逻辑赋值,即确定 0、1 的具体含义;最后根据输出与输入之间的逻辑关系列出真值表。

(2)根据真值表写出相应的逻辑函数表达式。

(3)将逻辑函数表达式化简,并转换成所需要的形式。

(4)根据最简逻辑函数表达式画出逻辑电路图。

其中,步骤(1)是整个设计过程的难点。以上所述只是一般的设计过程,并不是任何情况下都必须经过上述 4 个步骤。例如第 3 步中如果采用卡诺图化简,就不需要写出逻辑函数表达式,而是直接由真值表画出卡诺图。

4.2.2   组合逻辑电路的设计举例

【例 4-4】   用**与非门**设计一个 3 变量"多数表决电路"。

解   (1)进行逻辑抽象,建立真值表。

用 A、B、C 表示参加表决的输入变量,"**1**"代表赞成,"**0**"代表反对,用 F 表示表决结果,"**1**"代表多数赞成,"**0**"代表多数反对。根据题意,列真值表如表 4-4 所示。

(2)根据真值表写出逻辑函数的"最小项之和"表达式为

$$F = \overline{A}BC + A\overline{B}C + AB\overline{C} + ABC$$

(3)将上述表达式化简,并转换成与非形式为

$$F = \overline{A}BC + A\overline{B}C + AB\overline{C} + ABC = \overline{A}BC + ABC + A\overline{B}C + ABC + AB\overline{C} + ABC$$

$$= BC + AC + AB = \overline{\overline{BC} \cdot \overline{AC} \cdot \overline{AB}}$$

(4)根据逻辑函数表达式画出逻辑电路图,如图 4-5 所示。

表 4-4   **例 4-4 真值表**

A	B	C	F
0	0	0	0
0	0	1	0
0	1	0	0
0	1	1	1
1	0	0	0
1	0	1	1
1	1	0	1
1	1	1	1

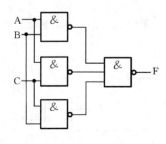

图 4-5   **例 4-4 用逻辑电路图**

图 4-5 所示逻辑电路可以用 74LS00 芯片实现,74LS00 为四 2 输入**与非门**,逻辑符号和引脚图如图 4-6 所示。将 F 转换为两输入**与非门**形式为

$$F = \overline{\overline{BC} \cdot \overline{AC} \cdot \overline{AB}}$$

需要六个 2 输入**与非门**,故使用 2 片 74LS00 芯片才能实现。

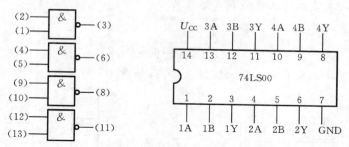

图 4-6 74LS00 的逻辑符号和引脚图

【**例 4-5**】 某同学参加 4 门课程考试,规定为:

(1) 课程 A 及格得 1 分,不及格得 0 分;

(2) 课程 B 及格得 2 分,不及格得 0 分;

(3) 课程 C 及格得 4 分,不及格得 0 分;

(4) 课程 D 及格得 5 分,不及格得 0 分。

若总得分大于 8 分(含 8 分),就可结业。试用**与非门**设计实现上述要求的逻辑电路。

解 (1)进行逻辑抽象,建立真值表。分别用输入变量 A、B、C、D 表示课程 A、B、C、D,"1"代表及格,"0"代表不及格,用 F 表示结果,"1"代表可结业,"0"代表不可结业。根据题意,列真值表如表 4-5 所示。

表 4-5 例 4-5 真值表

A	B	C	D	F	A	B	C	D	F
0	0	0	0	0	1	0	0	0	0
0	0	0	1	0	1	0	0	1	0
0	0	1	0	0	1	0	1	0	0
0	0	1	1	1	1	0	1	1	1
0	1	0	0	0	1	1	0	0	0
0	1	0	1	0	1	1	0	1	1
0	1	1	0	0	1	1	1	0	0
0	1	1	1	1	1	1	1	1	1

(2) 根据真值表写出逻辑函数的"最小项之和"表达式为

$$F(A,B,C,D) = \sum m(3,7,11,13,15)$$

(3) 利用卡诺图将上述表达式进行化简,并转换成**与非**表达式

$$F(A,B,C,D) = ABD + CD = \overline{\overline{ABD + CD}} = \overline{\overline{ABD} \cdot \overline{CD}}$$

(4) 根据逻辑函数表达式画出逻辑电路图,如图 4-7 所示。

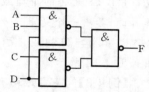

图 4-7 例 4-5 用逻辑电路图

【**例 4-6**】 用**或非**门实现例 4-5 的逻辑电路。

解 (1)根据表 4-5 画出输出变量的卡诺图,如图 4-8 所示,并对 **0** 画圈,得到输出的最简**或与**表达式

$$F=(A+C)(B+C)D$$

(2)将函数表达式转换成**或非**表达式为

$$F=\overline{\overline{(A+C)(B+C)D}}$$

$$F=\overline{\overline{(A+C)}+\overline{(B+C)}+\overline{D}}$$

(3)根据逻辑函数表达式画出逻辑电路图,如图 4-9 所示。

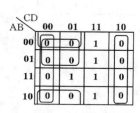

图 4-8 例 4-6 用卡诺图

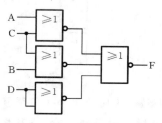

图 4-9 例 4-6 用逻辑电路图

图 4-9 所示逻辑电路可以用 74LS02 芯片实现,74LS02 为四 2 输入**或非**门,逻辑符号和引脚图如图 4-10 所示。

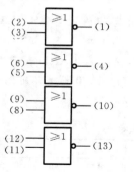

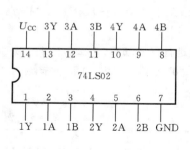

图 4-10 74LS02 的逻辑符号和引脚图

【**例 4-7**】 用**与或**门实现例 4-5 的逻辑电路。

解 (1)根据表 4-5 真值表写出逻辑函数的"最小项之和"的表达式并化简为

$$F(A,B,C,D)=\sum m(3,7,11,13,15)=ABD+CD$$

(2)根据逻辑函数表达式画出逻辑电路图,如图 4-11 所示。

图 4-11 所示的逻辑电路可用 74HC58 芯片实现,74HC58 是将两个**与或**门集成在一个芯片上的逻辑器件,其中一个是 2 个 2 输入**与**门相**或**,另一个是 2 个 3 输入**与**门相**或**。74HC58 的逻辑符号和引脚图如图 4-12 所示。

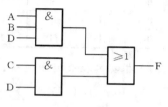

图 4-11 例 4-7 用逻辑电路图

【**例 4-8**】 某雷达站有三部雷达 A、B、C,其中 A 和 B 功率消耗相等,C 的功率是 A 的两倍。这些雷达由两台发电机 X 和 Y 供电,发电机 X 的最大输出功率等于雷达 A 的功率消耗,发电机 Y 的最大输出功率是 X 的 3 倍。试设计一个控制电路,能够根据

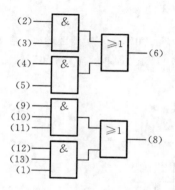 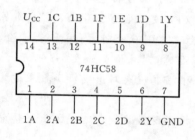

图 4-12　74HC58 的逻辑符号和引脚图

各雷达的启动和关闭情况,以最节能的方式启、停发电机。

解　(1) 设雷达 A、B、C 启动为"**1**",关闭为
"**0**",发电机 X、Y 启动为"**1**",停止为"**0**"。根据雷
达和发电机的工作关系可确定雷达 A、B、C 为输
入变量,发电机 X,Y 为输出变量。

另外,设雷达 A 的功率消耗为 x,则雷达 B 的
功率消耗为 x,雷达 C 的功率消耗为 2x,发电机 X
和 Y 的最大输出功率分别为 x 和 3x。根据它们
的功率关系可知,当 A 或 B 工作时,只需 X 发电;
当 A、B、C 同时工作时,需 X 和 Y 同时发电;其他
情况只需要 Y 发电。由此可列出真值表如表 4-6
所示。

表 4-6　例 4-8 真值表

A	B	C	X	Y
0	0	0	0	0
0	0	1	0	1
0	1	0	1	0
0	1	1	0	1
1	0	0	1	0
1	0	1	0	1
1	1	0	0	1
1	1	1	1	1

(2) 由真值表可直接画出卡诺图如图 4-13(a)、(b)所示。

由卡诺图化简可得到 X、Y 的逻辑表达式:
$$X=\overline{A}B\overline{C}+A\overline{B}\,\overline{C}+ABC,\quad Y=AB+C$$

(3) 由上述逻辑表达式可画出逻辑电路图,如图 4-14 所示。

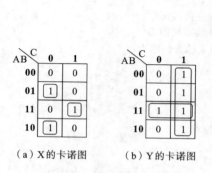

(a) X 的卡诺图　　(b) Y 的卡诺图

图 4-13　例 4-8 用卡诺图

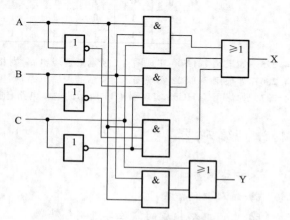

图 4-14　例 4-8 用逻辑电路图

【例 4-9】　某大学东、西两校区举行联欢会,入场券分红、黄两种,东校区学生持红票
入场,西校区学生持黄票入场。会场入口处设一自动检票机:符合条件者可入场,否则不

准入场。试设计该逻辑电路。

  解 (1)设学生为变量 A,"**1**"代表东校区学生,"**0**"代表西校区学生;票为变量 B,"**1**"代表红票,"**0**"代表黄票;用 F 表示检票结果,"**1**"代表符合条件,"**0**"代表不符合条件。根据题意,列真值表如表 4-7 所示。

(2)根据真值表写出逻辑函数表达式

$$F=AB+\overline{A}\overline{B}=A\odot B$$

(3)根据逻辑函数表达式画出逻辑电路图,如图 4-15 所示。

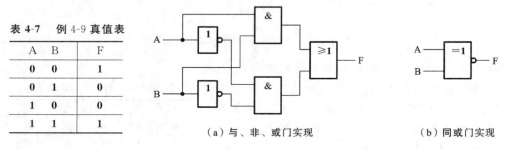

表 4-7 例 4-9 真值表

A	B	F
0	0	1
0	1	0
1	0	0
1	1	1

(a)与、非、或门实现　　　(b)同或门实现

图 4-15 例 4-9 用逻辑电路图

自 测 练 习

4.2.1 若用 74LS00 实现函数 $F=\overline{AB}$,A、B 分别接 74LS00 的 4、5 脚,则输出 F 应接到 74LS00 的(　　)脚。

4.2.2 若要实现函数 $F=(A+E)(B+D)$,则用(　　)芯片的数量最少。
  (a) 74LS00　　　　　　(b) 74LS02　　　　　　(c) 74HC58

4.2.3 实现逻辑函数 $F=AB+AC$,可以用一个(　　)门;或者用(　　)个与非门;或者用(　　)个或非门。

4.2.4 题 4.2.4 表所对应的输出逻辑函数表达式为 F=(　　)。

题 4.2.4 表

A	B	C	F	A	B	C	F
0	0	0	0	1	0	0	0
0	0	1	0	1	0	1	1
0	1	0	1	1	1	0	0
0	1	1	1	1	1	1	1

4.2.5 如果用 74LS00 实现图 4-5 所示的逻辑电路,则相应的接线图为(　　)。

4.2.6 如果用 74LS02 实现图 4-9 所示的逻辑电路,则相应的接线图为(　　)。

4.2.7 如果用 74HC58 实现图 4-11 所示的逻辑电路,则相应的接线图为(　　)。

4.3 编码器

本节将学习

🌀 编码器的概念

🌀 由门电路构成的 3 位二进制编码器

🌀 由门电路构成的二-十进制编码器

🌀 优先编码器的概念

🌀 典型的编码器集成电路 74LS148 及 74LS147

4.3.1　编码器的概念

在数字电路中,通常将具有特定含义的信息(数字或符号)编成相应的若干位二进制代码的过程称为编码。实现编码功能的电路称为编码器,其功能框图如图 4-16 所示。编码器的特点是,当多个输入端中的一个为有效电平时,编码器的输出端并行输出相应的多位二进制代码。按照被编码信号的不同特点和要求,有二进制编码器、BCD码编码器、优先编码器之分。

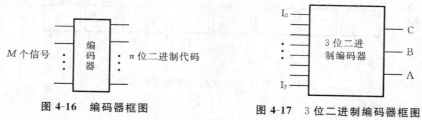

图 4-16　编码器框图　　　　　　　图 4-17　3 位二进制编码器框图

4.3.2　二进制编码器

用 n 位二进制代码对 $M=2^n$ 个信号进行编码的电路叫二进制编码器。

1. 3 位二进制编码器

图 4-17 所示的为 3 位二进制编码器的框图。它有 8 个数据输入端代表 8 种需要编码的信息,用 $I_0 \sim I_7$ 表示。输出是用来进行编码的 3 位二进制代码,用 C、B、A 表示。由于编码器在任何时刻只能对一个输入端信号进行编码,所以不允许 2 个或 2 个以上的输入端同时存在有效信号。如对 I_0 进行编码,就是使输入端 I_0 有效而其他输入端无效,此时输出有一组代码相对应。有效信号有 2 种方式:一种是 I_0 加高电平而其他输入端加低电平,称为输入高电平有效;另一种为输入低电平有效。假设输入端信号为高电平有效,电路对其编码,C、B、A 为其编码输出,则可得到如表 4-8 所示的真值表。由于 $I_0 \sim I_7$ 是一组互相排斥的变量,所以真值表可以采用简化形式排列出来,如表 4-9 所示。根据表 4-9 可知,只需要将输出端为 **1** 的变量加起来,便可得到输出端的最简**与或**表达式,即

$$C=I_4+I_5+I_6+I_7$$
$$B=I_2+I_3+I_6+I_7$$
$$A=I_1+I_3+I_5+I_7$$

表 4-8　3 位二进制编码器的真值表

输入								输出		
I_0	I_1	I_2	I_3	I_4	I_5	I_6	I_7	C	B	A
1	0	0	0	0	0	0	0	0	0	0
0	1	0	0	0	0	0	0	0	0	1
0	0	1	0	0	0	0	0	0	1	0
0	0	0	1	0	0	0	0	0	1	1
0	0	0	0	1	0	0	0	1	0	0
0	0	0	0	0	1	0	0	1	0	1
0	0	0	0	0	0	1	0	1	1	0
0	0	0	0	0	0	0	1	1	1	1

表 4-9　简化真值表

输入	输出		
I	C	B	A
I_0	0	0	0
I_1	0	0	1
I_2	0	1	0
I_3	0	1	1
I_4	1	0	0
I_5	1	0	1
I_6	1	1	0
I_7	1	1	1

根据上述各表达式可直接画出 3 位二进制编码器的逻辑电路图,如图 4-18 所示。

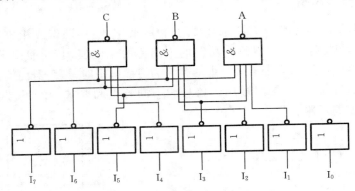

图 4-18 3 位二进制编码器的逻辑电路图

2. 优先编码器

如前所述,普通编码器在任何时刻只能有一个输入信号有效,并对该信号进行编码,而优先编码器允许多个输入信号同时有效,但它只对优先级最高的有效输入信号进行编码输出。图 4-19 是 8-3 线优先编码器 74LS148 的逻辑符号和引脚图,其真值表如表 4-10 所示。

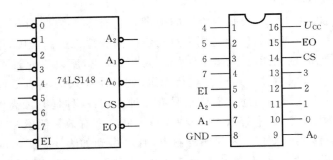

图 4-19 74LS148 的逻辑符号和引脚图

表 4-10 74LS148 的真值表

输 入									输 出				
EI	7	6	5	4	3	2	1	0	CS	EO	A_2	A_1	A_0
1	×	×	×	×	×	×	×	×	1	1	1	1	1
0	1	1	1	1	1	1	1	1	1	0	1	1	1
0	0	×	×	×	×	×	×	×	0	1	0	0	0
0	1	0	×	×	×	×	×	×	0	1	0	0	1
0	1	1	0	×	×	×	×	×	0	1	0	1	0
0	1	1	1	0	×	×	×	×	0	1	0	1	1
0	1	1	1	1	0	×	×	×	0	1	1	0	0
0	1	1	1	1	1	0	×	×	0	1	1	0	1
0	1	1	1	1	1	1	0	×	0	1	1	1	0
0	1	1	1	1	1	1	1	0	0	1	1	1	1

由 74LS148 的真值表(见表 4-10)可知,该编码器有 8 个信号输入端 0~7,3 个代码输出端 A_0、A_1、A_2,1 个输入使能端 EI,1 个输出使能端 EO 和 1 个输出扩展端 CS。

(1) 74LS148 输入端为低电平有效(逻辑符号中用小圆圈表示),7 输入端优先级最高,0 输入端优先级最低。输出代码为反码(逻辑符号中用小圆圈表示)。

(2) EI 为输入使能端,低电平有效。EI=**1** 时,不管输入信号如何变化或是否有效,输出代码均不变化且为 **111**,编码器处于非工作状态;而 EI=**0** 时,编码器处于工作状态。

(3) EO 为输出使能端,低电平有效。当 EI=**0** 且输入端无有效信号时,EO=**0**。故 EO=**0** 实际上表示编码器处于工作状态,但此时无编码信号输入。

(4) CS 为输出扩展端,低电平有效。当编码器处于工作状态且有编码信号输入时,CS=**0**。故 CS 的低电平实际上表示编码器处于工作状态,且有编码信号输入。

4.3.3 二-十进制编码器

将十进制数 0~9 编码为二进制代码的电路称为二-十进制编码器,输出的二进制代码通常为 8421BCD 码,故也称为 8421BCD 码编码器。二-十进制编码器的真值表如表 4-11 所示。

表 4-11　二-十进制编码器的真值表

输入	D	C	B	A	输入	D	C	B	A
I_0	**0**	**0**	**0**	**0**	I_5	**0**	**1**	**0**	**1**
I_1	**0**	**0**	**0**	**1**	I_6	**0**	**1**	**1**	**0**
I_2	**0**	**0**	**1**	**0**	I_7	**0**	**1**	**1**	**1**
I_3	**0**	**0**	**1**	**1**	I_8	**1**	**0**	**0**	**0**
I_4	**0**	**1**	**0**	**0**	I_9	**1**	**0**	**0**	**1**

由表 4-11 可知,输出逻辑函数表达式为

$$D=I_8+I_9$$
$$C=I_4+I_5+I_6+I_7$$
$$B=I_2+I_3+I_6+I_7$$
$$A=I_1+I_3+I_5+I_7+I_9$$

根据上述各表达式可直接画出二-十进制编码器逻辑图,如图 4-20 所示。

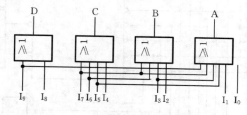

图 4-20　二-十进制编码器的逻辑图

在数字电路中,常用的集成电路二-十进制优先编码器有 10-4 线 8421BCD 编码器 74LS147(或 74HCT147),它的逻辑符号和引脚图如图 4-21 所示,它的真值表如表 4-12 所示。

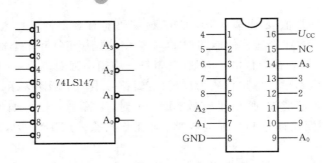

图 4-21　74LS147 的逻辑符号和引脚图

表 4-12　74LS147 的真值表

输　　　　入									输　　　出			
9	8	7	6	5	4	3	2	1	A_3	A_2	A_1	A_0
1	1	1	1	1	1	1	1	1	1	1	1	1
0	×	×	×	×	×	×	×	×	0	1	1	0
1	0	×	×	×	×	×	×	×	0	1	1	1
1	1	0	×	×	×	×	×	×	1	0	0	0
1	1	1	0	×	×	×	×	×	1	0	0	1
1	1	1	1	0	×	×	×	×	1	0	1	0
1	1	1	1	1	0	×	×	×	1	0	1	1
1	1	1	1	1	1	0	×	×	1	1	0	0
1	1	1	1	1	1	1	0	×	1	1	0	1
1	1	1	1	1	1	1	1	0	1	1	1	0

由表 4-12 可知,74LS147 的优先级别从 9 至 1 递降,输入端为低电平有效,当输入端 1～9 均无效时,表示对 0 进行编码。输出端均以反码的形式出现。

4.3.4　编码器应用举例

【例 4-10】　图 4-22 所示为用 10 个按键、74LS147 及非门组成的一个简单的键盘编码电路,试分析其工作原理。

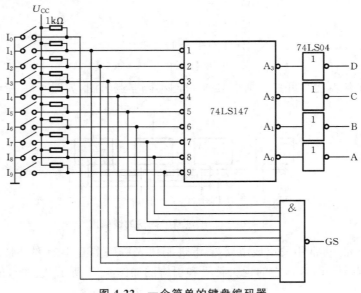

图 4-22　一个简单的键盘编码器

解　如图 4-22 所示,每个按键对应一个十进制数,所有按键的一端接地,另一端(除 0 键外)接到编码器 74LS147 的各个输入端,同时通过电阻接到电源。按键的这种接法用于给输入端产生高、低电平。图中的 4 个非门将编码器输出的反码变为原码输出。

按下某一个键(除 0 键外)时,它所连接的编码器输入端就为低电平,该按键表示的十进制数被编码为相应的 8421BCD 码;当 0 键按下时,编码器所有输入端均为高电平,此时电路输出 **0000**。GS 为按键状态标志,GS=**0** 表示无按键按下。具体实现的功能见表 4-13 所示真值表。

表 4-13　例 4-10 真值表

| 输　　　　入 | | | | | | | | | | 输　　出 | | | | |
I_9	I_8	I_7	I_6	I_5	I_4	I_3	I_2	I_1	I_0	D	C	B	A	GS
1	1	1	1	1	1	1	1	1	1	0	0	0	0	0
0	×	×	×	×	×	×	×	×	×	1	0	0	1	1
1	0	×	×	×	×	×	×	×	×	1	0	0	0	1
1	1	0	×	×	×	×	×	×	×	0	1	1	1	1
1	1	1	0	×	×	×	×	×	×	0	1	1	0	1
1	1	1	1	0	×	×	×	×	×	0	1	0	1	1
1	1	1	1	1	0	×	×	×	×	0	1	0	0	1
1	1	1	1	1	1	0	×	×	×	0	0	1	1	1
1	1	1	1	1	1	1	0	×	×	0	0	1	0	1
1	1	1	1	1	1	1	1	0	×	0	0	0	1	1
1	1	1	1	1	1	1	1	1	0	0	0	0	0	1

【例 4-11】　用 2 片 8-3 线优先编码器 74LS148 扩展为 16-4 线优先编码器,逻辑电路图如图 4-23 所示。试分析其工作原理。

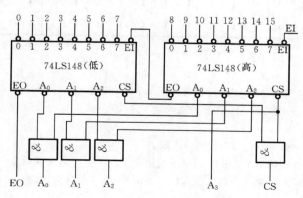

图 4-23　用 2 片 8-3 线优先编码器扩展为 16-4 线优先编码器

解　根据表 4-10 分析图 4-23 可知,该图将高位片的 EO 接低位片的 EI。当高位片输入端无有效信号输入时,EO=**0**,使低位片的 EI=**0**,则低位片可以输入信号。当高位片有有效信号输入时,EO=**1**,使低位片的 EI=**1**,禁止低位片工作。这种情况说明高位片的输入优先级高于低位片。

设 13 引脚有输入信号,因 13 引脚为高位片的 5 引脚,此时对应的高位片输出代码 $A_2A_1A_0$ 为 **010**、EO=**1**、CS=**0**,由于此时低位片不工作,此时低位片输出代码 $A_2A_1A_0$ 为 **111**、EO=**1**、CS=**1**。所以扩展后的输出代码 $A_3A_2A_1A_0$=**0010**、EO=**1**、CS=**0**。图 4-23 接成的 16-4 线优先编码器的真值表如表 4-14 所示。

表 4-14　16-4 线优先编码器的真值表

EI	0	1	2	3	4	5	6	7	8	9	10	11	12	13	14	15	A_3	A_2	A_1	A_0	EO	CS
1	×	×	×	×	×	×	×	×	×	×	×	×	×	×	×	×	1	1	1	1	1	1
0	1	1	1	1	1	1	1	1	1	1	1	1	1	1	1	1	1	1	1	1	0	1
0	×	×	×	×	×	×	×	×	×	×	×	×	×	×	×	0	0	0	0	0	1	0
0	×	×	×	×	×	×	×	×	×	×	×	×	×	×	0	1	0	0	0	1	1	0
0	×	×	×	×	×	×	×	×	×	×	×	×	×	0	1	1	0	0	1	0	1	0
0	×	×	×	×	×	×	×	×	×	×	×	×	0	1	1	1	0	0	1	1	1	0
0	×	×	×	×	×	×	×	×	×	×	×	0	1	1	1	1	0	1	0	0	1	0
0	×	×	×	×	×	×	×	×	×	×	0	1	1	1	1	1	0	1	0	1	1	0
0	×	×	×	×	×	×	×	×	×	0	1	1	1	1	1	1	0	1	1	0	1	0
0	×	×	×	×	×	×	×	×	0	1	1	1	1	1	1	1	0	1	1	1	1	0
0	×	×	×	×	×	×	×	0	1	1	1	1	1	1	1	1	1	0	0	0	1	0
0	×	×	×	×	×	×	0	1	1	1	1	1	1	1	1	1	1	0	0	1	1	0
0	×	×	×	×	×	0	1	1	1	1	1	1	1	1	1	1	1	0	1	0	1	0
0	×	×	×	×	0	1	1	1	1	1	1	1	1	1	1	1	1	0	1	1	1	0
0	×	×	×	0	1	1	1	1	1	1	1	1	1	1	1	1	1	1	0	0	1	0
0	×	×	0	1	1	1	1	1	1	1	1	1	1	1	1	1	1	1	0	1	1	0
0	×	0	1	1	1	1	1	1	1	1	1	1	1	1	1	1	1	1	1	0	1	0
0	0	1	1	1	1	1	1	1	1	1	1	1	1	1	1	1	1	1	1	1	1	0

自 测 练 习

4.3.1　二进制编码器有 8 个输入端,应该有(　　)个代码输出端。

4.3.2　3 位二进制优先编码器 74LS148 的输入端 2、4、13 引脚上加入有效输入信号,则输出代码为(　　)。

4.3.3　二-十进制编码器有(　　)个代码输出端。

4.3.4　二-十进制优先编码器 74LS147 的输入端第 3、12、13 引脚为逻辑低电平,则输出端第 6 引脚为逻辑(　　)电平,第 7 引脚为逻辑(　　)电平,第 9 引脚为逻辑(　　)电平,第 14 引脚为逻辑(　　)电平。

4.3.5　74LS148 输入端中无有效信号时,其输出 CS 为(　　),EO 为(　　)。

4.3.6　74LS148 输出端代码以(　　)(原码,反码)形式出现。

4.3.7　74LS147 输入端为(　　)电平有效,输出端以(　　)(原码,反码)形式出现。

4.3.8　图 4-23 是用 2 片 74LS148 接成的一个 16-4 线优先编码器,输入信号 EI 为输入使能端,输出信号 EO 为(　　),CS 为(　　)。

4.4 译码器

本节将学习
- 译码器的概念
- 由门电路构成的 3 位二进制译码器
- 3 位二进制集成译码器 74LS138
- 二-十进制集成译码器 74LS42
- 用集成译码器构成组合逻辑电路
- 共阴极和共阳极数码显示管
- 显示译码器 74LS47、74LS48 和 74HCT4511

4.4.1 译码器的概念

把具有特定含义的二进制代码"翻译"成数字或字符的过程称为译码,实现译码操作的电路称为译码器。根据功能可分为二进制译码器、二-十进制译码器(或 BCD 码译码器)和显示译码器。译码器功能框图如图 4-24 所示。

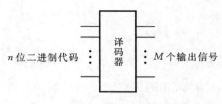

n 位二进制代码 —— 译码器 —— M 个输出信号

图 4-24 译码器框图

4.4.2 二进制译码器

二进制译码器的功能与二进制编码器的刚好相反,它将具有特定含义的不同二进制代码辨别出来,并转换成相应的输出信号。n 位二进制译码器有 n 位二进制代码输入、2^n 个信号输出。对应每一组输入代码,有且仅有一个输出信号有效,其余输出信号无效。输出信号可以是高电平有效或者低电平有效。常见的 MSI 集成译码器有 2-4 线、3-8 线和 4-16 线译码器。

3 位二进制(3-8 线)译码器的真值表如表 4-15 所示,它有 3 个输入端 A_2、A_1、A_0,用于输入 3 位二进制代码,有 8 个输出端 $Y_0 \sim Y_7$,为 8 个互斥的信号。3 位二进制译码器通过输出端的逻辑高电平来识别不同的输入代码,称为输出高电平有效。

表 4-15 3 位二进制译码器的真值表

输入端			输出端							
A_2	A_1	A_0	Y_0	Y_1	Y_2	Y_3	Y_4	Y_5	Y_6	Y_7
0	0	0	1	0	0	0	0	0	0	0
0	0	1	0	1	0	0	0	0	0	0
0	1	0	0	0	1	0	0	0	0	0
0	1	1	0	0	0	1	0	0	0	0
1	0	0	0	0	0	0	1	0	0	0
1	0	1	0	0	0	0	0	1	0	0
1	1	0	0	0	0	0	0	0	1	0
1	1	1	0	0	0	0	0	0	0	1

由表 4-15 可得输出逻辑函数表达式

$$Y_0 = \overline{A_2}\,\overline{A_1}\,\overline{A_0}, \quad Y_1 = \overline{A_2}\,\overline{A_1}\,A_0, \quad Y_2 = \overline{A_2}A_1\overline{A_0}, \quad Y_3 = \overline{A_2}A_1A_0,$$

$$Y_4 = A_2\overline{A_1}\,\overline{A_0}, \quad Y_5 = A_2\overline{A_1}A_0, \quad Y_6 = A_2A_1\overline{A_0}, \quad Y_7 = A_2A_1A_0$$

由输出逻辑函数表达式可知,3 位二进制译码器的输出端包含了 3 个输入端变量 A_2、A_1、A_0 组成的所有最小项。由上述逻辑表达式可画出由门电路构成的 3 位二进制译码器的逻辑电路图,如图 4-25 所示。

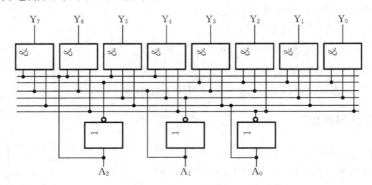

图 4-25 3 位二进制译码器的逻辑图

常用的集成 3 位二进制(3-8 线)译码器有 74LS138(或 74HCT138),它的逻辑符号和引脚图如图 4-26 所示。

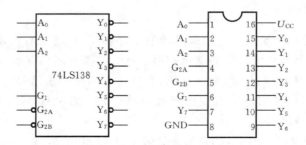

图 4-26 74LS138 的逻辑符号和引脚图

A_2、A_1、A_0 为二进制译码输入端,$Y_0 \sim Y_7$ 为译码输出端(小圆圈表示低电平有效),G_1、G_{2A}、G_{2B} 为选通控制端。当 $G_1 = 1$、$G_{2A} + G_{2B} = 0$ 时,译码器处于工作状态;当 $G_1 = 0$ 或 $G_{2A} + G_{2B} = 1$ 时,译码器处于非工作状态。

74LS138 的真值表(其中 $G_2 = G_{2A} + G_{2B}$)如表 4-16 所示。由表 4-16 可知,译码器 74LS138 输出端包含了输入端变量 A_2、A_1、A_0 组成的所有最小项的**非**(注意它与表 4-15 的不同之处),这一特点在其应用中要经常用到。

由表 4-16 可得

$$Y_0 = \overline{\overline{A_2}\,\overline{A_1}\,\overline{A_0}} = \overline{m_0}, \quad Y_1 = \overline{\overline{A_2}\,\overline{A_1}\,A_0} = \overline{m_1}$$

$$Y_2 = \overline{\overline{A_2}A_1\overline{A_0}} = \overline{m_2}, \quad Y_3 = \overline{\overline{A_2}A_1A_0} = \overline{m_3}$$

$$Y_4 = \overline{A_2\overline{A_1}\,\overline{A_0}} = \overline{m_4}, \quad Y_5 = \overline{A_2\overline{A_1}A_0} = \overline{m_5}$$

$$Y_6 = \overline{A_2A_1\overline{A_0}} = \overline{m_6}, \quad Y_7 = \overline{A_2A_1A_0} = \overline{m_7}$$

表 4-16　74LS138 的真值表

G_1	G_2	输入端			输出端							
		A_2	A_1	A_0	Y_0	Y_1	Y_2	Y_3	Y_4	Y_5	Y_6	Y_7
×	1	×	×	×	1	1	1	1	1	1	1	1
0	×	×	×	×	1	1	1	1	1	1	1	1
1	0	0	0	0	0	1	1	1	1	1	1	1
1	0	0	0	1	1	0	1	1	1	1	1	1
1	0	0	1	0	1	1	0	1	1	1	1	1
1	0	0	1	1	1	1	1	0	1	1	1	1
1	0	1	0	0	1	1	1	1	0	1	1	1
1	0	1	0	1	1	1	1	1	1	0	1	1
1	0	1	1	0	1	1	1	1	1	1	0	1
1	0	1	1	1	1	1	1	1	1	1	1	0

4.4.3　二-十进制译码器

将输入的 4 位 8421BCD 码翻译成 0～9 共 10 个十进制数的电路称为二-十进制译码器。二-十进制译码器有 4 个输入端和 10 个输出端,分别用 A_3、A_2、A_1、A_0 和 Y_0～Y_9 表示,故二-十进制译码器又称为 4-10 线译码器。

常用的集成二-十进制（4-10 线）译码器型号为 74LS42,其引脚排列如图 4-27 所示。

表 4-17 是 4-10 线译码器 74LS42 的真值表,输入为 8421BCD 码,输出 Y_0～Y_9 为低电平有效。当 74LS42 输入代码 **1010～1111** 时,输出 Y_0～Y_9 都为高电平 **1**,不会出现低电平 **0**。因此,译码器不会产生错误译码。

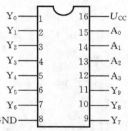

图 4-27　74LS42 的引脚图

表 4-17　4-10 线译码器 74LS42 的真值表

十进制数	A_3	A_2	A_1	A_0	Y_0	Y_1	Y_2	Y_3	Y_4	Y_5	Y_6	Y_7	Y_8	Y_9
0	0	0	0	0	0	1	1	1	1	1	1	1	1	1
1	0	0	0	1	1	0	1	1	1	1	1	1	1	1
2	0	0	1	0	1	1	0	1	1	1	1	1	1	1
3	0	0	1	1	1	1	1	0	1	1	1	1	1	1
4	0	1	0	0	1	1	1	1	0	1	1	1	1	1
5	0	1	0	1	1	1	1	1	1	0	1	1	1	1
6	0	1	1	0	1	1	1	1	1	1	0	1	1	1
7	0	1	1	1	1	1	1	1	1	1	1	0	1	1
8	1	0	0	0	1	1	1	1	1	1	1	1	0	1
9	1	0	0	1	1	1	1	1	1	1	1	1	1	0

由表 4-17 可知,74LS42 的输出逻辑表达式为

$$Y_0 = \overline{\overline{A_3}\,\overline{A_2}\,\overline{A_1}\,\overline{A_0}}, \qquad Y_1 = \overline{\overline{A_3}\,\overline{A_2}\,\overline{A_1}\,A_0}$$

$$Y_2 = \overline{\overline{A_3}\,\overline{A_2}\,A_1\,\overline{A_0}}, \qquad Y_3 = \overline{\overline{A_3}\,\overline{A_2}\,A_1\,A_0}$$

$$Y_4 = \overline{\overline{A_3}\,A_2\,\overline{A_1}\,\overline{A_0}}, \qquad Y_5 = \overline{\overline{A_3}\,A_2\,\overline{A_1}\,A_0}$$

$$Y_6 = \overline{\overline{A_3} A_2 A_1 \overline{A_0}}, \qquad Y_7 = \overline{\overline{A_3} A_2 A_1 A_0}$$

$$Y_8 = \overline{A_3 \overline{A_2} \overline{A_1} \overline{A_0}}, \qquad Y_9 = \overline{A_3 \overline{A_2} \overline{A_1} A_0}$$

4.4.4 用译码器实现逻辑函数

如前所述,对于二进制译码器,其输出为输入端的全部最小项(或最小项的非),而且每一个输出端 Y_i 为一个最小项(或最小项的非)。因为任何一个逻辑函数都可转换为最小项之和的标准式,因此,利用二进制译码器再加上门电路,可用于实现单输出或多输出的任何逻辑函数。

【**例 4-12**】 用译码器 74LS138 和**与非门**实现逻辑函数 $F(A,B,C) = AB + BC$。

解 (1)首先写出逻辑函数 F 的最小项之和的表达式

$$F(A,B,C) = AB + BC = AB(C+\overline{C}) + (A+\overline{A})BC$$

$$= AB\overline{C} + ABC + \overline{A}BC = \sum m(3,6,7)$$

(2)由于译码器 74LS138 的各输出端为最小项的非,故将上式转化为以下形式:

$$F(A,B,C) = m_3 + m_6 + m_7$$

$$= \overline{\overline{m_3} \cdot \overline{m_6} \cdot \overline{m_7}} = \overline{Y_3 \cdot Y_6 \cdot Y_7}$$

(3)由上式可画出该函数的逻辑电路图,如图 4-28 所示。

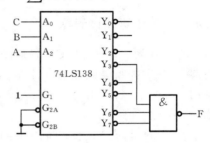

图 4-28 例 4-12 用逻辑电路图

注意:图 4-28 中译码器 74LS138 的代码输入端 A_2、A_1、A_0 中的 A_2 为最高位(见前面 74LS138 的真值表),而该函数的输入变量 A、B、C 中的 A 为最高位,两者要保持一致。

【**例 4-13**】 某组合逻辑电路的真值表如表 4-18 所示,试用译码器 74LS138 和**与非门**设计该逻辑电路。

解 写出各输出的最小项表达式,再转换成**与非-与非**形式:

$$S = \overline{A}\overline{B}C + \overline{A}B\overline{C} + A\overline{B}\overline{C} + ABC = m_1 + m_2 + m_4 + m_7$$

$$= \overline{\overline{m_1} \cdot \overline{m_2} \cdot \overline{m_4} \cdot \overline{m_7}} = \overline{Y_1 \cdot Y_2 \cdot Y_4 \cdot Y_7}$$

$$F = \overline{A}BC + AB\overline{C} + A\overline{B}C + ABC = m_3 + m_5 + m_6 + m_7$$

$$= \overline{\overline{m_3} \cdot \overline{m_5} \cdot \overline{m_6} \cdot \overline{m_7}} = \overline{Y_3 \cdot Y_5 \cdot Y_6 \cdot Y_7}$$

由上述两式可画出逻辑电路图,如图 4-29 所示。

表 4-18 例 4-13 真值表

A	B	C	S	F
0	0	0	0	0
0	0	1	1	0
0	1	0	1	0
0	1	1	0	1
1	0	0	1	0
1	0	1	0	1
1	1	0	0	1
1	1	1	1	1

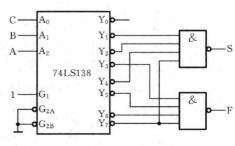

图 4-29 例 4-13 用逻辑电路图

4.4.5　显示译码器

显示译码器是不同于上述译码器的另一种译码器,用于驱动数码显示器,是一种将二进制代码表示的数字、文字、符号用人们习惯的形式直观地显示出来的电路。

1. 七段数字显示器

常见的七段数字显示器有半导体数码显示器(LED)和液晶显示器(LCD)等形式,由七段发光的字段组合而成。LED 是利用半导体制成的,而 LCD 是利用液晶制成的。由七段发光二极管组成的数字显示器(或称为数码显示管)如图 4-30 所示。图 4-31 所示为十进制数的显示效果。

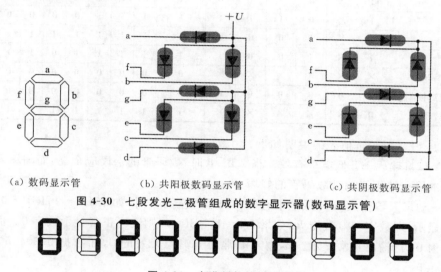

（a）数码显示管　　（b）共阳极数码显示管　　（c）共阴极数码显示管

图 4-30　七段发光二极管组成的数字显示器(数码显示管)

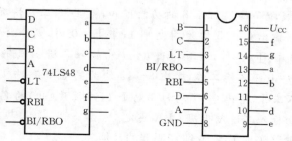

图 4-31　十进制数的显示效果

2. 七段显示译码器

用来驱动上述七段数字显示器的译码器称为七段显示译码器。它主要有以下两种。

(1) 输出为低电平有效,即低电平驱动发光二极管发亮,和共阳极数码管搭配,如 74LS47;

(2) 输出为高电平有效,即高电平驱动发光二极管发亮,和共阴极数码管搭配,如74LS48、74HCT4511(CMOS 器件)。

下面介绍 74LS48,它的逻辑符号和引脚排列如图 4-32 所示,其真值表如表4-19所示。

图 4-32　74LS48 的逻辑符号和引脚图

表 4-19　74LS48 的真值表

十进制数	输入						BI/RBO	输出						
	LT	RBI	D	C	B	A		a	b	c	d	e	f	g
0	1	1	0	0	0	0	1	1	1	1	1	1	1	0
1	1	×	0	0	0	1	1	0	1	1	0	0	0	0
2	1	×	0	0	1	0	1	1	1	0	1	1	0	1
3	1	×	0	0	1	1	1	1	1	1	1	0	0	1
4	1	×	0	1	0	0	1	0	1	1	0	0	1	1
5	1	×	0	1	0	1	1	1	0	1	1	0	1	1
6	1	×	0	1	1	0	1	1	0	0	1	1	1	1
7	1	×	0	1	1	1	1	1	1	1	0	0	0	0
8	1	×	1	0	0	0	1	1	1	1	1	1	1	1
9	1	×	1	0	0	1	1	1	1	1	1	0	1	1
消隐	×	×	×	×	×	×	0	0	0	0	0	0	0	0
脉冲消隐	1	0	0	0	0	0	0	0	0	0	0	0	0	0
灯测试	0	×	×	×	×	×	1	1	1	1	1	1	1	1

对表 4-19 所示真值表的说明如下。

(1) 试灯输入 LT 低电平有效。当 LT＝0 时,数码管的七段应全亮,而与输入信号无关。本输入端用于测试数码管的好坏。

(2) 动态灭零输入 RBI 低电平有效。当输入全为 0 时,如果 LT＝1,RBI＝0,此时输出不显示,即数字 0 灯被熄灭;如果 LT＝1,RBI＝1,则输出正常显示数字 0。而当输入不全为 0 时,输出正常显示。本输入端常用于消隐无效的 0,如数据 00304.50 可显示为 304.5。

(3) 灭灯输入和动态灭零输出 BI/RBO 是一个特殊的控制端,有时用作输入,有时用作输出。当作为输入使用,且 BI/RBO＝0 时,不管输入如何,数码管七段全灭;当作为输出使用时,受控于 LT 和 RBI。

(4) 正常译码显示。在 LT＝1,BI/RBO＝1,RBI＝1(即 3 个控制端均无效)时,对输入为十进制数 0～9 的 BCD 码进行正常译码显示。

4.4.6　译码器应用举例

【例 4-14】　图 4-33 是将 3-8 线译码器 74LS138 扩展为 4-16 线译码器的逻辑电路图。试分析其工作原理。

解　根据 3-8 线译码器 74LS138 的功能可知,图 4-33 工作情况为:当 E＝1 时,两个译码器都不工作,输出 0～15 均为高电平 1;当 E＝0 时,两个译码器轮流工作。此时,当 D＝0 时低位片(Ⅰ)工作,这时输出 0～7 由输入二进制代码 CBA 决定,由于高位片(Ⅱ)的 G_1＝D＝0 而不能工作,输出 8～15 均为高电平 1;当 D＝1 时低位片(Ⅰ)的 G_{2A}＝D＝1 而不工作,输出 0～7 均为高电平 1,高位片(Ⅱ)的 G_1＝D＝1 处于工作状态,输出 8～15 由输入二进制代码 CBA 决定。

综上所述,该电路实现了 4-16 线译码器的功能。

【例 4-15】　用一片 74LS48 实现 3 位十进制数的动态显示。

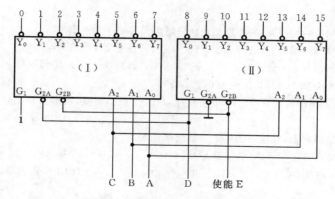

图 4-33 3-8 线译码器扩大为 4-16 线译码器的原理图

解　图 4-34 中只用一片 74LS48 实现了 3 位十进制数的动态显示。3 个数码管的阴极分别由 2 位二进制译码器 74LS139 的 3 个输出端来控制,使它们依次为低电平而发亮。$ST_1ST_0=$**00** 时,输入个位 BCD 码,显示个位十进制数;$ST_1ST_0=$**01** 时,输入十位 BCD 码,显示十位十进制数;$ST_1ST_0=$**10** 时,输入百位 BCD 码,显示百位十进制数。

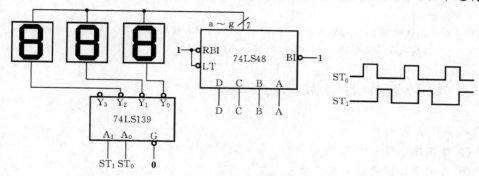

图 4-34　用一片 74LS48 实现 3 位十进制数的动态扫描显示

【例 4-16】　用 74LS147、74LS48 和七段数码显示管组成一个 0～9 的数码显示电路。

解　图 4-35 是用 74LS147、74LS48 和七段数码管组成 0～9 的数码显示电路。当 1～9 输入端中有一个输入信号为低电平时,该数字对应的反码通过 74LS147 输出到 74LS04,经 74LS04 反相后,其对应的 BCD 原码输入到 74LS48。经 74LS48 译码后驱动数码管就可显示该数字的字形,而当 1～9 输入端全部为高电平时,相当于对 0 进行编码显示。

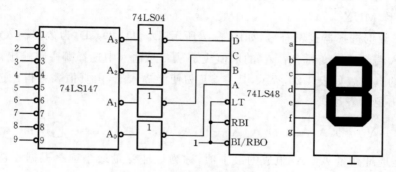

图 4-35　0～9 的数码显示电路

自测练习

4.4.1 （　　　）(译码器,编码器)的特点是在任一时刻只有一个输入有效。

4.4.2 （　　　）(译码器,编码器)的特点是在任一时刻只有一个输出有效。

4.4.3 二进制译码器有 n 个输入端,(　　　)个输出端。且对应于输入代码的每一种状态,输出中有（　　　）个为 **1**(或为 **0**),其余全为 **0**(或为 **1**)。

4.4.4 由于二-十进制译码器有(　　　)根输入线,(　　　)根输出线,所以又称为(　　　)线-(　　　)线译码器。

4.4.5 对于二进制译码器,其输出为(　　　)的全部最小项。

4.4.6 74LS138 要进行正常译码,必须满足 $G_1 = ($　　　$)$,$G_{2A} = ($　　　$)$,$G_{2B} = ($　　　$)$。

4.4.7 当 74LS138 的输入端 $G_1 = 1$,$G_{2A} = 0$,$G_{2B} = 0$,$A_2 A_1 A_0 = 101$ 时,它的输出端(　　　)($Y_0 \sim Y_7$)为 **0**。

4.4.8 74LS138 有(　　　)个输出端,输出(　　　)电平有效。

4.4.9 74LS42 有(　　　)个输出端,输出(　　　)电平有效。

4.4.10 74LS47 可驱动共(　　　)极数码管,74LS48 可驱动共(　　　)极数码管。

4.4.11 当 74LS48 的输入端 LT = **1**,RBI = **1**,BI/RBO = **1**,DCBA = **0110** 时,输出端 abcdefg = (　　　);当 BI/RBO = **0**,而其他输入端不变时,输出端 abcdefg = (　　　)。

4.4.12 图 4-33 是将 3-8 线译码器 74LS138 扩展为 4-16 线译码器。其输入信号 A、B、C、D 中(　　　)为最高位。

4.4.13 如果用译码器 74LS138 实现 $F = ABC + \overline{A}\overline{B}C + A\overline{B}C$,还需要一个(　　　)(2,3)输入端的与非门,其输入端信号分别由 74LS138 的输出端(　　　)($Y_0 \sim Y_7$)产生。

4.5　数据选择器与数据分配器

本节将学习

- 🔁 数据选择器的概念
- 🔁 数据选择器的应用及其功能扩展
- 🔁 用数据选择器构成单输出的组合逻辑电路
- 🔁 数据分配器的概念

4.5.1　数据选择器

数据选择器是在地址输入端控制下,从多路输入端中选择一路输入端的数据作为输出的电路,又称为多路开关或多路选择器。实际上相当于多个输入的单刀多掷开关,如图 4-36 所示。2^n 个数据输入端的数据选择器必有 n 位地址输入端,称为 2^n 选 1 数据选择器,简称 MUX。

4 选 1 数据选择器逻辑符号,如图 4-37 所示,D_0、D_1、D_2、D_3 为数据输入端;A_1、A_0 为地址输入端。地址变量 A_1、A_0 的取值决定从 4 路输入中选择哪一路输出。4 选 1 数据选择器的真值表如表 4-20 所示,其中 ST 为使能输入端,由真值表可得 4 选 1 数据选择器的输出逻辑表达式

$$Y = D_0 \overline{A}_1 \overline{A}_0 + D_1 \overline{A}_1 A_0 + D_2 A_1 \overline{A}_0 + D_3 A_1 A_0 = \sum_{i=0}^{3} D_i m_i$$

其中,m_i 是地址变量 A_1、A_0 组成的最小项,称为地址变量最小项。根据 4 选 1 数据选择器的输出逻辑表达式可得到逻辑电路图,如图 4-38 所示。

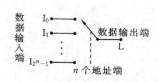

图 4-36 2^n 选 1 数据选择器示意图

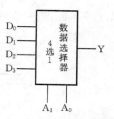

图 4-37 4 选 1 数据选择器逻辑符号

表 4-20 4 选 1 数据选择器真值表

输	入		输 出
A_1	A_0	ST	Y
×	×	1	0
0	0	0	D_0
0	1	0	D_1
1	0	0	D_2
1	1	0	D_3

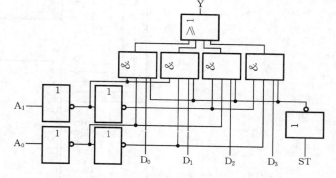

图 4-38 4 选 1 数据选择器逻辑电路图

实际应用中常用的集成数据选择器有:四 2 选 1 数据选择器 74LS157、双 4 选 1 数据选择器 74LS153、8 选 1 数据选择器 74LS151、16 选 1 数据选择器 74LS150 等。8 选 1 数据选择器 74LS151 的真值表如表 4-21 所示。

74LS151 的逻辑功能为:G＝1 时,数据选择器被禁止,无论地址变量取何值,输出 Y 总是等于 0;G＝0 时,有

$$Y = D_0 \overline{A}_2 \, \overline{A}_1 \, \overline{A}_0 + D_1 \overline{A}_2 \, \overline{A}_1 \, A_0 + \cdots + D_7 A_2 A_1 A_0 = \sum_{i=0}^{7} D_i m_i$$

其中,m_i 是地址变量 A_2、A_1、A_0 组成的最小项。因此,输出 Y 提供了地址变量的全部最小项,这是数据选择器的一个重要特点。

74LS151 逻辑符号和引脚排列如图 4-39 所示。

表 4-21 74LS151 真值表

输		入		输	出
A_2	A_1	A_0	G	Y	W
×	×	×	1	0	1
0	0	0	0	D_0	$\overline{D}_0$
0	0	1	0	D_1	$\overline{D}_1$
0	1	0	0	D_2	$\overline{D}_2$
0	1	1	0	D_3	$\overline{D}_3$
1	0	0	0	D_4	$\overline{D}_4$
1	0	1	0	D_5	$\overline{D}_5$
1	1	0	0	D_6	$\overline{D}_6$
1	1	1	0	D_7	$\overline{D}_7$

图 4-39 74LS151 逻辑符号和引脚图

上面介绍了一位数据选择器 74LS151,通常情况下可将多个一位数据选择器并联组成多位数据选择器。即将它们的使能端连在一起,相应的地址输入端连在一起。两

个 8 选 1 数据选择器组成一个两位 8 选 1 数据选择器的连接方法如图 4-40 所示。

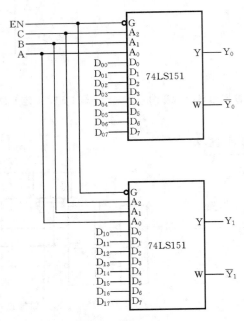

图 4-40　两个 8 选 1 数据选择器接成一个两位 8 选 1 数据选择器

此外,还可进行数据选择器的扩展,如将两个 4 选 1 数据选择器接成一个 8 选 1 数据选择器等。两个 8 选 1 数据选择器接成一个 16 选 1 数据选择器的连接方法如图 4-41 所示。

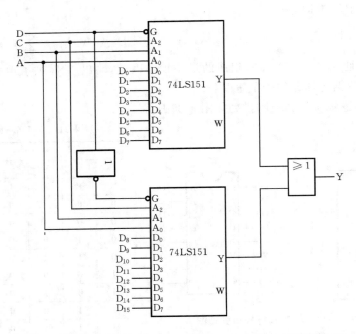

图 4-41　两个 8 选 1 数据选择器接成一个 16 选 1 数据选择器

4.5.2　用数据选择器实现逻辑函数

如前所述,当数据选择器的使能端有效时,它的输出逻辑函数表达式为

$$Y=\sum_{i=0}^{2^n-1}D_i m_i$$

其中,m_i是地址变量所组成的最小项(注意它与译码器输出端表达式的不同)。因为任何一个逻辑函数总可以用若干个最小项之和的标准形式构成,所以利用数据选择器的输入 D_i 来选择地址变量组成的最小项 m_i,可以实现任何逻辑函数。

【例4-17】 用 8 选 1 数据选择器 74LS151 实现逻辑函数 $L(A,B,C)=\overline{A}\,\overline{B}C+\overline{A}B\overline{C}$ $+AB$。

解 首先将逻辑函数变换成最小项之和的标准表达式

$$L(A,B,C)=\overline{A}\,\overline{B}C+\overline{A}B\overline{C}+AB=\overline{A}\,\overline{B}C+\overline{A}B\overline{C}+AB\overline{C}+ABC=m_1+m_2+m_6+m_7$$

将输入变量 A、B、C 分别接至数据选择器的地址输入端 A_2、A_1、A_0,将输出变量 L 接至数据选择器的输出端 Y。而 8 选 1 数据选择器输出信号的表达式为

$$Y=D_0 m_0+D_1 m_1+D_2 m_2+D_3 m_3+D_4 m_4+D_5 m_5+D_6 m_6+D_7 m_7$$

比较 L 和 Y,得

$$D_0=\mathbf{0},\quad D_1=\mathbf{1},\quad D_2=\mathbf{1},\quad D_3=\mathbf{0},\quad D_4=\mathbf{0},\quad D_5=\mathbf{0},\quad D_6=\mathbf{1},\quad D_7=\mathbf{1}$$

由此画出如图 4-42 所示的逻辑电路图。

注意:L 函数中最小项的最高位为 A,Y 函数中最小项的最高位为 A_2,两者要一一对应。

【例4-18】 试用 4 选 1 数据选择器实现逻辑函数 $L(A,B,C)=\overline{A}\,\overline{B}C+\overline{A}B\overline{C}$ $+AB$。

解 因为 4 选 1 数据选择器只有两个地址变量,而上述逻辑函数有 3 个输入变量。因此首先将逻辑函数变换成 2 个输入变量(如 A、B)的最小项之和的表达式

$$L(A,B,C)=\overline{A}\,\overline{B}C+\overline{A}B\overline{C}+AB=\overline{A}\,\overline{B}C+\overline{A}B\overline{C}+A\overline{B}\cdot\mathbf{0}+AB\cdot\mathbf{1}$$
$$=C\cdot m_0+\overline{C}m_1+\mathbf{0}\cdot m_2+\mathbf{1}\cdot m_3$$

而 4 选 1 数据选择器输出信号的表达式为

$$Y=D_0\cdot m_0+D_1 m_1+D_2 m_2+D_3 m_3$$

将 A、B 作为地址变量 A_1、A_0,并比较 L 和 Y 可得

$$D_0=C,\quad D_1=\overline{C},\quad D_2=\mathbf{0},\quad D_3=\mathbf{1}$$

由此画出如图 4-43 所示的逻辑电路图。

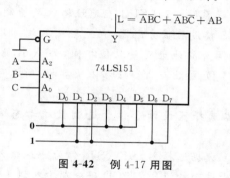

图 4-42　例 4-17 用图

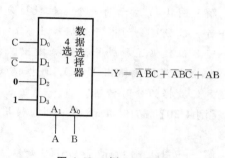

图 4-43　例 4-18 用图

4.5.3　数据分配器

数据分配器是把一个输入端信号根据需要分配给多路输出中的某一路输出,相当于一个多输出的单刀多掷开关,其示意图如图 4-44 所示。

由图可以看出,数据分配器通常只有一个数据输入端,而有多个数据输出端。如图 4-45 所示为 1-4 路数据分配器的逻辑符号,其真值表如表 4-22 所示。

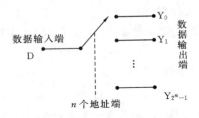

图 4-44　数据分配器示意图

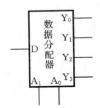

图 4-45　1-4 路数据分配器逻辑符号

数据分配器可由带使能输入端的二进制译码器来实现。如将译码器的使能端作为数据输入端,二进制代码输入端 A_2、A_1、A_0 作为地址输入端使用时,译码器便成为一个数据分配器。由 74LS138 构成的 1-8 路数据分配器如图 4-46 所示。

表 4-22　1-4 路数据分配器真值表

输	入	输		出	
A_1	A_0	Y_3	Y_2	Y_1	Y_0
0	**0**	1	1	1	D
0	**1**	1	1	D	1
1	**0**	1	D	1	1
1	**1**	D	1	1	1

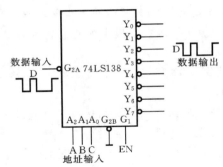

图 4-46　74LS138 构成的 1-8 路数据分配器

4.5.4　数据选择器应用举例

在实际中,数据选择器有许多不同用途。下面就数据选择器的应用给出几个例子。

【例 4-19】　由数据选择器和数据分配器一起构成的数据分时传送系统如图 4-47 所示,试分析其工作原理。

解　图 4-47 所示为一个 8 位数据分时传送系统。74LS151 在地址输入端控制下,将并行 8 位数据变为串行数据输出。74LS138 接成数据分配器,在地址输入端作用下将串行 8 位数据还原成并行数据输出。由于两者的地址变量取值相同,如 $A_2A_1A_0 =$ **000** 时,数据发送端输出 $Y=D_0$,数据接收端将 D_0 输出至 $Y_0=D_0$,依次类推,所以可以实现 8 位数据的分时传送。

【例 4-20】　在例 4-15 基础上,利用数据选择器设计 3 位十进制数的动态输入电路。

解　如图 4-48 所示,74LS153 是双 4 选 1 数据选择器,ST_2、ST_1 作为地址输入端信号,DCBA 输出至 74LS48 的输入端。3 位十进制数的 8421BCD 码分别输入到 4 选 1

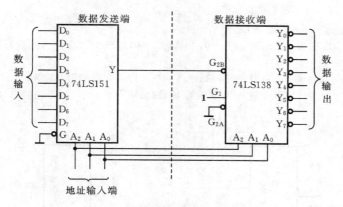

图 4-47 8 位数据分时传送系统

数据选择器的第 0~2 个数据输入端 D_0~D_2，即第 1 个十进制数为 $D_{03}D_{02}D_{01}D_{00}$，第 2 个十进制数为 $D_{13}D_{12}D_{11}D_{10}$，第 3 个十进制数为 $D_{23}D_{22}D_{21}D_{20}$。这样可利用地址信号 ST_2、ST_1 的变化来控制个、十、百位数据轮流输出到 74LS48 的输入端。

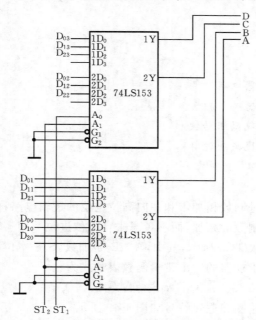

图 4-48 利用数据选择器组成十进制数的动态输入电路

自测练习

4.5.1 仅用数据选择器(如 8 选 1 MUX、4 选 1 MUX)无法实现的逻辑功能是( )。

(a) 数据并/串变换   (b) 数据串/并变换   (c) 数据选择   (d) 产生逻辑函数

4.5.2 一个 16 选 1 数据选择器,其地址输入端有( )个。

(a) 16   (b) 2   (c) 4   (d) 8

4.5.3 设 A_1、A_0 为 4 选 1 数据选择器的地址输入端,D_3、D_2、D_1、D_0 为数据输入端,Y 为输出端,则输出 Y 与 A_1、A_0 及 D_i 之间的逻辑表达式为( )。

(a) $D_0\overline{A_1}\,\overline{A_0}+D_1\overline{A_1}A_0+D_2A_1\overline{A_0}+D_3A_1A_0$

(b) $D_0A_1A_0+D_1A_1\overline{A_0}+D_2\overline{A_1}A_0+D_3\overline{A_1}\,\overline{A_0}$

  (c) $D_0 \overline{A_1} A_0 + D_1 \overline{A_1} \overline{A_0} + D_2 A_1 A_0 + D_3 A_1 \overline{A_0}$

  (d) $D_0 A_1 \overline{A_0} + D_1 A_1 A_0 + D_2 \overline{A_1} A_0 + D_3 \overline{A_1} A_0$

4.5.4 参看图 4-42,如果 74LS151 的 G=**0**,$A_2 A_1 A_0$=**011**,则 Y=( ),如此时输入端 $D_0 \sim D_7$ 均
   为**1**,则 Y=( )。

4.5.5 参看图 4-42,如果 74LS151 的 G=**1**,则 Y=( )。此时输出与输入( )(有关,无关)。

4.5.6 参看题 4.5.6 图,如果变量 A、B 取值为 **11**,输出 Y 为( );如果变量 A、B 取值为 **00**,输出
   Y 为( )。

4.5.7 参看题 4.5.7 图,输出 Y 的逻辑表达式为(   )。

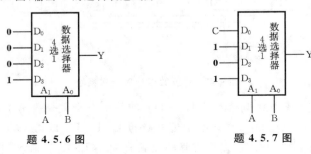

     题 **4.5.6** 图   题 **4.5.7** 图

4.6 加法器

  本节将学习

 ❂ 半加器及全加器电路
 ❂ 两种多位加法器
 ❂ 利用加法器实现码组转换
 ❂ 利用加法器实现减法运算

4.6.1 半加器

  能对两个 1 位二进制数相加求和并向高位进位的逻辑电路称为半加器。半加器是
只考虑两个 1 位二进制数的相加,而不考虑来自低位进位数的运算电路。

  半加器真值表如表 4-23 所示,其中,A_i、B_i 是加数,S_i 是本位和值,C_i 是向高位的进
位数。由真值表得到半加器的输出逻辑函数表达式为

$$S_i = \overline{A_i} B_i + A_i \overline{B_i} = A_i \oplus B_i, \quad C_i = A_i B_i$$

半加器的逻辑电路图和逻辑符号如图 4-49 所示。

表 4-23 半加器真值表

A_i	B_i	S_i	C_i
0	**0**	**0**	**0**
0	**1**	**1**	**0**
1	**0**	**1**	**0**
1	**1**	**0**	**1**

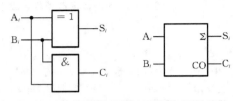

图 4-49 半加器的逻辑电路图和逻辑符号

4.6.2 全加器

  能对两个 1 位二进制数相加并考虑低位来的进位,即相当于 3 个 1 位二进制数相
加,求得和及向高位进位的逻辑电路称为全加器。全加器是不仅考虑两个 1 位二进制数

相加,还考虑来自低位进位数相加的运算电路。全加器真值表如表 4-24 所示,其中 A_i、B_i 是加数,C_{i-1} 是低位的进位数,S_i 是本位和值,C_i 是向高位的进位数。由真值表得到全加器的输出逻辑函数表达式为

$$S_i = A_i \oplus B_i \oplus C_{i-1}$$

$$C_i = (A_i \oplus B_i)C_{i-1} + A_i B_i$$

全加器的逻辑电路图和逻辑符号如图 4-50 所示。

表 4-24 全加器真值表

A_i	B_i	C_{i-1}	S_i	C_i
0	0	0	0	0
0	0	1	1	0
0	1	0	1	0
0	1	1	0	1
1	0	0	1	0
1	0	1	0	1
1	1	0	0	1
1	1	1	1	1

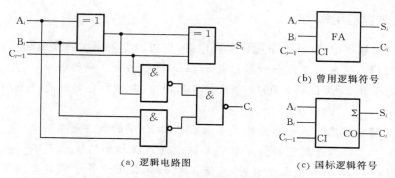

(a) 逻辑电路图　　(b) 曾用逻辑符号　　(c) 国标逻辑符号

图 4-50 全加器的逻辑电路图和逻辑符号

4.6.3 多位加法器

实现多位二进制数相加的电路称为加法器。加法器按进位方式不同可分为串行进位加法器和并行进位加法器。

1. 串行进位加法器

串行进位加法器是把 n 位全加器串联起来,低位全加器的进位输出连接到相邻的高位全加器的进位输入。低位进位输出信号送给高位作为输入信号,因此任一高位的加法运算必须在低一位的运算完成之后才能进行,这种方式称为串行进位。图 4-51 所示的是 4 位二进制串行进位加法器,显然这种逻辑电路比较简单,但运算速度慢。

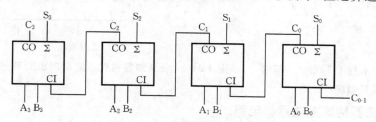

图 4-51 4 位二进制串行进位加法器

2. 并行进位加法器

由前述串行进位的加法器可知,虽然其结构简单,但因为串行进位的速度受到进位信号的限制,所以运算速度较慢。实际应用中大都采用并行进位加法器,也称为超前进位加法器,如集成二进制 4 位并行进位加法器。常用的型号有 74LS283,它的逻辑符号和引脚如图 4-52 所示。

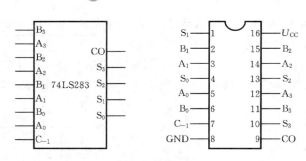

图 4-52   74LS283 逻辑符号和引脚图

4.6.4   加法器应用举例

加法器在数字电路中,通常用作运算电路,也可以作为码组转换电路。

【例 4-21】   试采用 4 位全加器完成 8421BCD 码到余 3 码的转换。

解   由于 8421BCD 码加 **0011** 即为余 3 码,所以其转换电路就是一个加法电路,如图 4-53 所示。

【例 4-22】   试用 4 位全加器构成 1 位 8421BCD 码的加法电路。

解   由于 4 位二进制数相加与两个 1 位十进制数相加的进位率不一样,所以得到的和值要进行修正,当和数大于 9 时,应修正加 6;和数小于等于 9 时则可不修正,应加 0。故修正电路应含有一个判 9 电路,当和数大于 9 时对结果加 **0110**,小于等于 9 时加 **0000**。电路如图 4-54 所示。

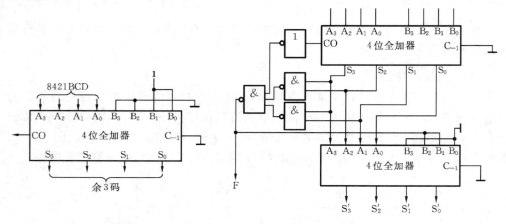

图 4-53   8421BCD 码到余 3 码的
转换电路

图 4-54   4 位全加器构成 1 位 8421BCD 码的加法电路

4.6.5   加法器构成减法运算电路

数字电路中,减法运算可用减法器实现,其设计思路与加法器是一样的;但为了简化系统结构,通常不另外设置减法器,而是将减法运算转化为加法运算来处理,一般采用加补码的方法代替减法运算。

这里只讨论数值码,即数码中不包括符号位的二进制码。此时原码就是自然二进制码,反码就是将原码中所有的 **0** 变为 **1**,**1** 变为 **0**,而补码就是其反码加 **1**。观察如下几组原码与反码之间的关系:

$$1111 \quad 1111 \quad 1111$$
$$N_原 = 0000 \quad 0001 \quad 0101$$
$$N_反 = 1111 \quad 1110 \quad 1010$$

显然,每组反码都是从 1111 中减去原码后的结果,故可得反码与原码的关系为

$$N_反 = (2^n - 1) - N_原 \tag{4-1}$$

其中 n 为数码的位数。同时可得补码与反码的关系为

$$N_补 = N_反 + 1 \tag{4-2}$$

由上述两式可得到两个数值码 A、B 相减的表达式

$$A - B = A + B_反 + 1 - 2^n = A + B_补 - 2^n = C - 2^n \tag{4-3}$$

上式表明,A 减 B 的运算可由 A 加 B 的补码并减 2^n 完成。但是,如何实现减 2^n 运算? 只能由 $A + B_补$ 的进位信号与 2^n 相减。

由(4-3)式可知,若 C 产生进位信号,则 A 减 B 的差为正,其值为 C 或 C 的原码;若 C 不产生进位信号,此时(4-3)式可变换为

$$A - B = C - 2^n = -(2^n - C) = -C_补 \tag{4-4}$$

则 A 减 B 的差为负,其值为 C 的补码。

综上所述,采用加补码的方法进行减法运算的步骤为

(1)将减数写为补码;

(2)被减数和减数的补码进行加法运算;

(3)如果产生进位信号,则表明差为正,运算结果为差值的原码,进位被丢弃;若不产生进位信号,则表明差为负,运算结果为差值的补码,对运算结果再求补即得差值的原码。

【例 4-23】 完成下列减法运算。

(1) $1011_2 - 100_2$ (2) $1001_2 - 10101_2$

解 二进制数的补码等于其反码加 1。此外还有一种更加简便的求补码方法为:从二进制数最低有效位开始至第一个取值为 1 的所有位保持不变,而随后的位按位取反。

(1)将减数写为补码,减数运算符号改为加法运算符:

$$
\begin{array}{r}
1011 \\
+ \quad 1100 \\
\hline
10111
\end{array}
$$

因为和运算产生了进位信号,根据上述补码减法规则,最终结果为 0111。

验证:$11_{10} - 4_{10} = 7_{10}$。

(2)将减数写为补码,减数运算符号改为加法运算符:

$$
\begin{array}{r}
1001 \\
+ 01011 \\
\hline
10100
\end{array}
$$

因为和运算没有产生进位信号,根据上述补码减法规则,最终结果为 10100 的补码:-1100。

验证:$9_{10} - 21_{10} = -12_{10}$。

利用上面介绍的知识,可使用集成加法器 74LS283 设计一个 4 位减法运算电路。如图 4-55 所示。$A_3A_2A_1A_0$ 以原码的形式输入四位二进制加法器,$B_3B_2B_1B_0$ 通过 4 个反相器按位取反,并与 C_{-1} 端输入的 1 相加得到 $B_3B_2B_1B_0$ 的补码。

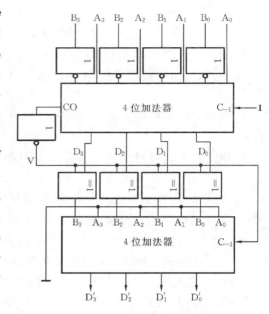

当第一个加法器产生进位信号即 V 信号为 0 时,表示运算的结果为正,输出 $D_3D_2D_1D_0$ 就是 $A-B$ 的差值的原码。D_3、D_2、D_1、D_0 分别与 $V=0$ 异或后(其值不变)被送入第二个加法器,由于它的输入端 A_3、A_2、A_1、A_0 及 C_{-1} 均取值为 0,故第二个加法器的输出 $D_3{}'D_2{}'D_1{}'D_0{}'$ 等于 $D_3D_2D_1D_0$。

当第一个加法器没有产生进位信号即 V 信号为 1 时,则表示运算的结果为负,输

图 4-55 四位二进制数的减法运算电路

出 $D_3D_2D_1D_0$ 是 $A-B$ 的差值的补码。由于 V 信号为 1,此时四个**异或**门与第二个加法器一起构成 $D_3D_2D_1D_0$ 的求补电路,因此第二个加法器的输出 $D_3{}'D_2{}'D_1{}'D_0{}'$ 是 $D_3D_2D_1D_0$ 的补码,即 $A-B$ 的差值的原码。

自测练习

4.6.1 半加器有( )个输入端,( )个输出端;全加器有( )个输入端,( )个输出端。

4.6.2 两个 4 位二进制数 1001 和 1011 分别输入到 4 位加法器的输入端,并且其最低的进位输入信号为 1,则该加法器输出的和值为( )。

4.6.3 串行进位的加法器与并行进位的加法器相比,运算速度( )(快,慢)。

4.6.4 试用 74LS283 构成 8 位二进制加法器,其连接图为( )。

4.6.5 使用两个半加器和一个( )门可以构成一个全加器。

4.6.6 设全减器的被减数、减数和低位来的借位数分别为 A、B、C,则其差的输出表达式为( ),借位输出表达式为( )。

4.7 比较器

本节将学习

☯ 数值比较器的概念

☯ 1 位数值比较器电路

☯ 集成数值比较器及其应用

用来完成两个二进制数 A、B 大小比较的逻辑电路称为数值比较器,简称比较器。其比较结果有 $A>B$、$A<B$、$A=B$ 3 种情况。

4.7.1 1 位数值比较器

1 位数值比较器是比较器的基础,它只能比较两个 1 位二进制数的大小,图 4-56 所

示为一个 1 位二进制比较器,通过分析可以得到它的输出逻辑表达式为

$$L_1 = A\overline{B}, \quad L_2 = \overline{A}B, \quad L_3 = \overline{\overline{A}B + A\overline{B}} = \overline{A}\,\overline{B} + AB$$

由输出逻辑表达式得 1 位数值比较器的真值表如表 4-25 所示。由真值表可知,将逻辑变量 A、B 的取值当作二进制数,当 A>B 时,$L_1 = \mathbf{1}$;A<B 时,$L_2 = \mathbf{1}$;A=B 时,$L_3 = \mathbf{1}$。

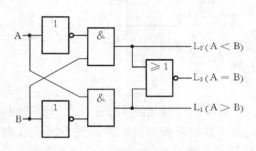

图 4-56　1 位二进制比较器

表 4-25　1 位数值比较器的真值表

A　B	$L_1(A>B)$	$L_2(A<B)$	$L_3(A=B)$
0　0	0	0	1
0　1	0	1	0
1　0	1	0	0
1　1	0	0	1

4.7.2　集成数值比较器

多位数值比较器的设计原则是先从高位比起,高位不等时,数值的大小由高位确定;若高位相等,再比较低位数,比较结果由低位的比较结果决定。

常用的集成数值比较器有 4 位数值比较器 74LS85,其真值表如表 4-26 所示,从表 4-26 中可看出:真值表中的输入变量包括 8 个比较输入端 A_3、B_3、A_2、B_2、A_1、B_1、A_0、B_0 和 3 个级联输入端 $I_{A>B}$、$I_{A<B}$ 和 $I_{A=B}$。级联输入端是为了便于输入低位数比较结果能与其他数值比较器连接,以便组成更多位数的数值比较器。3 个输出信号 $F_{A>B}$、$F_{A<B}$ 和 $F_{A=B}$ 分别表示本级的比较结果。74LS85 的逻辑符号和引脚图如图 4-57 所示。

表 4-26　74LS85 真值表

比　较　输　入				级　联　输　入			输　　出		
A_3　B_3	A_2　B_2	A_1　B_1	A_0　B_0	$I_{A>B}$	$I_{A<B}$	$I_{A=B}$	$F_{A>B}$	$F_{A<B}$	$F_{A=B}$
$A_3>B_3$	$\times$	$\times$	$\times$	$\times$	$\times$	$\times$	**1**	**0**	**0**
$A_3<B_3$	$\times$	$\times$	$\times$	$\times$	$\times$	$\times$	**0**	**1**	**0**
$A_3=B_3$	$A_2>B_2$	$\times$	$\times$	$\times$	$\times$	$\times$	**1**	**0**	**0**
$A_3=B_3$	$A_2<B_2$	$\times$	$\times$	$\times$	$\times$	$\times$	**0**	**1**	**0**
$A_3=B_3$	$A_2=B_2$	$A_1>B_1$	$\times$	$\times$	$\times$	$\times$	**1**	**0**	**0**
$A_3=B_3$	$A_2=B_2$	$A_1<B_1$	$\times$	$\times$	$\times$	$\times$	**0**	**1**	**0**
$A_3=B_3$	$A_2=B_2$	$A_1=B_1$	$A_0>B_0$	$\times$	$\times$	$\times$	**1**	**0**	**0**
$A_3=B_3$	$A_2=B_2$	$A_1=B_1$	$A_0<B_0$	$\times$	$\times$	$\times$	**0**	**1**	**0**
$A_3=B_3$	$A_2=B_2$	$A_1=B_1$	$A_0=B_0$	**1**	**0**	**0**	**1**	**0**	**0**
$A_3=B_3$	$A_2=B_2$	$A_1=B_1$	$A_0=B_0$	**0**	**1**	**0**	**0**	**1**	**0**
$A_3=B_3$	$A_2=B_2$	$A_1=B_1$	$A_0=B_0$	**0**	**0**	**1**	**0**	**0**	**1**

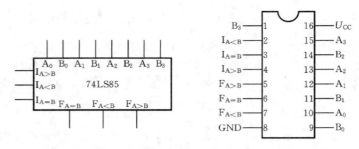

图 4-57 74LS85 的逻辑符号和引脚图

4.7.3 集成数值比较器应用举例

数值比较器就是比较两个二进制数的大小,如果二进制数的位数比较多,就需连接几片数值比较器进行扩展,数值比较器的扩展方式有并联和串联两种。图 4-58 为 2 片 4 位二进制数值比较器串联扩展为 8 位数值比较器。图 4-59 为 5 片 4 位二进制数值比较器并联扩展为 16 位数值比较器。

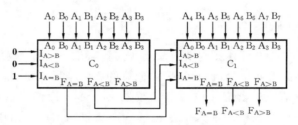

图 4-58 2 片 4 位二进制数值比较器串联扩展

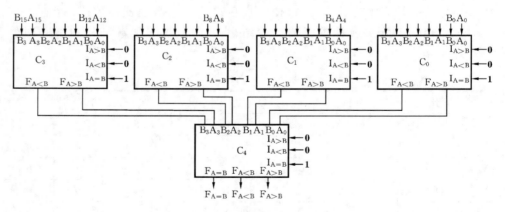

图 4-59 5 片 4 位二进制数值比较器并联扩展

自 测 练 习

4.7.1 将二进制数 A＝**1011** 和 B＝**1010** 作为 74LS85 的输入,则其 3 个数据输出端 $F_{A>B}$ 为( ), $F_{A<B}$ 为( )和 $F_{A=B}$ 为( )。

4.7.2 74LS85 不进行级联时,其 3 个级联输入端 $I_{A>B}$、$I_{A<B}$ 和 $I_{A=B}$ 分别接( )电平。

4.7.3 参看图 4-58,将二进制数 A＝**11001011** 和 B＝**11010100** 作为 8 位数值比较器的输入时,4 位数值比较器 C_0 的 3 个数据输出端分别为( );4 位数值比较器 C_1 的 3 个数据输出端分别为( )。

4.8　码组转换电路

本节将学习
- ☯ BCD 码之间的相互转换
- ☯ BCD 码与二进制码之间的相互转换
- ☯ 格雷码与二进制码之间的相互转换

4.8.1　BCD 码之间的相互转换

BCD 码分为有权码和无权码,有权码有 8421BCD 码、5421BCD 码等;无权码有格雷码和余 3 码等。在数字电路中,通常需要对两种不同的代码进行转换,下面研究 BCD 码之间的转换方法。

【例 4-24】 将 8421BCD 码转换成 5421BCD 码。

解　表 4-27 表示 8421BCD 码和 5421BCD 码的关系,由表可知,当两种代码表示的数小于等于 4 时,对应的代码是一致的;大于 4 时,将 8421BCD 码的码值当做二进制数,加上 **0011** 所对应的值就是相应的 5421BCD 码。

本题可用加法器进行设计,电路应含有一个判 4 电路,当 8421BCD 码大于 4 时对它加 **0011**,小于等于 4 时加 **0000**。大于 4 的最小项如图 4-60 所示。

表 4-27　8421BCD 码与 5421BCD 码的关系

N	8421BCD	5421BCD	N	8421BCD	5421BCD
0	0000	0000	5	0101	1000
1	0001	0001	6	0110	1001
2	0010	0010	7	0111	1010
3	0011	0011	8	1000	1011
4	0100	0100	9	1001	1100

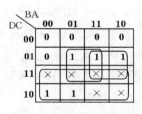

图 4-60　大于 4 的最小项

大于 4 的条件为:$F = D + AC + BC$,则所设计的逻辑电路如图 4-61 所示。

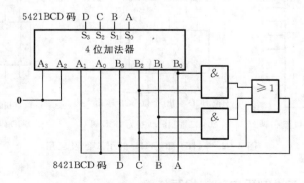

图 4-61　8421BCD 码转换成 5421BCD 码

4.8.2　BCD 码与二进制码之间的相互转换

将 BCD 码转换成二进制码通常可以采用以下步骤。

(1) 将 BCD 码的每一位位权值转换成与之对应的等值二进制码。

(2) 将 BCD 码中出现 **1** 的对应位权值的等值二进制码相加。

(3) 所得的和值就是与 BCD 码等值的二进制码。

例如,8 位 8421BCD 码 $B_3B_2B_1B_0A_3A_2A_1A_0$ 的每一位对应的等值二进制码如表 4-28 所示。

表 4-28　BCD 位的等值二进制码

BCD 位	BCD 位权值	等值二进制码
A_0	1	**0000001**
A_1	2	**0000010**
A_2	4	**0000100**
A_3	8	**0001000**
B_0	10	**0001010**
B_1	20	**0010100**
B_2	40	**0101000**
B_3	80	**1010000**

【**例 4-25**】　将 8421BCD 码 00100111 转换成二进制码。

解　$(00100111)_{8421BCD} = (0010100 + 0000100 + 0000010 + 0000001)_B = (0011011)_B$

在数字电路中,中规模的 BCD 码与二进制码之间的转换集成电路有 74184、74185 等。74184 是 6 位 BCD 码到二进制码的转换集成电路,74185 是 6 位二进制码到 BCD 码的转换集成电路。图 4-62(a)所示的是 74184 和 74185 的引脚图,图 4-62(b)及(c)分别为 6 位二进制码到 BCD 码的转换和 6 位 BCD 码到二进制码的转换例子,通过扩展可实现更多位数的转换。

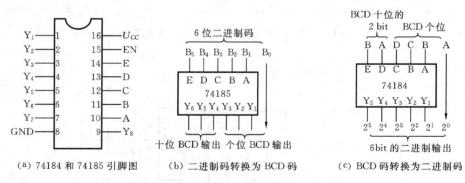

(a) 74184 和 74185 引脚图　　(b) 二进制码转换为 BCD 码　　(c) BCD 码转换为二进制码

图 4-62　74184 和 74185 的引脚图及应用

4.8.3　格雷码与二进制码之间的相互转换

关于格雷码在第一章中就已经介绍了,格雷码与二进制码的转换可以用**异或门**来实现。图 4-63 所示的是 4 位二进制码转换成格雷码的逻辑电路,图 4-64 所示的是 4 位格雷码转换成二进制码的逻辑电路。

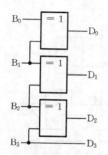

图 4-63　4 位二进制码转换成
格雷码的逻辑电路

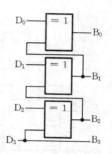

图 4-64　4 位格雷码转换成二进
制码的逻辑电路

自 测 练 习

4.8.1　需要（　　）位才能将一个十进制数字编码为 BCD 码。

4.8.2　将 1010_2 转换为格雷码是（　　）。

4.8.3　将格雷码 0100_G 转换为二进制码是（　　）。

4.8.4　将 8 位二进制码转换为格雷码,需要（　　）个**异或**门构成。

4.9　组合逻辑电路的竞争与冒险

本节将学习

☯ 竞争冒险的概念

☯ 冒险现象的识别

☯ 消除冒险现象的方法

由于从输入到输出的过程中,不同通路上门的级数不同或者是门电路平均延迟时间的差异,使信号从输入经不同通路传输到输出级的时间不同,从而可能导致逻辑电路产生错误输出,这种现象称为竞争冒险。

同一个门的不同输入信号,由于它们在此前通过不同数目的门、不同长度的导线后到达门输入端的时间会有先有后,这种现象称为竞争。逻辑门因输入端的竞争而导致输出产生不应有的尖峰干扰脉冲(又称过渡干扰脉冲)的现象,称为冒险。

产生竞争冒险的原因主要是由于门电路的延迟时间不同。

4.9.1　冒险现象的识别

在组合逻辑电路中,是否存在冒险现象,可通过逻辑函数来判别。如果组合逻辑电路的输出逻辑函数在一定条件下出现 $Y = \overline{A}A$ 与 $Y = A + \overline{A}$ 时,则该组合逻辑电路可能存在冒险现象。

图 4-65(a)所示为 $Y = \overline{A}A$ 的逻辑电路图和波形图,由于**非**门有延迟时间,所以输出 Y_1 产生冒险现象,有正向的尖脉冲产生。图 4-65(b)为 $Y = A + \overline{A}$ 的逻辑电路图和波形图,由于**非**门有延迟时间,所以输出 Y_2 产生冒险现象,有负向的尖脉冲产生。

冒险现象的识别方法分为代数法和卡诺图法。

1. 代数法

首先找出具有竞争力的逻辑变量,然后分别判断这些逻辑变量能否产生冒险现象。

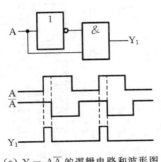
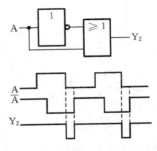
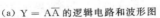

（a）$Y = A\overline{A}$ 的逻辑电路和波形图　　　　（b）$Y = A + \overline{A}$ 的逻辑电路和波形图

图 4-65　竞争冒险现象

【例 4-26】 判断逻辑函数 $F = AC + \overline{A}B + \overline{A}\,\overline{C}$ 会否产生冒险现象。

解 （1）首先找出具有竞争力的逻辑变量

根据观察发现逻辑函数中出现了 $A, \overline{A}, C, \overline{C}$ 的形式，所以逻辑变量 A 和 C 具有竞争力。

（2）分别判断具有竞争力的逻辑变量会否产生冒险

首先判断逻辑变量 A 是否产生冒险：由表 4-29 可知，当 BC = 11 时，$F = A + \overline{A}$，故可能产生冒险现象。

然后判断逻辑变量 C 是否产生冒险：由表 4-30 可知，逻辑变量 C 不会产生冒险。

表 4-29　A 是否产生冒险现象的判别

B	C	F
0	0	$\overline{A}$
0	1	A
1	0	$\overline{A}$
1	1	$A + \overline{A}$

表 4-30　C 是否产生冒险现象的判别

A	B	F
0	0	$\overline{C}$
0	1	1
1	0	C
1	1	C

2. 卡诺图法

如果一个逻辑函数所对应卡诺图上的卡诺圈相切，则该逻辑函数可能会发生冒险。

【例 4-27】 判断逻辑函数 $F = AC + \overline{A}B$ 会否产生冒险现象。

解 逻辑函数的卡诺图如图 4-66 所示，由于两个卡诺圈相切，则该逻辑函数会产生冒险现象。在相切处 BC = 11 时产生冒险。

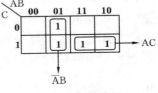

图 4-66　卡诺图

4.9.2　消除冒险现象的方法

消去竞争冒险的方法通常有 3 种，以下分别进行介绍。

1. 发现并消掉互补变量法

如逻辑函数 $F = (A + B)(\overline{A} + C)$ 在 BC = 00 时产生冒险，但将该函数式变换为 $F = AC + \overline{A}B + BC + A\overline{A} = AC + \overline{A}B + BC$，此时消掉了互补变量 $A\overline{A}$，就不会出现冒险现象了。

2. 增加乘积项(冗余项)法

由例 4-27 可知,当两个卡诺圈相切时,会产生冒险。如果在相切处再加上一个卡诺圈,就可以消除冒险现象,所加卡诺圈对应的与项称为冗余项。

如图 4-67 所示,原函数 $F = AC + \overline{A}B$ 产生冒险现象,而图 4-67 所对应的函数 $F = AC + \overline{A}B + BC$ 比原函数多了一个冗余项,从而消除了冒险现象。

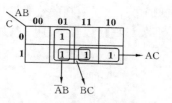

图 4-67　含冗余项的卡诺图

3. 输出端并联电容法

如图 4-68 所示,在图 4-68(a)中的输出端并上一个 4～20 pF 的电容,电容对很窄的负跳变脉冲起到平滑波形的作用,波形图如图 4-68(b),从而消除冒险现象。

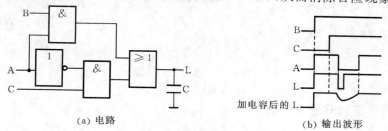

(a) 电路　　　　　　　　　　　(b) 输出波形

图 4-68　并联电容消去冒险

自测练习

4.9.1　组合逻辑电路的竞争现象是由(　　　)引起,表现为(　　　)脉冲。

4.9.2　产生竞争冒险的原因主要是由于(　　　)。

4.9.3　逻辑函数 $F = \overline{A}C + AC + \overline{B}\,\overline{C}$,当变量的取值为(　　　)时,将出现竞争冒险现象。
(a) $B = C = 1$　　　(b) $B = C = 0$　　　(c) $A = 1, C = 0$　　　(d) $A = B = 0$

4.9.4　消去竞争冒险的方法有(　　　)、(　　　)和(　　　)。

4.10　应用实例阅读

实例 1　彩灯控制电路

图 4-69 所示的是彩灯控制电路,它由脉冲信号源(后续章节介绍)、4 位二进制计数器 74LS161(后续章节介绍)、3 位二进制译码器 74LS138 和 8 个不同颜色的发光二极管组成。在脉冲信号的作用下,计数器 74LS161 的输出端 Q2Q1Q0 循环依次产生 **000～111** 共 8 组二进制代码,并作为集成电路 74LS138 的输入代码 CBA,此时 74LS138 依次由 $Y_0 \sim Y_7$ 产生低电平"0"的输出,从而使 8 个发光二极管依次发亮而形成彩灯的效果。

当控制开关 SW1 为 **0** 时,与门输出为 **0**,此时计数器无计数脉冲输入,8 个发光二极管依次发亮的现象停止,当控制开关 SW2 为 **0** 时,74LS138 停止工作,Y0～Y7 全部输出高电平"**1**",8 个发光二极管全部熄灭。

此外,可以将上述电路的功能进行扩展。例如:改变脉冲信号源的频率大小,可以改变 8 个发光二极管依次发亮的时间间隔;如果把 8 个发光二极管摆放成圆形,则可以看到圆形彩灯依次发亮的效果;如果采用 4 位二进制译码器,则可以驱动 16 个发光二极管发亮;如果把计数器换为可逆(加/减)计数器,则可以改变发光二极管依次发亮的顺序。

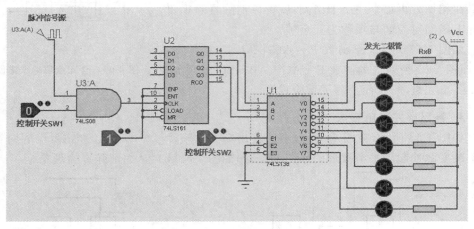

图 4-69　彩灯控制电路

实例 2　可设定时间的定时器

图 4-70 所示为一可设定 1～9 s 的定时电路,它由秒脉冲信号源(后续章节介绍)、十进制计数器 74LS90(后续章节介绍)、十进制编码器 74LS147、4 位比较器 74LS85、显示译码器 74HC4511 和数码管组成。

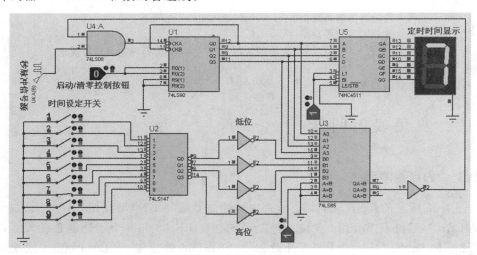

图 4-70　定时器电路

工作过程如下:首先通过按下不同的时间设定开关设置相应的定时时间,如按下开关7 表示定时时间为 7 s;然后使启动/清零控制按钮为低电平"0",则定时启动,开始秒计时并显示计时时间;当定时时间到,则停止计时并显示定时时间为 7 s。如果要进行下一次定时,首先使启动/清零控制按钮为高电平"1"完成清零,然后开始定时时间的设定。

此外,可以将上述电路的功能进行扩展。例如:如果改变脉冲信号源的频率为 10 Hz,则定时时间为 0.1～0.9 s;如果把上述电路的集成电路器件个数翻倍,按照类似方法进行设计,则可以实现 1～99 s 的定时;另外,当定时时间到,还可以进行声、光报警等。

本章小结

1. 组合逻辑电路的分析步骤:逻辑电路图→写出逻辑表达式→逻辑表达式化简→列出真值表→逻辑功能描述。

2. 组合逻辑电路的设计步骤:逻辑抽象→列出真值表→求出逻辑表达式或画出卡诺图→逻辑表达式化简和变换→画出逻辑图。

3. 常用的中规模集成组合逻辑器件包括:

(1) 编码器:二进制编码器、8421BCD 编码器及其典型产品 74LS148、74LS147;

(2) 译码器:二进制译码器、8421BCD 译码器及其典型产品 74LS138、74LS42;

(3) 七段显示译码器:输出低电平有效且与共阳极数码显示管搭配的集成电路 74LS47,输出高电平有效且与共阴极数码显示管搭配的集成电路 74LS48 或 CD4511 (CMOS);

(4) 数据选择器与数据分配器:2 选 1 数据选择器 74LS157,4 选 1 数据选择器 74LS153,8 选 1 数据选择器 74LS151 等,以及数据选择器的扩展。

(5) 加法器和减法器:半加器、全加器、全减器、多位加法器,用加法器构成减法器;

(6) 比较器:1 位比较器,集成 4 位比较器,用集成 4 位比较器构成更多位数的比较器;

(7) 码组转换器:典型的 BCD 码与二进制码相互转换集成电路 74184 及 74185。

4. 编码器在任何时刻只对一个输入信号进行编码,并输出相应的二进制代码;译码器在任何时刻有且仅有一个输出端有效(低电平或高电平有效),不同的输入代码分别对应不同的输出端有效。

5. 译码器的各个输出端分别产生输入代码变量的每个最小项(或最小项的**非**),因此利用译码器和逻辑门可实现代码变量构成的任何逻辑函数。

6. 数据选择器的输出表达式中出现了地址变量的全部最小项,因此它可实现地址变量构成的任何逻辑函数。

7. 在许多情况下,如果用中规模集成电路来设计组合逻辑电路,可以使电路变得简单和可靠。设计原理和步骤与用门电路设计时基本一致,但要将逻辑表达式进行变换,使它与所用的组合逻辑器件的输出形式一致。

8. 组合逻辑电路中存在竞争与冒险现象,在电路的输出端会出现尖峰干扰脉冲,这可能会引起负载电路的错误动作。消除冒险现象的方法有加封锁脉冲、加选通脉冲、接入滤波电容、修改逻辑设计等。

习题四

4.1　组合逻辑电路的分析

4.1.1　写出习题 4.1.1 图所示电路的逻辑表达式,并说明电路实现哪种逻辑门的功能。

4.1.2　分析习题 4.1.2 图所示电路的逻辑功能。

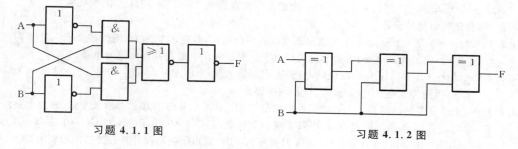

习题 4.1.1 图　　　　　　　　　　　　习题 4.1.2 图

4.1.3 已知习题 4.1.3 图所示电路及输入 A、B 波形,试画出相应的输出波形 F,不计门的延迟。

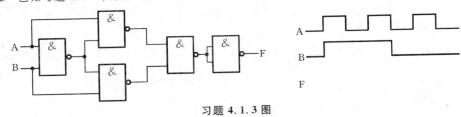

习题 **4.1.3** 图

4.1.4 由与非门构成的某表决电路如习题 4.1.4 图所示,其中 A、B、C、D 表示 4 个人,L＝1 时表示决议通过。

(1) 试分析电路,说明决议通过的情况有几种。

(2) 分析 A、B、C、D 四个人中,谁的权利最大。

4.1.5 习题 4.1.5 图所示逻辑电路中,已知 S_1、S_0 为功能控制输入,A、B 为输入信号,L 为输出,分析电路所具有的逻辑功能。

4.1.6 试分析习题 4.1.6 图所示电路的逻辑功能。

4.1.7 已知某组合逻辑电路的输入 A、B、C 和输出 F 的波形如习题 4.1.7 图所示,试写出 F 的最简**与或**表达式。

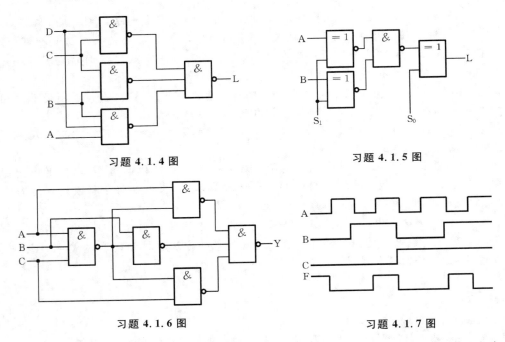

习题 **4.1.4** 图

习题 **4.1.5** 图

习题 **4.1.6** 图

习题 **4.1.7** 图

4.1.8 设 $F(A,B,C,D)=\sum m(2,4,8,9,10,12,14)$,要求用最简单的方法,得到最简单的电路。

(a) 用**与非门**实现　　　(b) 用**或非门**实现　　　(c) 用**与或非门**实现

4.2 组合逻辑电路的设计

4.2.1 设计一个由 3 个输入端、1 个输出端组成的判奇电路,其逻辑功能为:当奇数个输入信号为高电平时,输出为高电平;否则输出为低电平。要求列出真值表并画出逻辑电路图。

4.2.2 试设计一个 8421BCD 码的检码电路,要求当输入代码 DCBA≤4 或≥8 时,电路输出 L 为高电平;否则为低电平。用与非门设计该电路。

4.2.3 一个组合逻辑电路有 2 个功能选择输入信号 C_1、C_0,A、B 作为其 2 个输入变量,F 为电路的输出。当 C_1C_0 取不同组合时,电路实现如下功能:C_1C_0＝**00** 时,F＝A;C_1C_0＝**01** 时,F＝A⊕B;C_1C_0＝**10** 时,F＝AB;C_1C_0＝**11** 时,F＝A+B。试用门电路设计符合要求的逻辑电路。

4.2.4 用红、黄、绿 3 个指示灯表示 3 台设备的工作情况：绿灯亮表示全部正常；红灯亮表示有 1 台不正常；黄灯亮表示 2 台不正常；红、黄灯全亮表示 3 台都不正常。试列出控制电路真值表，并选用合适的集成电路来实现。

4.2.5 设计一个电话机信号控制电路。电路有火警、盗警和日常业务三种输入信号，通过排队电路分别从三个输出端输出，但在同一时间只能有一种信号输出。如果同时有两种及两种以上信号出现，应能接通火警信号，其次为盗警信号，最后为日常业务信号，试设计该信号控制电路。

4.3　编码器

4.3.1 优先编码器 74LS148 在下列输入情况下，确定芯片输出端的状态。

(1) 6＝**0**,3＝**0**,其余为 **1**

(2) EI＝**0**,6＝**0**,其余为 **1**

(3) EI＝**0**,6＝**0**,7＝**0**,其余为 **1**

(4) EI＝**0**,0～7 全为 **0**

(5) EI＝**0**,0～7 全为 **1**

4.3.2 试用优先编码器 74LS148 连接成 32-5 线优先编码器。

4.4　译码器

4.4.1 4-16 线译码器 74LS154 接成如习题 4.4.1 图所示电路。图中 S_0、S_1 为选通输入端，芯片译码时，S_0、S_1 同时为 **0**，芯片才被选通，实现译码操作。芯片输出端为低电平有效。

(1) 写出电路的输出函数 $F_1(A,B,C,D)$ 和 $F_2(A,B,C,D)$ 的表达式，当 A、B、C、D 分别取何值时，函数 $F_1＝F_2＝1$；

(2) 用 74LS154 芯片实现两个 2 位二进制数 A_1A_0、B_1B_0 的大小比较电路，即 A＞B 时，$F_1＝1$；A＜B 时，$F_2＝1$。试画出其接线图。

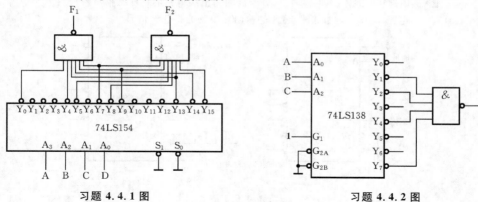

习题 4.4.1 图　　　　　　　　　　　　习题 4.4.2 图

4.4.2 用 74LS138 译码器构成如习题 4.4.2 图所示电路，写出输出 F 的逻辑表达式，列出真值表并说明电路的逻辑功能。

4.4.3 试用 1 片 74LS138 译码器和最少的**与非门**分别实现下列逻辑函数。

(1) $F_1(A,B,C)＝\sum m(0,2,6,7)$　　　(2) $F_2＝A\odot B\odot C$　　　(3) F_1 和 F_2

4.4.4 试用 3-8 线译码器 74LS138 设计一个能对 32 个地址进行译码的地址译码电路。

4.4.5 已知 8421BCD 码可用显示译码器驱动 7 段数码管显示相应的十进制数字，请指出习题4.4.5表所示的变换真值表中哪一行是正确的(注：逻辑"**1**"表示灯亮)。

习题 **4.4.5** 表

	D	C	B	A	a	b	c	d	e	f	g
0	0	0	0	0	0	0	0	0	0	0	0
4	0	1	0	0	0	1	1	0	0	1	1
7	0	1	1	1	0	0	0	1	1	1	1
9	1	0	0	1	0	0	0	0	1	0	0

4.4.6 已知某仪器面板有 10 只 LED 构成的条式显示器,受 8421BCD 码驱动,经译码而点亮,如习题 4.4.6 图所示。当输入 DCBA＝**0111** 时,试说明该条式显示器点亮的情况。

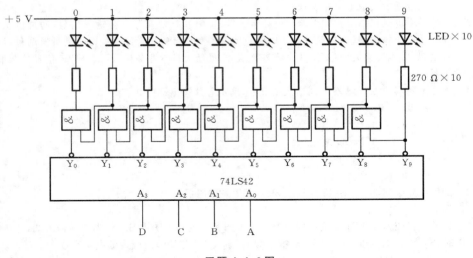

习题 **4.4.6** 图

4.5 数据选择器与数据分配器

4.5.1 74LS138 芯片构成的数据分配器和脉冲分配器如习题 4.5.1 图所示。

(1) 图(a)电路中,数据从 G_1 端输入,分配器的输出端得到的是什么信号?

(2) 图(b)电路中,G_{2A} 端加脉冲,芯片的输出端得到的是什么信号?

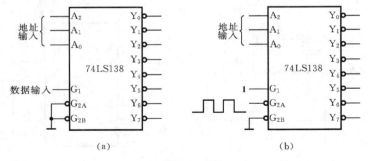

习题 **4.5.1** 图

4.5.2 用 8 选 1 数据选择器 74LS151 构成如习题 4.5.2 图所示电路。(1)写出输出 F 的逻辑表达式;

(2)用与非门实现该电路;(3)用译码器 74LS138 和与非门实现该电路。

4.5.3 试用 74LS151 数据选择器分别实现下列逻辑函数。

(1) $F_1(A,B,C) = \sum m(1,2,4,7)$

(2) $F_2(A,B,C,D) = \sum m(1,5,6,7,9,11,12,13,14)$

(3) $F_3(A,B,C,D) = \sum m(0,2,3,5,6,7,8,9) + \sum d(10,11,12,13,14,15)$

4.5.4 试用 MSI 器件设计一并行数据监测器,当输入 4 位二进制码中有奇数个 **1** 时,输出 F_1 为 **1**;当输入 4 位二进码是 8421BCD 码时,F_2 为 **1**,其余情况 F_1、F_2 均为 **0**。

4.6 加法器

4.6.1 4 位超前进位全加器 74LS283 组成如习题 4.6.1 图所示电路。试分析该电路,说明在下述情况下电路输出 CO 和 $S_3 S_2 S_1 S_0$ 的状态。

(1) K＝**0**, $A_3 A_2 A_1 A_0$＝**0101**, $B_3 B_2 B_1 B_0$＝**1001**

(2) K＝0, $A_3 A_2 A_1 A_0＝$**0111**, $B_3 B_2 B_1 B_0＝$**1101**

(3) K＝1, $A_3 A_2 A_1 A_0＝$**1011**, $B_3 B_2 B_1 B_0＝$**0110**

(4) K＝1, $A_3 A_2 A_1 A_0＝$**0101**, $B_3 B_2 B_1 B_0＝$**1110**

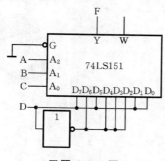

习题 **4.5.2** 图

习题 **4.6.1** 图

4.6.2 试用一片加法器 74LS283 将余 3 码转换为 8421BCD 码。

4.6.3 试用译码器 74LS138 和逻辑门实现 1 位二进制全加器。

4.6.4 试用 8 选 1 数据选择器 74LS151 实现 1 位二进制全加器。

4.7 比较器

4.7.1 试将 74LS85 接成一个 5 位二进制数比较器。

4.7.2 设计一个数据处理电路,输入数据 A 和 B 各为四位二进制数。当 A＞B 时,要求给出 A＞B 的信号和 A－B 的数值;当 A＜B 时,要求给出 A＜B 的信号和 B－A 的数值。

4.7.3 设计一个时间闹钟电路,当前时间及预置时间的"小时"、"分"均为 8421BCD 码,当当前时间等于预置时间时,发出声音报警。

4.8 码组转换电路

4.8.1 将 8421BCD 码 **01011001** 转换成二进制码。

4.9 组合逻辑电路的竞争与冒险

4.9.1 设每个门的平均传输延迟时间 $t_{pd}＝20$ ns,试画出习题 4.9.1 图所示电路中 A、B、C、D 及 u_0 各点的波形图,并注明时间参数。设 u_I 为宽度足够的矩形脉冲。

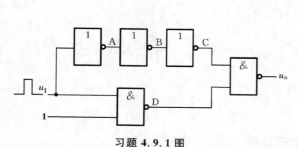

习题 **4.9.1** 图

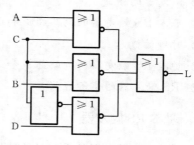

习题 **4.9.3** 图

4.9.2 下列各逻辑函数中,其中无冒险现象的为(   )。

(a) $F(A,B,C,D)＝\overline{A}D＋A\overline{B}＋\overline{A}BC$

(b) $F(A,B,C,D)＝\overline{A}D＋A\overline{B}＋BC\overline{D}$

(c) $F(A,B,C,D)＝\overline{A}D＋C\overline{D}＋\overline{A}C$

(d) $F(A,B,C,D)＝\overline{A}D＋A\overline{B}C＋AB\overline{C}$

4.9.3 TTL **或非门**组成的电路如习题 4.9.3 图所示。

(1) 分析电路在什么时刻可能出现冒险现象?

(2) 用增加冗余项的方法来消除冒险,电路应该怎样修改?

5

触发器

数字系统中仅仅有组合逻辑电路是不够的,还必须有具备存储功能的逻辑电路。触发器就是实现存储功能的一种基本单元电路,触发器与组合逻辑电路相结合可构成寄存器、计数器等时序逻辑电路。本章将运用前面所学知识,详细介绍 RS 触发器、D 触发器、JK 触发器的电路结构、逻辑功能、基本特点及其应用。

5.1　RS 触发器

本节将学习
- 触发器的概念
- 基本 RS 触发器的电路组成和逻辑功能
- 时钟的概念
- 钟控 RS 触发器的电路组成和逻辑功能
- RS 触发器的实际应用

5.1.1　基本 RS 触发器

1. 基本 RS 触发器的电路结构和逻辑功能

基本 RS 触发器(又称为 RS 锁存器)是各种触发器中电路结构最简单的一种触发器,同时,又是许多复杂电路结构触发器的一个组成部分,既可由 2 个或非门交叉连接而成高电平输入有效的 RS 触发器,如图 5-1(a)所示,又可由 2 个与非门交叉连接而成低电平输入有效的 RS 触发器,如图 5-1(b)所示。这种交叉连接产生了正反馈,是所有触发器电路的基本特征。

在图 5-1 中,Q 和 $\overline{Q}$ 为两个互补的输出端,并且定义 $Q=0,\overline{Q}=1$ 为触发器的 **0** 状态,$Q=1,\overline{Q}=0$ 为触发器的 **1** 状态。

对于图 5-1(a),根据输入信号 R、S 的不同取值组合,触发器的输出与输入之间的关系有以下 4 种情况。

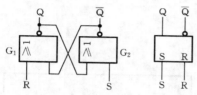 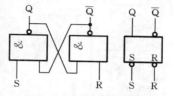

（a）或非门组成的基本RS触发器　　　（b）与非门组成的基本RS触发器

图 5-1　两种不同逻辑门组成的基本 RS 触发器

（1）当 S＝R＝0 时，这 2 个输入信号对**或非门**的输出 Q 和 $\overline{Q}$ 不起作用，电路状态保持不变，即原来的状态被触发器存储起来，这体现了触发器具有记忆功能。

（2）当 S＝0，R＝1 时，无论原来 Q、$\overline{Q}$ 状态如何，因 R＝1 使得**或非门** G_1 输出 Q＝0，则 $\overline{Q}$＝1，即触发器为 0 状态。这种情况称为触发器置 0 或触发器复位，故 R 输入端称为复位端或置 0 输入端。

（3）当 S＝1，R＝0 时，无论原来 Q、$\overline{Q}$ 状态如何，因 S＝1 使得**或非门** G_2 输出 $\overline{Q}$＝0，则 Q＝1，这种情况称为触发器置 1 或触发器置位，故 S 输入端称为置位端或置 1 输入端。

（4）当 S＝R＝1 时，Q＝$\overline{Q}$＝0，触发器的输出互补的逻辑关系被破坏。当 2 个输入信号都同时撤去（变到 0）后，触发器的状态将不能确定是 1 还是 0。因此，这种情况应当避免。

RS 触发器的真值表如表 5-1 所示。从真值表中可看出，这种触发器的输入端为高电平有效。

对于图 5-1(b)，可作同样分析。这种触发器是以低电平作为输入有效信号的，在逻辑符号的输入端用小圆圈表示低电平输入信号有效，它的真值表如表 5-2 所示。

表 5-1　或非门组成的基本 RS 触发器的真值表

R	S	Q	$\overline{Q}$	触发器状态
0	0	不变	不变	保持
0	1	1	0	置1
1	0	0	1	置0
1	1	0*	0*	不定

表 5-2　与非门组成的 RS 触发器的真值表

R	S	Q	$\overline{Q}$	触发器状态
0	0	1*	1*	不定
0	1	0	1	置0
1	0	1	0	置1
1	1	不变	不变	保持

由于 S＝R＝0 时出现了 Q＝$\overline{Q}$＝1 的状态，而且当 S 和 R 同时撤去（变到 1）后，触发器的状态将不能确定是 1 还是 0，因此这种情况也应当避免。

如图 5-2 所示，R、S 为**与非门**组成的基本 RS 触发器的输入波形，根据其真值表，可确定输出端 Q 和 $\overline{Q}$ 的波形（设 Q 的初始状态为 0）。

2. 集成基本 RS 触发器 74LS279

集成基本 RS 触发器 74LS279 的内部包含 4 个基本 RS 触发器，输入信号均为低电平有效，其逻辑符号和引脚图如图 5-3 所示。应该注意的是图中有 2 个基本 RS 触发器具有 2 个输入端 S1 和 S2，这 2 个输入端的逻辑关系为**与逻辑**，每个基本 RS 触发器只有一个 Q 输出端。

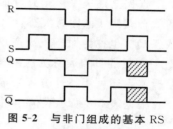

图 5-2　与非门组成的基本 RS
触发器的波形图

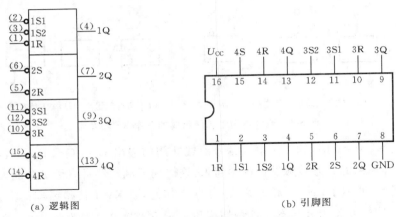

(a) 逻辑图　　　　　　　　　　　　(b) 引脚图

图 5-3　74LS279 逻辑符号和引脚图

5.1.2　钟控 RS 触发器

大部分触发器是同步的双稳态电路,同步意为只有在时钟脉冲(Clock Pulse,简称 CP)信号输入的某一特定点上,输出才会改变,即触发器输出的改变与时钟是同步的。这种受时钟脉冲信号控制的 RS 触发器称为钟控 RS 触发器,它由基本 RS 触发器构成,如图 5-4 所示。G_1、G_2 门组成控制门,G_3、G_4 门组成基本 RS 触发器。时钟信号通过控制门控制输入信号 R、S 进入 G_3 和 G_4 门的输入端。

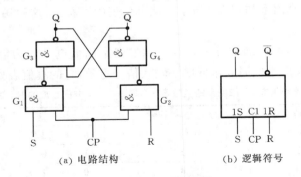

(a) 电路结构　　　　　　　　　　(b) 逻辑符号

图 5-4　钟控 RS 触发器

(1) 当 CP＝**0** 时,G_1、G_2 门禁止,输入信号 R、S 不会影响输出端的状态,故触发器保持原状态不变。

(2) 当 CP＝**1** 时,G_1、G_2 门启动,R、S 信号通过 G_1、G_2 门反相后加到由 G_3、G_4 门组成的基本 RS 触发器上,此时工作情况与基本 RS 触发器相同。

根据上述关系可得到真值表如表 5-3 所示。因为触发器在时钟脉冲触发后产生的新状态 Q^{n+1}(也称为次态)不仅与输入信号有关,而且还与触发器在时钟脉冲触发前的状态 Q^n(也称为原态或现态)有关,所以在表 5-3 中列入了 Q^n 和 Q^{n+1}。这种含有 Q^n 和 Q^{n+1} 变量的真值表称为触发器的状态转换真值表。这种次态与原态、输入信号之间的逻辑关系还可用特性方程来描述。

根据表 5-3 所示真值表,钟控 RS 触发器的特性方程为

$$\begin{cases} Q^{n+1}=S+\overline{R}Q^n \\ RS=0 \end{cases}$$

(5-1)

表 5-3 钟控 RS 触发器状态转换真值表

CP	S	R	Q^n	Q^{n+1}	功能说明
0	×	×	0	0	$Q^{n+1}=Q^n$
0	×	×	1	1	保持
1	0	0	0	0	$Q^{n+1}=Q^n$
1	0	0	1	1	保持
1	0	1	0	0	$Q^{n+1}=0$
1	0	1	1	0	置 0
1	1	0	0	1	$Q^{n+1}=1$
1	1	0	1	1	置 1
1	1	1	0	1*	不定
1	1	1	1	1*	

钟控 RS 触发器虽然没有实际的 IC 产品,但它是 D 触发器、JK 触发器的基础。

5.1.3 RS 触发器应用举例

基本 RS 触发器电路简单,它不仅是构成各种性能完善的集成触发器的基础电路,单独应用也很广泛,如作为锁存器、机械开关触点抖动消除电路和单脉冲产生电路等。

机械开关的共同特性是当开关从一个位置扳到另一个位置时,会在最终形成固定接触之前发生几次物理震动或抖动。虽然这些抖动间隔非常短暂,但是它们可以产生瞬间电压峰值而形成"毛刺"。

采用基本 RS 触发器和机械开关组成的触点抖动消除电路如图 5-5(a)所示,结合图 5-5(b)中的开关工作过程和基本 RS 触发器的逻辑功能,很容易理解抖动消除电路的工作原理。

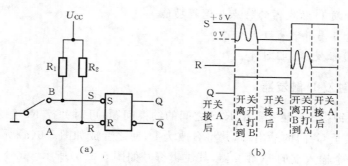

图 5-5 机械开关触点抖动消除电路

图 5-5 所示电路不仅可以消除开关的抖动,从输出波形可以看出,此电路还可作为手动单次脉冲产生电路使用。这个功能可以应用在数字电路实验设备中。

自测练习

5.1.1 或非门构成的基本 RS 触发器的输入 S=1,R=0,当输入 S 变为 0 时,触发器的输出将会( )。

(a) 置位　　　　　　(b) 复位　　　　　　(c) 不变

5.1.2 与非门构成的基本 RS 触发器的输入 S=1,R=1,当输入 S 变为 0 时,触发器输出将会( )。

(a) 保持　　　　　　(b) 复位　　　　　　(c)置位

5.1.3 或非门构成的基本 RS 触发器的输入 S＝1,R＝1 时,其输出状态为(　　)。

(a) $Q=0,\overline{Q}=1$　　　(b) $Q=1,\overline{Q}=0$　　　(c) $Q=1,\overline{Q}=1$

(d) $Q=0,\overline{Q}=0$　　　(e) 状态不确定

5.1.4 与非门构成的基本 RS 触发器的输入 S＝0,R＝0 时,其输出状态为(　　)。

(a) $Q=0,\overline{Q}=1$　　　(b) $Q=1,\overline{Q}=0$　　　(c) $Q=1,\overline{Q}=1$

(d) $Q=0,\overline{Q}=0$　　　(e)状态不确定

5.1.5 基本 RS 触发器 74LS279 的输入信号是(　　)有效。

(a) 低电平　　　　　　(b) 高电平

5.1.6 触发器引入时钟脉冲的目的是(　　)。

(a) 改变输出状态

(b) 改变输出状态的时刻受时钟脉冲的控制

5.1.7 与非门构成的基本 RS 触发器的约束条件是(　　)。

(a) S＋R＝0　　　　　　(b) S＋R＝1

(c) SR＝0　　　　　　(d) SR＝1

5.1.8 钟控 RS 触发器的约束条件是(　　)。

(a) S＋R＝0　　　　　　(b) S＋R＝1

(c) SR＝0　　　　　　(d) SR＝1

5.2　D 触发器

本节将学习

🔁 电平触发与边沿触发的概念

🔁 电平触发 D 触发器的特点与逻辑功能

🔁 边沿触发 D 触发器的特点与逻辑功能

🔁 异步清 0 与异步置 1 的概念

🔁 集成 D 触发器 74LS74

5.2.1　电平触发 D 触发器

为了解决钟控 RS 触发器中 R、S 之间的约束问题,可对钟控 RS 触发器稍加修改,即将其 R 端接至 G_1 门的输出端,并将 S 改为 D,使之变成如图 5-6(a)所示的形式,这样便成为只有一个输入端的 D 触发器,其逻辑符号如图 5-6(b)所示。

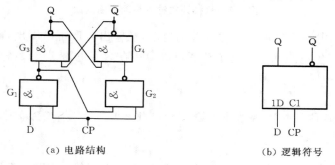

(a) 电路结构　　　　　　　　　　(b) 逻辑符号

图 5-6　D 触发器

由图 5-6(a)可知,在时钟脉冲作用期间(CP=1 时),可以将输入信号 D 转换成一对互补信号送至基本 RS 触发器的两个输入端,使基本 RS 触发器的 2 个输入信号只能是 **01** 或 **10** 两种组合,从而消除了状态不确定的现象,解决了对输入的约束问题。

当 CP=1 时,将 S=D,R=$\overline{D}$,代入钟控 RS 触发器的特性方程(5-1),即得到 D 触发器的特性方程为

$$\begin{cases} Q^{n+1}=S+\overline{R}Q^n \\ RS=0 \end{cases} \quad \Rightarrow \quad Q^{n+1}=D \quad (5-2)$$

由此可见,在时钟脉冲的作用下,D 触发器的新状态仅取决于输入信号 D,而与原状态无关,故 D 触发器的真值表(当 CP=1 时)如表5-4所示。

由于 D 触发器是在 CP=1 时控制 D 触发器的状态变化,所以称为电平触发 D 触发器。

电平触发 D 触发器结构简单,且能实现定时控制。当 CP=0 时,触发器被禁止,输入信号不起作用,其状态保持不变;当 CP=1 时,其新状态 Q^{n+1} 始终和 D 输入一致,故也称为 D 锁存器,其典型集成电路型号为 74LS373(或 74HC/HCT373)。该集成电路内部包含 8 个完全相同的 D 锁存器,每个锁存器输出端都带有三态门。这种三态输出电路,一方面提高了对负载的驱动能力,另一方面它可以方便地应用到微处理器或计算机的总线接口电路,其内部逻辑电路如图 5-7 所示。图中,LE 为锁存使能端,高电平有效,即 LE 为高电平时输出等于输入;LE 为低电平时,输出被锁存,保持不变;$\overline{OE}$ 为输出使能端,低电平有效,即 $\overline{OE}$ 为低电平时,三态门被打开,数据输出到 Q 引脚上,$\overline{OE}$ 为 1 时,三态门被关闭,数据不能输出到 Q 引脚上。

表 5-4　D 触发器真值表(CP=1 时)

D	Q^n	Q^{n+1}
0	**0**	**0**
1	**0**	**1**
0	**1**	**0**
1	**1**	**1**

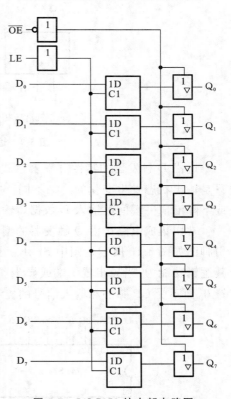

图 5-7　74LS373 的内部电路图

【**例 5-1**】　如图 5-8 所示为电平触发 D 触发器的 CP 信号和 D 输入信号,设初始状态为 **0**,画出输出端 Q 的波形。

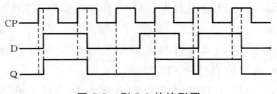

图 5-8　例 5-1 的波形图

解 在 CP＝1 时，无论 D 为高电平信号还是为低电平信号，Q 输出端的信号总是和 D 输入信号相同；而在 CP＝0 时，Q 输出保持不变。故 Q 输出波形如图 5-8 所示。

5.2.2 边沿触发 D 触发器

边沿触发的触发器在时钟脉冲的上升沿或下降沿时刻改变输出状态，并且只有处于时钟脉冲边沿前一瞬间的输入信号才为有效输入信号。如图 5-9 所示为边沿 D 触发器的逻辑符号。逻辑符号中，"＞"表示 CP 为边沿触发，以区分电平触发，"。"表示下降沿触发。

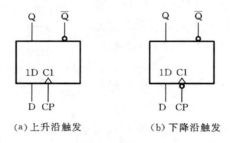

(a) 上升沿触发　　　　(b) 下降沿触发

图 5-9　边沿 D 触发器逻辑符号

边沿 D 触发器的特性方程表达式仍与电平触发 D 触发器的特性方程(5-2)相同，只是输出状态发生变化的时刻不同。它在时钟脉冲的上升沿或下降沿时刻，将上升沿或下降沿前一瞬间的输入 D 数据传输到输出端。

常用集成电路边沿 D 触发器的型号为 74LS74，它包括两个相同的边沿 D 触发器，引脚图如图 5-10 所示。图中 S_D、R_D 分别为异步置 1 端和异步置 0 端(或异步复位端)，其逻辑功能为：当异步置 1 端或异步置 0 端有效时，触发器的输出状态将立即被置 1 或置 0，而不受 CP 脉冲和输入信号的控制。

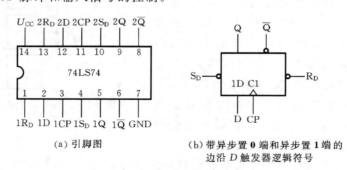

(a) 引脚图　　　　(b) 带异步置 0 端和异步置 1 端的
　　　　　　　　　　　　边沿 D 触发器逻辑符号

图 5-10　集成电路 74LS74

与 D 锁存器类似，边沿 D 触发器也有应用于总线接口电路的产品，如 74LS374，在此不再介绍。

【例 5-2】 图 5-11 所示为上升沿触发 D 触发器的输入信号和时钟脉冲波形，设触发器的初始状态为 0，画出输出信号 Q 的波形。

解 每个时钟脉冲 CP 上升沿之后的输出状态等于该上升沿前一瞬间 D 信号的状态，直到下一个时钟脉冲 CP 上升沿到来。由此可画出输出 Q 的波形如图 5-11

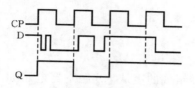

图 5-11 例 5-2 的波形图

所示。

【例 5-3】 边沿 D 触发器构成的电路如图 5-12 所示,设触发器的初始状态 $Q_1 Q_0 =$ 00,画出 Q_0 及 Q_1 在时钟脉冲作用下的波形。

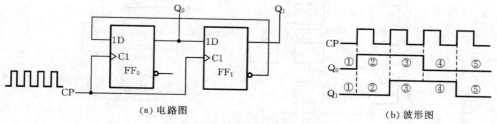

(a) 电路图　　　　　　　　　(b) 波形图

图 5-12 例 5-3 的电路与波形图

　　解　由于两个 D 触发器的输入信号分别为另一个 D 触发器的输出,因此在确定它们的输出端波形时,应分段交替画出 Q_0 及 Q_1 的波形,如波形图上所标示的序号顺序那样。

自测练习

5.2.1　要使电平触发 D 触发器置 **1**,必须使 D=(　　)、CP=(　　)。

5.2.2　要使边沿触发 D 触发器直接置 **1**,只要使 S_D=(　　)、R_D=(　　)即可。

5.2.3　对于电平触发的 D 触发器或 D 锁存器,(　　)情况下 Q 输出总是等于 D 输入。

5.2.4　对于边沿触发的 D 触发器,下面(　　)是正确的。

(a) 输出状态的改变发生在时钟脉冲的边沿

(b) 要进入的状态取决于 D 输入

(c) 输出跟随每一个时钟脉冲的输入

(d) (a)、(b) 和 (c)

5.2.5　对于 74LS74,D 输入端的数据在时钟脉冲的(　　　　)(上升,下降)边沿被传输到(　　　　)($Q,\overline{Q}$)。

5.2.6　要用边沿触发的 D 触发器构成一个二分频电路,将频率为 100 Hz 的脉冲信号转换为 50 Hz 的脉冲信号,其电路连接形式为(　　)。

5.3　JK 触发器

本节将学习

✿ 主从 JK 触发器的电路构成

✿ 主从 JK 触发器的工作原理与逻辑功能

✿ 一次变化现象

✿ 边沿 JK 触发器的逻辑功能

✿ 主从 JK 触发器与边沿 JK 触发器的区别

✿ 集成 JK 触发器 74LS76

5.3.1 主从 JK 触发器

1. 主从 RS 触发器

由两个钟控 RS 触发器组成的主从 RS 触发器电路如图 5-13 所示,其工作原理简述如下。

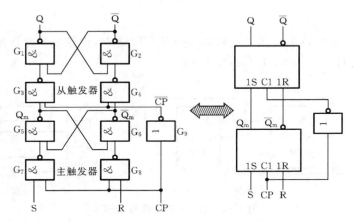

图 5-13 主从 RS 触发器

(1) CP＝1 期间,主触发器工作,其输出状态变化如特性方程

$$\begin{cases} Q_m^{n+1} = S + \overline{R} Q_m^n \\ RS = 0 \end{cases} \tag{5-3}$$

式(5-3)中,S、R 为 CP＝1 期间的输入信号,故主触发器还存在"空翻"。而从触发器保持输出状态不变。

(2) CP 由 1 变为 0,即下降沿到来时,主触发器保持 CP＝1 期间的最后输出状态不变并作为从触发器的输入;同时,从触发器开始工作。由于主触发器的两个输出始终相反,故从触发器的输出状态跟随主触发器的最后输出状态(根据钟控 RS 触发器的真值表得到),故有

$$\begin{cases} Q^{n+1} = Q_m^{n+1} = S + \overline{R} Q_m^n = S + \overline{R} Q^n \\ RS = 0 \end{cases} \tag{5-4}$$

(3) CP＝0 期间,即使 S、R 输入信号发生变化,主触发器的输出状态继续不变,这使得从触发器的输入不变,故从触发器保持上述动作后的输出状态不变。从触发器无"空翻"。

综上所述,在一个时钟脉冲周期内,主触发器可能发生多次翻转,但从触发器只发生一次翻转,故整个主从 RS 触发器克服了"空翻"现象。但其缺点也是显而易见的,即输入信号 R、S 仍然存在约束条件 RS＝0。

2. 主从 JK 触发器

主从 JK 触发器在上述主从 RS 触发器的基础上进一步改进而得到,通过引入反馈

$$S = J \overline{Q}^n, \quad R = KQ^n$$

则此时输入 S、R 自动满足约束条件,且主触发器只发生一次翻转。如图 5-14(a)所示。

将输入 S、R 的表达式代入主从 RS 触发器的特性方程(5-4),即可得到主从 JK 触

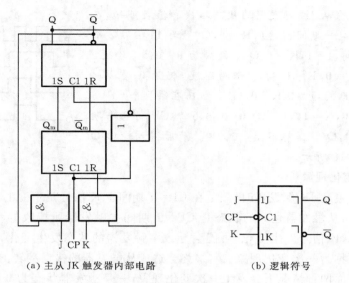

(a) 主从 JK 触发器内部电路　　　　(b) 逻辑符号

图 5-14　主从 JK 触发器

发器的特性方程为

$$Q^{n+1}=S+\overline{R}Q^n=J\overline{Q}^n+\overline{K}Q^nQ^n=J\overline{Q}^n+\overline{K}Q^n \tag{5-5}$$

式(5-5)仅在 CP 的下降沿到来时有效。注意式中 Q^{n+1} 为 CP 下降沿之后的状态，Q^n 为 CP 下降沿之前的状态，J、K 信号为 CP=1 期间的值，如图 5-15 所示。

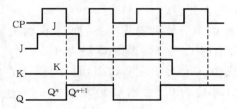

图 5-15　主从 JK 触发器时序图

由特性方程(5-5)可得主从 JK 触发器的状态转换真值表，如表 5-5 所示。

表 5-5　主从 JK 触发器状态转换真值表（CP 下降沿时）

J	K	Q^n	Q^{n+1}	功能
0	0	0	0	$Q^{n+1}=Q^n$　保持
0	0	1	1	
0	1	0	0	$Q^{n+1}=0$　置 0
0	1	1	0	
1	0	0	1	$Q^{n+1}=1$　置 1
1	0	1	1	
1	1	0	1	$Q^{n+1}=\overline{Q}^n$　翻转
1	1	1	0	

【**例 5-4**】　已知主从 JK 触发器 J、K 的波形如图 5-16 所示，画出输出 Q 的波形图（设初始状态为 **0**）。

解 根据主从 JK 触发器的状态转换真值表可知,在第 1 个 CP 高电平期间,$J=1,K=0,Q^{n+1}$ 为 1;在第 2 个 CP 高电平期间,$J=1,K=1,Q^{n+1}$ 翻转为 0;在第 3 个 CP 高电平期间,$J=0,K=0,Q^{n+1}$ 保持不变,仍为 0;在第 4 个 CP 高电平期间,$J=1,K=0,Q^{n+1}$ 为 1;在第 5 个 CP 高电平期间,$J=0,K=1,Q^{n+1}$ 为 0;在第 6 个 CP 高电平期间,$J=0,K=0,Q^{n+1}$ 保持不变,仍为 0。最后得到输出 Q 的波形如图 5-16 所示。

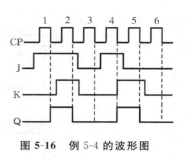

图 5-16 例 5-4 的波形图

3. 一次变化现象

前面分析主从 JK 触发器时,假定在 CP=1 期间 J、K 信号是不变的,因此在 CP 脉冲的下降沿时,从触发器达到的状态是 CP=1 期间主触发器所接收的状态。但在 CP=1 期间,若 J、K 信号发生变化,可能会导致主触发器的状态发生变化,但只能变化一次。这种现象称为一次变化现象。它最终会造成从触发器的错误翻转。

只有在下面两种情况下会发生一次变化现象:一是触发器状态为 0 时,J 信号的变化;二是触发器状态为 1 时,K 信号的变化。因此,为避免产生一次变化现象,必须保证在 CP=1 期间 J、K 信号保持不变。但在实际使用中,干扰信号往往会造成 CP=1 期间 J 或 K 信号的变化,从而导致主从 JK 触发器的抗干扰能力变差。为了减少接收干扰的机会,应使 CP=1 的宽度尽可能窄。

在 CP=1 期间,若 J、K 信号发生了变化,就不能根据上述真值表或特性方程来决定输出 Q,但可按以下方法来处理。

(1) 若原态 Q=0,则由 J 信号决定其次态,而与 K 无关。此时只要 CP=1 期间出现过 J=1,则 CP 下降沿时 Q 为 1。否则 Q 仍为 0。

(2) 若原态 Q=1,则由 K 信号决定其次态,而与 J 无关。此时只要 CP=1 期间出现过 K=1,则 CP 下降沿时 Q 为 0。否则 Q 仍为 1。

【例 5-5】 设主从 JK 触发器的初态为 1,试画出它的输出波形。

解 在如图 5-17 所示的波形图中,第 5、6 个 CP 脉冲的高电平期间,J、K 信号发生了变化,其他 CP 脉冲的高电平期间,J、K 信号没发生变化。针对这两种情况分别采用前面介绍的两种方法画出它的输出波形,如图 5-17 所示。

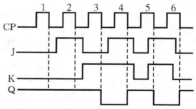

图 5-17 例 5-5 的波形图

5.3.2 边沿 JK 触发器

图 5-18 所示为利用门传输延迟时间构成的下降沿触发的 JK 触发器逻辑电路。图中的两个**与或非门**构成基本 RS 触发器,两个**与非门**(1、2 门)作为输入信号引导门,在制作时已保证与非门的延迟时间大于基本 RS 触发器的传输延迟时间。

边沿 JK 触发器具有以下特点。

(1) 边沿 JK 触发器在 CP 下降沿时产生翻转,CP 下降沿前瞬间的 J、K 输入信号为有效输入信号。

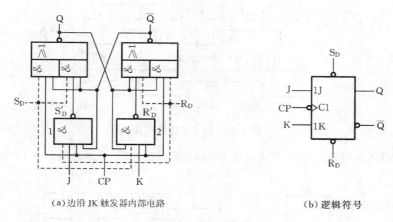

(a) 边沿 JK 触发器内部电路　　　　　　(b) 逻辑符号

图 5-18　边沿 JK 触发器

（2）对于主从 JK 触发器，在 CP＝1 的全部时间内，J、K 输入信号均为有效输入信号。故与主从 JK 触发器相比，边沿 JK 触发器大大减少了干扰信号可能作用的时间，从而增强了抗干扰能力。

（3）边沿 JK 触发器的真值表、特性方程与主从 JK 触发器完全相同。

（4）无"一次变化"问题。

【例 5-6】 设边沿 JK 触发器的初态为 **0**，输入信号波形如图 5-19 所示，试画出它的输出波形。

解　（1）以时钟 CP 的下降沿为基准，划分时间间隔，CP 下降沿到来前为现态，下降沿到来后为次态。

（2）每个时钟脉冲下降沿来到后，根据触发器的特性方程或状态转换真值表确定其次态。输出波形如图 5-19 所示。

【例 5-7】 设边沿 JK 触发器的初态为 **0**，输入信号波形如图 5-20 所示，试画出它的输出波形。

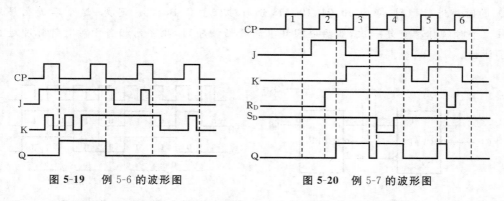

图 5-19　例 5-6 的波形图　　　　**图 5-20　例 5-7 的波形图**

解　此题中要特别注意异步置 **0**、置 **1** 端（R_D、S_D）的操作不受时钟 CP 的控制。其输出波形如图 5-20 所示。

【例 5-8】 边沿 JK 触发器的 J、K 和 CP 的波形如图 5-21 所示，试画出 Q 的输出波形，设初始状态为 **0**。

解　输出 Q 的波形图如图 5-21 所示。

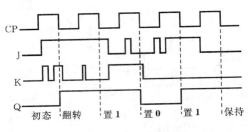

图 5-21 例 5-8 的波形图

【例 5-9】 如图 5-22(a)所示是边沿 JK 触发器的连接图,试画出输出端 Q 和 $\overline{Q}$ 的波形。

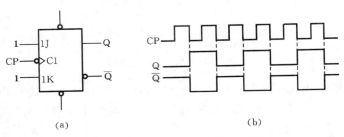

(a)   (b)

图 5-22 例 5-9 的连接图与波形图

解 由于 JK 触发器的 J＝K＝1,依照 JK 触发器的真值表,每到一个 CP 的下降沿,Q 输出端的状态就翻转一次,因此其输出波形如图 5-22(b)所示。若输入脉冲是连续的,且频率为 f_{CP},则输出端 Q 和 $\overline{Q}$ 的频率为 f_{CP} 的一半,故此电路又称为二分频电路,即对 CP 时钟脉冲进行二分频输出。

触发器的应用不仅可以对周期波形进行分频,而且还可以实现计数、数据存储等。JK 触发器由于功能齐全,在数字电路中应用最广泛。

【例 5-10】 边沿 JK 触发器 FF_0 和 FF_1 的连接如图 5-23 所示,设两个触发器的初始状态都是 **0** 状态,试画出输出端 Q_1、Q_0 的波形,并写出由这些波形所表示的二进制序列。

解 根据边沿 JK 触发器的特点,可得到 Q_1、Q_0 的波形如图 5-24 所示。若将 Q_1、Q_0 的时序进行排列,即为 **00,01,10,11**,分别对应于 0,1,2,3。可见,这个二进制序列每 4 个时钟脉冲重复一次,然后返回 **0** 重新开始该序列,此序列相当于对时钟脉冲进行了计数。

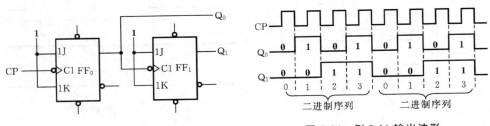

图 5-23 例 5-10 的电路图   图 5-24 例 5-10 输出波形

集成电路 JK 触发器的种类很多,大多数标准 TTL JK 触发器为主从型,而所有 STTL 及 LSTTL 和 CMOS JK 触发器都是边沿型。如主从型集成 JK 触发器的常用型号有 7472、7473 和 7476 等,边沿型集成 JK 触发器的常用型号有 74LS73、74LS76 等。它们的逻辑功能都相同,只是触发方式不同,74LS76、74LS72 的引脚图如图 5-25 所示。

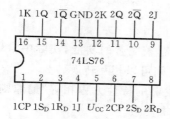 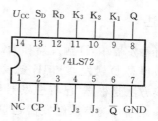

图 5-25　JK 触发器引脚图

自测练习

5.3.1　主从 JK 触发器是在（　　）采样，在（　　）输出。

5.3.2　JK 触发器在（　　）时可以直接置 1，在（　　）时可以直接清 0。

5.3.3　JK 触发器处于翻转时输入信号的条件是（　　）。
(a) $J=0, K=0$　　　(b) $J=0, K=1$　　　(c) $J=1, K=0$　　　(d) $J=1, K=1$

5.3.4　$J=K=1$ 时，边沿 JK 触发器的时钟输入频率为 120 Hz。Q 输出为（　　）。
(a) 保持为高电平　　　　　　　　　　　(b) 保持为低电平
(c) 频率为 60 Hz 波形　　　　　　　　　(d) 频率为 240 Hz 波形

5.3.5　JK 触发器在 CP 作用下，要使 $Q^{n+1}=Q^n$，则输入信号必为（　　）。
(a) $J=K=0$　　　(b) $J=Q^n, K=0$　　　(c) $J=Q^n, K=Q^n$　　　(d) $J=0, K=1$

5.3.6　下列触发器中，没有约束条件的是（　　）。
(a) 基本 RS 触发器　　(b) 主从 JK 触发器　　(c) 钟控 RS 触发器　　(d) 边沿 D 触发器

5.3.7　JK 触发器的 4 种同步工作模式分别为（　　）。

5.3.8　某 JK 触发器工作时，输出状态始终保持为 1，则可能的原因有（　　）。
(a) 无时钟脉冲输入　　(b) 异步置 1 端始终有效
(c) $J=K=0$　　　　　　(d) $J=1, K=0$

5.3.9　集成 JK 触发器 74LS76 内含（　　）个触发器，（　　）（有，没有）异步清 0 端和异步置 1 端。时钟脉冲为（　　）（上升沿，下降沿）触发。

5.3.10　题 5.3.10 图中，已知时钟脉冲 CP 和输入信号 J、K 的波形，则边沿 JK 触发器的输出波形（　　）（正确，错误）。

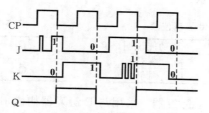

题 5.3.10 图　边沿 JK 触发器的波形图

5.4　不同类型触发器的相互转换

本节将学习
- 一种触发器转换为另一种触发器的方法
- T 和 T′ 触发器
- D 触发器转换为其他触发器
- JK 触发器转换为其他触发器

5.4.1 概述

在所有触发器中,D 触发器和 JK 触发器具有较完善的功能,实际中常用的集成触发器大多数也是 D 触发器和 JK 触发器,它们之间可以相互转换。

其转换方法是根据"已有触发器和待求触发器的特性方程相等"的原则,求出已有触发器的输入信号与待求触发器之间的转换逻辑关系。

5.4.2 D 触发器转换为 JK、T 和 T' 触发器

1. D 触发器转换成 JK 触发器

写出 D 触发器和 JK 触发器的特性方程分别为

$$Q^{n+1}=D, \quad Q^{n+1}=J\overline{Q}^n+\overline{K}Q^n$$

比较上述二式可得:$D=J\overline{Q}^n+\overline{K}Q^n$,由此式可得如图 5-26 所示 JK 触发器电路。

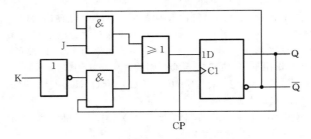

图 5-26　用 D 触发器构成的 JK 触发器

2. D 触发器转换成 T、T' 触发器

在实际集成电路中没有 T、T' 触发器,它们一般由其他触发器转换而来。凡在 CP 时钟脉冲控制下,根据输入信号 T 取值的不同,只具有保持和翻转功能的电路,称为 T 触发器;凡每来一个时钟脉冲就翻转一次的电路,称为 T' 触发器。T、T' 触发器的真值表分别如表 5-6、表 5-7 所示。

<table>
<tr><td colspan="3" align="center">表 5-6　T 触发器真值表</td></tr>
<tr><td align="center">T</td><td align="center">Q^{n+1}</td><td align="center">功能说明</td></tr>
<tr><td align="center">0</td><td align="center">Q^n</td><td align="center">保持</td></tr>
<tr><td align="center">1</td><td align="center">$\overline{Q}^n$</td><td align="center">翻转</td></tr>
</table>

<table>
<tr><td colspan="2" align="center">表 5-7　T' 触发器真值表</td></tr>
<tr><td align="center">Q^{n+1}</td><td align="center">功能说明</td></tr>
<tr><td align="center">$\overline{Q}^n$</td><td align="center">翻转</td></tr>
</table>

讨论 D 触发器转换为 T 触发器。采用与 D 触发器构成 JK 触发器相同的方法,可得:$Q^{n+1}=T\overline{Q}^n+\overline{T}Q^n=T\oplus Q^n$,故 $D=T\oplus Q^n$。按照此式,可得如图 5-27 所示 T 触发器电路。

讨论 D 触发器转换为 T' 触发器,同样可得:$D=\overline{Q}^n$。由此可得如图 5-28 所示 T' 触发器电路。

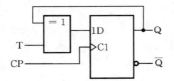

图 5-27　用 D 触发器构成的 T 触发器

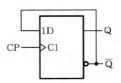

图 5-28　用 D 触发器构成的 T' 触发器

5.4.3 JK 触发器转换为 D 触发器

首先写出待求 D 触发器的特性方程,并进行变换,使之与已有的 JK 触发器特性方程的形式一致:$Q^{n+1}=D=DQ^n+D\overline{Q^n}$;再与 JK 触发器的特性方程 $Q^{n+1}=J\overline{Q^n}+\overline{K}Q^n$ 进行比较,可得:$J=D,K=\overline{D}$,所以可得 D 触发器的电路如图 5-29 所示。

JK 触发器转换成 T 和 T′触发器的方法与此相同,在此不再重复。

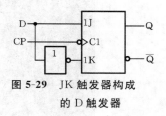

图 5-29　JK 触发器构成
的 D 触发器

自 测 练 习

5.4.1 为实现 D 触发器转换成 T 触发器,题 5.4.1 图所示的虚线框内应是(　　)。

    (a) 与非门　　　　　　　(b) 异或门

    (c) 同或门　　　　　　　(d) 或非门

5.4.2 JK 触发器构成 T 触发器的逻辑电路为(　　)。

5.4.3 JK 触发器构成 T′触发器的逻辑电路为(　　)。

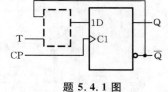

题 **5.4.1** 图

5.5　应用实例阅读

实例 1　二分频及四分频电路

图 5-30 所示为二分频和四分频电路,由一片集成电路 74LS76 中的两个 JK 触发器组成。每个触发器的输入信号 J、K 均为高电平"1",此时触发器每接收一个 CLK 脉冲就翻转一次,从而实现了 Q0 输出对脉冲信号源的二分频功能,以及 Q1 输出对 Q0 的二分频功能,因此,Q1 输出相对于脉冲信号源为四分频功能。输出波形如图 5-31 所示。

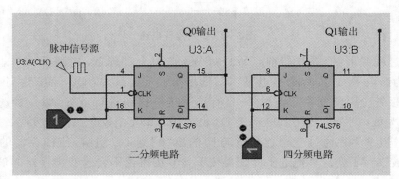

图 **5-30**　二分频、四分频电路

实例 2　八人抢答器

图 5-32 所示为 8 位选手进行抢答的电路,主要由 8 路抢答按钮 SW1～SW8、集成电路锁存器 74LS373 和显示抢答选手结果的 8 个发光二极管组成。

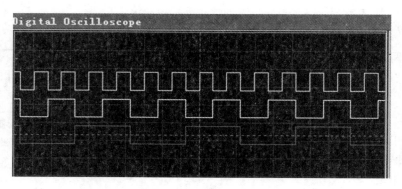

图 5-31 脉冲信号源、Q0 输出及 Q1 输出波形

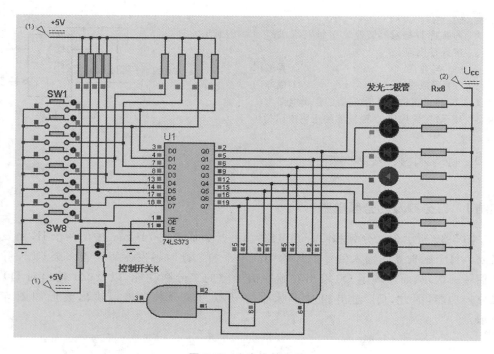

图 5-32 8 人抢答电路

工作过程如下:抢答开始前,SW1～SW8 按钮全部弹起,控制开关 K 闭合,此时 D0～D7 为高电平"1"、LE 为高电平"1",输出与输入一致,故 Q0～Q7 为高电平"1",8 个发光二极管全灭。抢答开始后,一旦有选手按下按钮进行抢答,如 4 号选手最快按下,则 D3 为低电平"0",输出 Q3 等于 D3 也为"0",第 4 个发光二极管发亮。与此同时,输出 Q3 产生的"0"通过三个连接的与门输出"0"到 LE 引脚,使锁存器的所有输出 Q0～Q7 被锁存不变。其他选手即使再按下 SW 按钮也不会改变锁存器的输出,因此,抢到第一的是 4 号选手。

如果要进行下一轮抢答,首先把控制开关 K 断开,又恢复成 Q0～Q7 均为高电平"1",然后控制开关 K 闭合,就可以进行下一轮抢答了。

本 章 小 结

1. 触发器是一种具有存储功能的逻辑电路,它能存储 1 位二进制信息,是构成时序逻辑电路的基本逻辑单元。

2. 按照功能不同,触发器可分为 RS 触发器、D 触发器、JK 触发器、T 触发器和 T′ 触发器。各种触发器的逻辑功能可以用特性方程、状态转换真值表或时序波形图等方式描述。

3. 按照脉冲触发方式不同,触发器可分为电平触发和边沿触发两种。电平触发的触发器是在 $CP=1$ 期间(或 $CP=0$ 期间)控制触发器的状态变化;边沿触发的触发器在时钟脉冲的上升沿或下降沿时刻改变输出状态,并且只有边沿前一瞬间的输入信号才为有效输入信号。

4. D 触发器的特性方程为:$Q^{n+1}=D$。

(1) 对于电平触发的 D 触发器,$CP=1$ 时,Q 输出端的信号总是和 D 输入信号相同,而在 $CP=0$ 时,Q 输出保持不变,也称为 D 锁存器;

(2) 对于边沿触发的 D 触发器,输出状态的改变发生在时钟脉冲的上升沿或下降沿时刻,其值等于边沿前一瞬间的 D 信号。

5. JK 触发器的特性方程为:$Q^{n+1}=J\overline{Q^n}+\overline{K}Q^n$。

(1) 对于主从 JK 触发器,Q^{n+1} 为 CP 下降沿之后的状态,Q^n 为 CP 下降沿之前的状态,J、K 信号为 $CP=1$ 期间的值,且必须保持不变;

(2) 边沿 JK 触发器在 CP 下降沿时发生变化,CP 下降沿前一瞬间的 J、K 输入信号为有效输入信号。

6. 电平触发触发器与边沿触发触发器的逻辑符号不同;主从 JK 触发器与边沿 JK 触发器的逻辑符号不同。

7. D 触发器和 JK 触发器是两种最常用的触发器,两者之间可相互转换。

习题五

5.1 RS 触发器

5.1.1 由与非门组成的基本 RS 触发器和输入端信号如习题 5.1 图所示,画出输出端 Q、$\overline{Q}$ 的波形。

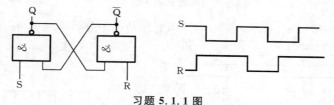

习题 5.1.1 图

5.1.2 由或非门组成的触发器和输入端信号如习题 5.1.2 图所示,设触发器的初始状态为 **1**,画出输出端 Q 的波形。

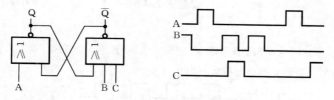

习题 5.1.2 图

5.1.3 钟控 RS 触发器如习题 5.1.3 图所示,设触发器的初始状态为 **0**,画出输出端 Q 的波形。

5.2 D 触发器

5.2.1 边沿 D 触发器如习题 5.2.1 图所示,确定时钟作用下的 Q 输出,并分析其特殊功能。设触发

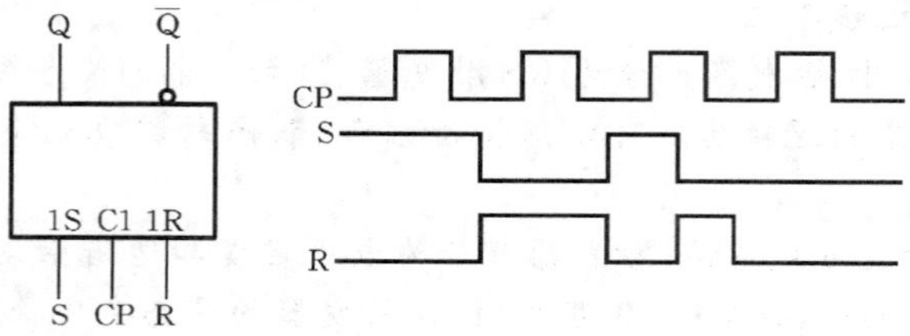

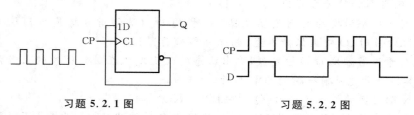

习题 5.1.3 图

器的初始状态为 0。

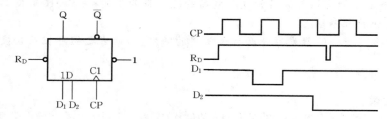

习题 5.2.1 图   习题 5.2.2 图

5.2.2 已知边沿 D 触发器输入端的波形如习题 5.2.2 图所示,假设为上升沿触发,画出输出端 Q 的波形。若为下降沿触发,输出端 Q 的波形如何? 设初始状态为 0。

5.2.3 已知 D 触发器各输入端的波形如习题 5.2.3 图所示,试画出 Q 和 $\overline{Q}$ 端的波形。提示:图中输入信号 D 为 D_1、D_2 相与。

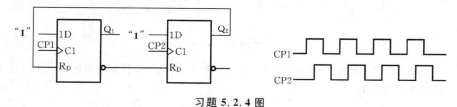

习题 5.2.3 图

5.2.4 已知逻辑电路和输入信号如习题 5.2.4 图所示,画出各触发器输出端 Q_1、Q_2 的波形。设触发器的初始状态均为 0。

习题 5.2.4 图

5.3 JK 触发器

5.3.1 已知 JK 信号如习题 5.3.1 图所示,分别画出主从 JK 触发器和边沿(下降沿)JK 触发器输出端 Q 的波形。设触发器的初始状态为 0。

习题 5.3.1 图

5.3.2 边沿 JK 触发器电路和输入端信号如习题 5.3.2 图所示,画出输出端 Q 的波形。

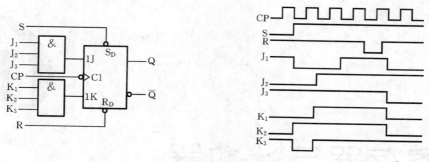

习题 5.3.2 图

5.3.3 集成 JK 触发器的电路如习题 5.3.3 图所示,画出输出端 Q_B 的波形。设触发器的初始状态均为 **0**。

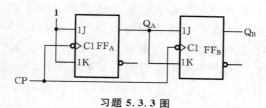

习题 5.3.3 图

5.4 不同类型触发器的相互转换

5.4.1 试用 D 触发器和适当的门电路构成 JK 触发器和 T 触发器。

6

寄存器与计数器

本章介绍在计算机和其他数字系统中广泛应用的寄存器和计数器。首先介绍寄存器的概念，重点讨论各种形式的移位寄存器；接着分别介绍如何由触发器构成同步、异步及各种进制的计数器；最后以几种典型产品为例介绍集成计数器的逻辑功能及其应用。

6.1 寄存器与移位寄存器

本节将学习
- 触发器构成的寄存器
- 寄存器的工作过程
- 4 位集成寄存器 74LS175 的逻辑功能
- 移位寄存器的 5 种输入/输出方式
- 触发器构成的移位寄存器
- 4 位集成移位寄存器 74LS194 的逻辑功能
- 移位寄存器的应用例子

6.1.1 寄存器

在数字电路中，用来存放二进制数据或代码的电路称为寄存器，由具有存储功能的触发器构成。一个触发器可以存储 1 位二进制代码，存放 n 位二进制代码的寄存器，需用 n 个触发器来构成。如图 6-1 所示为一个由边沿 D 触发器构成的 4 位寄存器，无论寄存器中原来的内容是什么，只要送数控制时钟脉冲 CP 上升沿到来，加在数据输入端的数据 $D_0 \sim D_3$，就立即被送进寄存器，即

$$Q_3^{n+1} Q_2^{n+1} Q_1^{n+1} Q_0^{n+1} = D_3 D_2 D_1 D_0$$

而在 CP 上升沿以外时间，寄存器内容将保持不变，直到下一个 CP 上升沿到来。所以，寄存时间为一个时钟脉冲周期。

一个 4 位集成寄存器 74LS175 的内部逻辑电路图及引脚图分别如图 6-2（a）、（b）所示，其真值表如表 6-1 所示。其中，R_D 是异步清零控制端，$D_0 \sim D_3$ 是并行数据输入端，CP 为时钟脉冲端，$Q_0 \sim Q_3$ 是并行数据输出端。

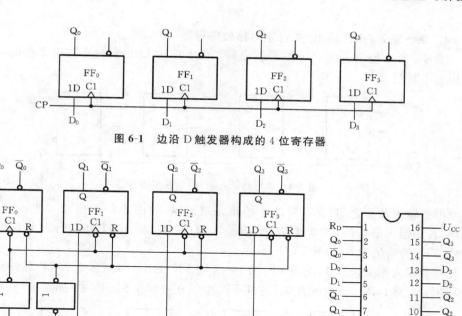

图 6-1 边沿 D 触发器构成的 4 位寄存器

（a）内部逻辑电路图　　　　　　　　（b）引脚图

图 6-2 集成寄存器 74LS175

表 6-1 74LS175 真值表

清　零	时　钟	输　　　入				输　　　出				工作模式
R_D	CP	D_0	D_1	D_2	D_3	Q_0	Q_1	Q_2	Q_3	
0	$\times$	$\times$	$\times$	$\times$	$\times$	**0**	**0**	**0**	**0**	异步清零
1	↑	D_0	D_1	D_2	D_3	D_0	D_1	D_2	D_3	数码寄存
1	**1**	$\times$	$\times$	$\times$	$\times$	保　　持				数据保持
1	**0**	$\times$	$\times$	$\times$	$\times$	保　　持				数据保持

6.1.2 移位寄存器

　　移位寄存器除了数据保存外，还可以在移位脉冲作用下依次逐位右移或左移，数据既可以并行输入、并行输出，也可以串行输入、串行输出，还可以并行输入、串行输出及串行输入、并行输出，如图 6-3 所示。

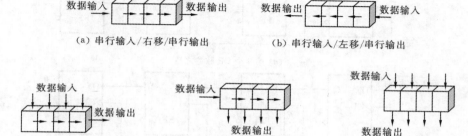

（a）串行输入/右移/串行输出　　　　　　（b）串行输入/左移/串行输出

（c）并行输入/串行输出　　　（d）串行输入/并行输出　　　（e）并行输入/并行输出

图 6-3 移位寄存器的各种 I/O 方式

1. 串行输入/串行输出/并行输出移位寄存器

图 6-4 所示为由边沿 D 触发器组成的 4 位串行输入/串行输出移位寄存器,下面分析其工作原理。

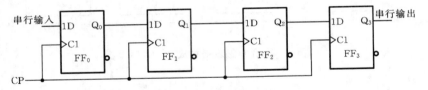

图 6-4　串行输入/串行输出移位寄存器

串行输入数据之前,寄存器的初始状态被清零,如图 6-5(a)所示。假设串行输入 **1010**,首先输入最低位,即 **0** 被置入数据输入端,使得 FF_0 的 D=0。第 1 个 CP 脉冲到来后,FF_0 的输出为 **0**,如图 6-5(b)所示。

接着输入第 2 位即 **1**,使得 FF_0 的 D=1 而 FF_1 的 D=0。第 2 个 CP 脉冲到来后,FF_0 的输出为 **1**,FF_1 的输出为 **0**。这样 FF_0 中的 **0** 被移位到 FF_1 中,如图 6-5(c)所示。

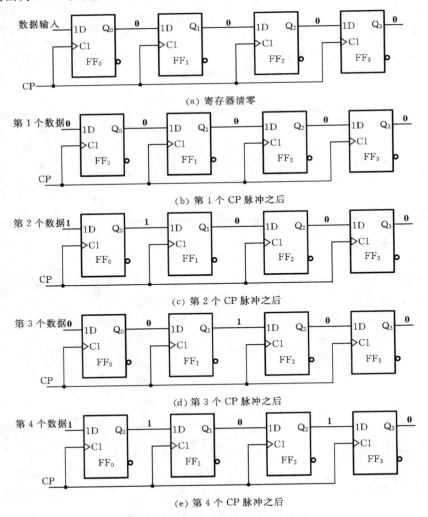

(a) 寄存器清零

(b) 第 1 个 CP 脉冲之后

(c) 第 2 个 CP 脉冲之后

(d) 第 3 个 CP 脉冲之后

(e) 第 4 个 CP 脉冲之后

图 6-5　串行输入 1010 进入移位寄存器

再输入第 3 位即 **0**,使得 FF_0 的 D=**0**,FF_1 的 D=**1**,FF_2 的 D=**0**。第 3 个 CP 脉冲到来后,FF_0 的输出为 **0**,FF_1 的输出为 **1**,FF_2 的输出为 **0**。这样 FF_0 中的 **1** 被移位到 FF_1 中,FF_1 中的 **0** 被移位到 FF_2 中,如图 6-5(d)所示。

最后输入第 4 位即 **1**,使得 FF_0 的 D=**1**,FF_1 的 D=**0**,FF_2 的 D=**1**,FF_3 的 D=**0**。第 4 个 CP 脉冲到来后,FF_0 的输出为 **1**,FF_1 的输出为 **0**,FF_2 的输出为 **1**,FF_3 的输出为 **0**。这样第 4 位的 **1** 被移位到 FF_0,而 FF_0 中的 **0** 被移位到 FF_1,FF_1 中的 **1** 被移位到 FF_2,FF_2 中的 **0** 被移位到 FF_3,如图 6-5(e)所示。这样就完成了 4 位数据串行进入移位寄存器的过程。

此时可从 4 个触发器的输出端并行输出数据。如果要使这 4 位数据从 Q_3 端串行输出,还需要 4 个移位脉冲的作用,读者可自行分析其移出过程。

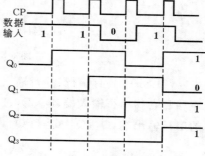

图 6-6　例 6-1 的波形图

【**例 6-1**】 对于图 6-4 所示移位寄存器,画出输入数据和时钟脉冲波形情况下各触发器输出端的波形。设寄存器的初始状态全为 **0**。

解 各输出端波形如图 6-6 所示。

2. 并行输入/串行输出/并行输出移位寄存器

图 6-7 所示为由边沿 D 触发器组成的 4 位并行输入/串行输出/并行输出移位寄存器。下面分析其工作原理。

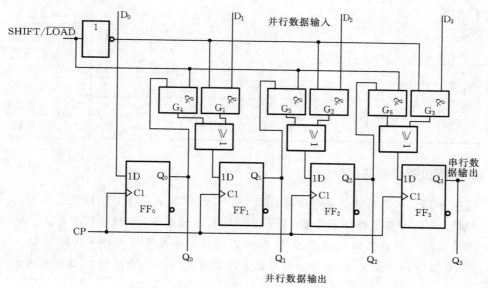

图 6-7　并行输入/串行输出/并行输出移位寄存器

当 SHIFT/$\overline{\text{LOAD}}$ 为低电平时,与门 $G_1 \sim G_3$ 被启动,并行输入数据 $D_0 \sim D_3$ 被送到各触发器的输入端 D 上。当时钟脉冲到来后,并行输入数据 $D_0 \sim D_3$ 都同时存储到各触发器中。这时可从各触发器输出端并行输出数据。

当 SHIFT/$\overline{\text{LOAD}}$ 为高电平时,与门 $G_1 \sim G_3$ 被禁止,而门 $G_4 \sim G_6$ 被启动。这时各触发器的输出作为相邻右边触发器的输入,即构成一个向右移位寄存器。在时钟脉冲作用下,可从 Q_3 端串行输出数据。

3. 集成电路移位寄存器

常用集成电路移位寄存器为 74LS194,其逻辑符号和引脚图如图 6-8 所示。

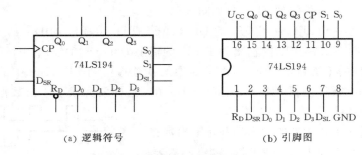

(a) 逻辑符号   (b) 引脚图

图 6-8 集成移位寄存器 74LS194

74LS194 具有串行、并行输入,串行、并行输出及双向移位功能。D_{SL} 和 D_{SR} 分别是左移和右移串行输入端,D_0、D_1、D_2 和 D_3 是并行输入端,Q_0 和 Q_3 分别是左移和右移时的串行输出端,Q_0、Q_1、Q_2 和 Q_3 为并行输出端。74LS194 的真值表如表 6-2 所示。

表 6-2 移位寄存器 74LS194 **真值表**

输 入										输 出				工作模式
清零	控制		串行输入		时钟	并行输入								
R_D	S_1	S_0	D_{SL}	D_{SR}	CP	D_0	D_1	D_2	D_3	Q_0	Q_1	Q_2	Q_3	
0	×	×	×	×	×	×	×	×	×	0	0	0	0	异步清零
1	0	0	×	×	×	×	×	×	×	Q_0^n	Q_1^n	Q_2^n	Q_3^n	保持
1	0	1	×	1	↑	×	×	×	×	1	Q_0^n	Q_1^n	Q_2^n	右移,D_{SR} 为串行输
1	0	1	×	0	↑	×	×	×	×	0	Q_0^n	Q_1^n	Q_2^n	入,Q_3 为串行输出
1	1	0	1	×	↑	×	×	×	×	Q_1^n	Q_2^n	Q_3^n	1	左移,D_{SL} 为串行输
1	1	0	0	×	↑	×	×	×	×	Q_1^n	Q_2^n	Q_3^n	0	入,Q_0 为串行输出
1	1	1	×	×	↑	D_0	D_1	D_2	D_3	D_0	D_1	D_2	D_3	并行置数

6.1.3 移位寄存器应用举例

【例 6-2】 利用两片集成移位寄存器 74LS194 扩展成一个 8 位移位寄存器。

解 将 K 个集成移位寄存器 74LS194 串接,可构成 K×4 位移位寄存器。如图6-9 所示,左边移位寄存器的 Q_3(最右位)作为右边移位寄存器的右移串行输入 D_{SR};右边移位寄存器的 Q_0(最左位)作为左边移位寄存器的左移串行输入 D_{SL},这样即可构成一

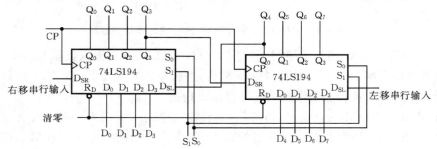

图 6-9 移位寄存器的扩展

个 8 位移位寄存器。

【例 6-3】 由集成移位寄存器 74LS194 和非门组成的脉冲分配器如图 6-10 所示,试画出在 CP 脉冲作用下移位寄存器各输出端的波形。

解 如图 6-10 所示,启动信号到来时清零,启动信号结束时 74LS194 开始作右移操作。由 74LS194 的真值表可得各输出端 $Q_0 \sim Q_3$ 的波形如图 6-11 所示。

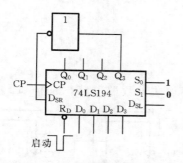

图 6-10 移位寄存器组成的
脉冲分配器

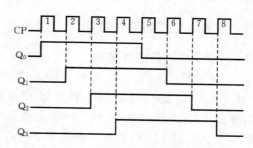

图 6-11 移位寄存器组成的
脉冲分配器输出波形

自测练习

6.1.1 4 位寄存器需要( )个触发器组成。

6.1.2 图 6-1 中,在 CP( )时刻,输入数据被存储在寄存器中,其存储时间为( )。

6.1.3 图 6-4 中,右移操作表示数据从( )(FF_0,FF_3)移向(FF_0,FF_3)。

6.1.4 图 6-7 中,当 SHIFT/$\overline{LOAD}$ 为( )电平时,寄存器执行并行数据输入操作。

6.1.5 74LS194 的 5 种工作模式分别为( )。

6.1.6 74LS194 中,清零操作为( )(同步,异步)方式,它与控制信号 S_1、S_1( )(有关,无关)。

6.1.7 74LS194 中,需要( )个脉冲可并行输入 4 位数据。

6.1.8 74LS194 使用( )(上边沿,下边沿)触发。

6.1.9 为了将一个字节数据串行移位到移位寄存器中,必须输入( )个时钟脉冲。

6.1.10 一组数据 **10110101** 串行移位(首先输入最右边的位)到一个 8 位并行输出移位寄存器中,其初始状态为 **11100100**,在两个时钟脉冲之后,该寄存器中的数据为( )。
(a)**01011110**   (b)**10110101**   (c)**01111001**   (d)**00101101**

6.2 异步 N 进制计数器

本节将学习
- 异步二进制加法计数器电路
- 异步二进制减法计数器电路
- 异步 n 位二进制计数器电路的构成方法
- 异步三进制加法计数器电路
- 异步六进制加法计数器电路
- 异步非二进制计数器电路的构成方法

能够对输入脉冲个数进行计数的电路称为计数器。一般将待计数的脉冲作为计数器的 CP 脉冲。计数器在数字系统中应用非常广泛,除了计数的基本功能外,还可以实现脉冲信号的分频、定时、脉冲序列的产生等。

计数器一般是由触发器级联构成的。按其工作方式可分为同步计数器和异步计数器。在同步计数器中,各个触发器使用相同的时钟脉冲,所有触发器同时翻转;而在异步计数器中,各个触发器使用不同的时钟脉冲,所有触发器不同时翻转。按进位体制不同,可分为二进制计数器和非二进制计数器。按计数数值增、减情况的不同,可分为加法计数器、减法计数器和可逆计数器。

6.2.1 异步 n 位二进制计数器

1. 异步 2 位二进制计数器

由 2 个边沿 D 触发器构成的异步 2 位二进制加法计数器电路,如图 6-12 所示。

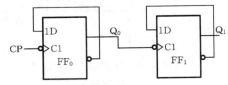

每个触发器的 $\overline{Q}$ 输出端接到该触发器的 D 输入端,即每个触发器构成一个二分频电路。同时,第 2 个触发器 FF_1 由第 1 个触发器 FF_0 的 Q 输出端触发。

图 6-12 异步 2 位二进制加法计数器电路

计数器工作时,每来一个 CP 脉冲,FF_0 就翻转一次。但是,FF_1 只有被 FF_0 的 Q_0 输出的下降沿触发时,FF_1 才能翻转。由于触发器存在传输延迟,输入时钟脉冲的下降沿和 FF_0 的 Q_0 输出的下降沿不会发生在同一时刻,所以这两个触发器不会同时被触发,由此可得到它的输出波形如图 6-13 所示。可以看出,每输入一个计数脉冲,其输出状态按二进制递增,共输出 4 个不同的状态,其真值表如表 6-3 所示,故称为异步 2 位二进制加法计数器,也称为模 4 加法计数器("模"指计数器顺序经过的状态个数,最大模是 2^n)。

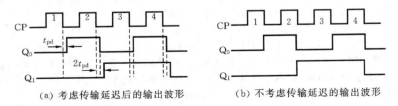

(a) 考虑传输延迟后的输出波形　　　　(b) 不考虑传输延迟的输出波形

图 6-13 异步 2 位二进制加法计数器的输出波形

表 6-3 异步 2 位二进制加法计数器的输出状态真值表

计数脉冲	Q_1	Q_0
0	0	0
1	0	1
2	1	0
3	1	1
4(再循环)	0	0

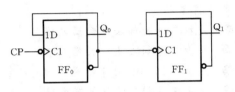

图 6-14 异步 2 位二进制减法计数器电路

由 2 个边沿 D 触发器构成的异步 2 位二进制减法计数器电路如图 6-14 所示。它与加法计数器的不同之处为:第 2 个触发器 FF_1 由第 1 个触发器 FF_0 的 $\overline{Q}$ 输出端来触发。其输出波形如图 6-15 所示,可以看出,每输入一个计数脉冲,其输出状态按二进制递减,共输出 4 个不同的状态,其输出状态真值表如表 6-4 所示。

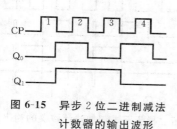

图 6-15　异步 2 位二进制减法
计数器的输出波形

表 6-4　异步 2 位二进制减法计数器的
输出状态真值表

计数脉冲	Q_1	Q_0
0	**0**	**0**
1	**1**	**1**
2	**1**	**0**
3	**0**	**1**
4(再循环)	**0**	**0**

2. 异步 n 位二进制计数器

根据上述异步 2 位二进制计数器电路,可以归纳出构成异步 n 位二进制计数器电路的规律如下。

(1) 异步 n 位二进制计数器由 n 个触发器组成,每个触发器均接成 T' 触发器。

(2) 各个触发器之间采用级联方式,其连接形式由计数方式(加或减)和触发器的边沿触发方式(上升沿或下降沿)共同决定,如表 6-5 所示。

表 6-5　异步 n 位二进制计数器构成规律

连接规律	T' 触发器的触发沿	
	上升沿	下降沿
加法计数	$CP_i = \overline{Q_{i-1}}$	$CP_i = Q_{i-1}$
减法计数	$CP_i = Q_{i-1}$	$CP_i = \overline{Q_{i-1}}$

6.2.2　异步非二进制计数器

1. 异步三进制计数器

下面考虑以上述异步 2 位二进制加法计数器为基础构成异步三进制加法计数器的方法。

比较一下 2 位二进制和三进制计数器的输出状态真值表 6-6 和真值表 6-7。对于 2 位二进制加法计数器,计数到第 3 个脉冲时,Q_1 和 Q_0 都为 **1**。但对于三进制加法计数器,这时的 Q_1 和 Q_0 都为 **0**。如果使 2 位二进制加法计数器计数到 **11** 的瞬间就清零,则它就变成了三进制加法计数器的工作状态。为了实现这一点,必须使用带异步清零端的触发器,由此构成的异步三进制计数器电路如图 6-16 所示,输出波形如图 6-17 所示。

表 6-6　2 位二进制加法计数器输出状态真值表

计数脉冲	Q_1	Q_0
0	**0**	**0**
1	**0**	**1**
2	**1**	**0**
3	**1**	**1**
4(再循环)	**0**	**0**

表 6-7　三进制加法计数器输出状态真值表

计数脉冲	Q_1	Q_0
0	**0**	**0**
1	**0**	**1**
2	**1**	**0**
3(再循环)	**0**	**0**

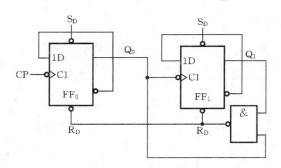

图 6-16 异步三进制加法计数器电路

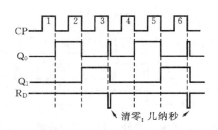

图 6-17 异步三进制加法计数器的输出波形

2. 异步非二进制计数器

任意的异步非二进制计数器的构成方式与上述异步三进制计数器一样,即采用"反馈清零"法。如异步六进制加法计数器的构成方法为:由于 2 个触发器最多可以产生 4 个状态,所以需要 3 个触发器,因此可在 3 位二进制加法计数器的基础上实现它。

六进制加法计数器的计数状态为 $000\sim101$,而 3 位二进制加法计数器的计数状态为 $000\sim111$,故当该计数器进入到状态 101 后,就必须循环到 000 而不是进入正常的下一个状态 110,如图 6-18 所示。可采用"反馈清零"法实现,即用一个**与非门**对计数状态 110 进行译码,产生低电平 **0** 而使所有触发器清零,其计数器电路如图 6-19 所示。

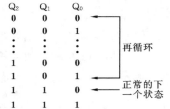

图 6-18 六进制计数器的输出状态

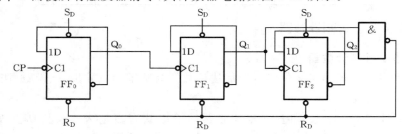

图 6-19 异步六进制加法计数器电路

自 测 练 习

6.2.1 为了构成六十四进制计数器,需要( )个触发器。

6.2.2 2^n 进制计数器也称为( )位二进制计数器。

6.2.3 1 位二进制计数器的电路为( )。

6.2.4 使用 4 个触发器进行级联构成二进制计数器时,可以对从 0 到( )的二进制数进行计数。

6.2.5 如题 6.2.5 图所示,( )为 2 位二进制加法计数器;( )为 2 位二进制减法计数器。

6.2.6 一个模 7 的计数器有( )个计数状态,它所需要的最小触发器个数为( )。

6.2.7 计数器的模是( )。

(a)触发器的个数 (b)计数状态的最大可能个数 (c)实际计数状态的个数

6.2.8 4 位二进制计数器的最大模是( )。

(a)16 (b)32 (c)4 (d)8

6.2.9 模 13 计数器的开始计数状态为 **0000**,则它的最后计数状态是( )。

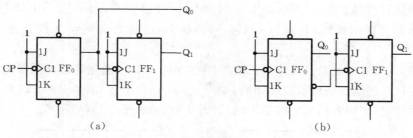

题 6.2.5 图

6.3 同步 N 进制计数器

本节将学习

☯ 同步 2 位二进制加法计数器电路

☯ 同步 2 位二进制减法计数器电路

☯ 同步 3 位二进制加法计数器电路

☯ 同步 3 位二进制减法计数器电路

☯ 同步 n 位二进制计数器电路的构成方式

☯ 同步五进制加法计数器电路

☯ 同步十进制加法计数器电路

与异步计数器不同,同步计数器中的所有触发器在相同时钟脉冲的作用下同时翻转。

6.3.1 同步 n 位二进制计数器

1. 同步 2 位二进制计数器

图 6-20 给出了由 2 个边沿 JK 触发器构成的同步 2 位二进制加法计数器电路。第 1 个触发器 FF_0 的 J、K 输入信号连接高电平 **1**,第 2 个触发器 FF_1 的 J、K 输入信号连接到第 1 个触发器 FF_0 的 Q 输出端。

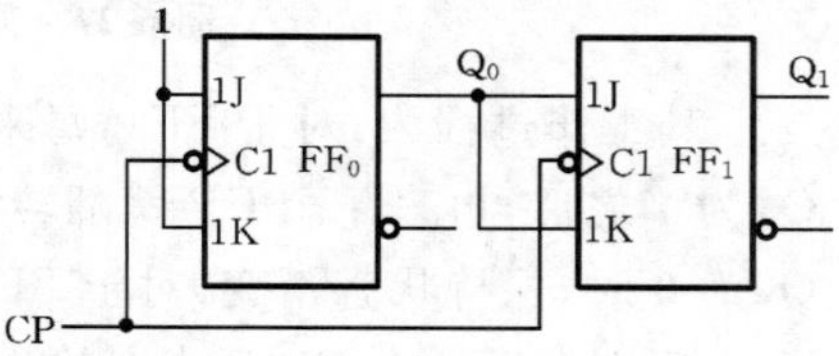

首先,假设该计数器的初始状态为 **00**,则 $J_1 = K_1 = Q_0 = 0$。当第 1 个时钟脉冲的下降沿到来时,FF_0 将翻转为 **1**,FF_1 由于 $J_1 = K_1 = 0$ 而保持输出状态不变。因此在第 1 个时钟脉冲作用之后,$Q_0 = 1$,$Q_1 = 0$,则 $J_1 = K_1 = Q_0 = 1$。

图 6-20 同步 2 位二进制加法计数器电路

当第 2 个时钟脉冲的下降沿到来时,FF_0 将翻转为 **0**,FF_1 由于 $J_1 = K_1 = 1$ 也发生翻转,变为 **1**。因此在第 2 个时钟脉冲作用之后,$Q_0 = 0$,$Q_1 = 1$,则 $J_1 = K_1 = Q_0 = 0$。

当第 3 个时钟脉冲的下降沿到来时,FF_0 将再次翻转为 **1**,FF_1 由于 $J_1 = K_1 = 0$ 而保持状态 **1** 不变。因此在第 3 个时钟脉冲作用之后,$Q_0 = 1$,$Q_1 = 1$,则 $J_1 = K_1 = Q_0 = 1$。

最后,当第 4 个时钟脉冲的下降沿到来时,FF_0 和 FF_1 都发生翻转而变为 **0**。因此在第 4 个时钟脉冲作用之后,$Q_0 = 0$,$Q_1 = 0$,计数器又循环到它的初始状态 **00**。

由此可得该计数器的输出波形如图 6-21 所示。可以看出,每输入一个计数脉冲,其输出状态按二进制递增,共输出 4 个不同的状态,故称之为同步 2 位二进制加法计数器。

  注意:在不考虑触发器传输延迟的条件下,同步 2 位二进制加法计数器的输出波形与异步 2 位二进制加法计数器的相同,如图 6-21(b)和图 6-13(b)所示;如果考虑触发器的传输延迟,则两者的输出波形不同,如图 6-21(a)和图 6-13(a)所示。

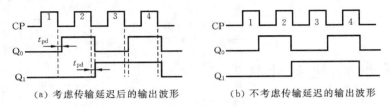

(a) 考虑传输延迟后的输出波形   (b) 不考虑传输延迟的输出波形

图 6-21 同步 2 位二进制加法计数器的输出波形

  如果将图 6-20 中触发器 FF_1 的输入信号改为 $J_1 = K_1 = \overline{Q_0}$,则构成同步 2 位二进制减法计数器,其工作过程请读者自行分析。

2. 同步 3 位二进制计数器

  由 3 个边沿 JK 触发器构成的同步 3 位二进制加法计数器电路如图 6-22 所示。第 1 个触发器 FF_0 的 J、K 输入信号连接高电平 1,第 2 个触发器 FF_1 的 J、K 输入信号连接到第 1 个触发器 FF_0 的 Q 输出端。第 3 个触发器 FF_2 的 J、K 输入信号由 FF_0 及 FF_1 的输出相**与**后得到。

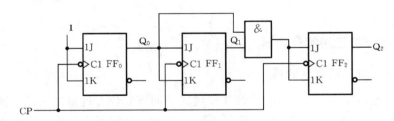

图 6-22 同步 3 位二进制加法计数器电路

  其工作过程为:对于 FF_0,每来一个 CP,Q_0 翻转一次;对于 FF_1,其输出 Q_1 在每次 Q_0 为 1 之后,再来一个 CP 就翻转一次,这种翻转发生在 CP_2、CP_4、CP_6 和 CP_8 上,而当 Q_0 为 0 时,保持状态不变;对于 FF_2,当 Q_0、Q_1 都为高电平 1 时,通过**与**门输出使 $J_2 = K_2 = 1$,则在下一个 CP 到来时输出发生翻转,在其他时间,FF_2 的输入都被**与**门输出保持为低电平,它的状态不变。由此可画出该计数器的输出波形如图 6-23 所示。

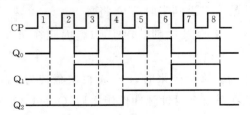

图 6-23 同步 3 位二进制加法计数器的输出波形

如果将图 6-22 中触发器 FF_1、FF_2 的输入信号分别改为 $J_1 = K_1 = \overline{Q_0}$，$J_2 = K_2 = \overline{Q_0}\,\overline{Q_1}$，则构成同步 3 位二进制减法计数器，其工作过程请读者自行分析。

3. 同步 n 位二进制计数器

根据上面介绍的同步 2 位二进制及 3 位二进制计数器电路，可归纳出构成同步 n 位二进制计数器电路的规律如下。

（1）同步 n 位二进制计数器由 n 个 JK 触发器组成；

（2）各个触发器之间采用级联方式，第 1 个触发器的输入信号 $J_0 = K_0 = 1$，其他触发器的输入信号由计数方式决定。如果是加法计数器则为

$$J_1 = K_1 = Q_0$$
$$J_2 = K_2 = Q_0 Q_1$$
$$\vdots$$
$$J_{n-1} = K_{n-1} = Q_0 Q_1 \cdots Q_{n-2}$$

如果是减法计数器则为

$$J_1 = K_1 = \overline{Q_0}$$
$$J_2 = K_2 = \overline{Q_0}\,\overline{Q_1}$$
$$\vdots$$
$$J_{n-1} = K_{n-1} = \overline{Q_0}\,\overline{Q_1} \cdots \overline{Q_{n-2}}$$

实际上，并不需要特意制作同步 n 位二进制减法计数器，任何同步 n 位二进制加法计数器可以很容易改成同步 n 位二进制减法计数器，只需将各 $\overline{Q}$ 端作为结果输出端即可。

6.3.2　同步非二进制计数器

同步非二进制计数器的电路构成没有规律可循，下面通过两个例子说明它们的构成方法。

1. 同步五进制加法计数器

采用 3 个 JK 触发器构成同步五进制加法计数器，其输出状态真值表如表 6-8 所示，下面通过"观察"法确定各个触发器的输入信号。

表 6-8　同步五进制加法计数器输出状态真值表

计数脉冲	Q_2	Q_1	Q_0
0	**0**	**0**	**0**
1	**0**	**0**	**1**
2	**0**	**1**	**0**
3	**0**	**1**	**1**
4	**1**	**0**	**0**
5	**0**	**0**	**0**

首先，注意 Q_0 只在 $Q_2 = 1$ 的下一个 CP 到来时不翻转，因此可确定 FF_0 的输入信号为 $J_0 = \overline{Q_2}$，$K_0 = 1$；接着，注意 Q_1 只在 $Q_0 = 1$ 的下一个 CP 到来时才翻转。因此可确

定FF_1的输入信号为$J_1 = K_1 = Q_0$;最后,注意Q_2只在$Q_0 = 1$和$Q_1 = 1$的下一个CP到来时翻转,或者在$Q_2 = 1$时改变,故FF_2的输入信号为$J_2 = K_2 = Q_0 Q_1 + Q_2$。由此可画出同步五进制加法计数器的电路如图6-24所示。

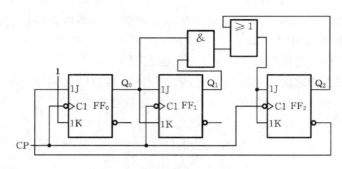

图 6-24 同步五进制加法计数器电路

2. 同步十进制加法计数器

采用4个JK触发器构成同步十进制加法计数器,其输出状态真值表如表6-9所示,采用与上面类似的方法,确定各触发器的输入信号。

表 6-9 同步十进制加法计数器输出状态真值表

计数脉冲	Q_3	Q_2	Q_1	Q_0
0	0	0	0	0
1	0	0	0	1
2	0	0	1	0
3	0	0	1	1
4	0	1	0	0
5	0	1	0	1
6	0	1	1	0
7	0	1	1	1
8	1	0	0	0
9	1	0	0	1
10	0	0	0	0

首先,观察真值表中的Q_0,每来一个CP就翻转一次,因此可确定FF_0的输入信号为$J_0 = K_0 = 1$;接下来,可以看到Q_1每次在$Q_0 = 1$、$Q_3 = 0$的下一个CP到来时发生翻转,因此可确定FF_1的输入信号为$J_1 = K_1 = Q_0 \overline{Q_3}$;而$Q_2$每次在$Q_0 = 1$、$Q_1 = 1$的下一个CP到来时发生翻转,因此可确定$FF_2$的输入信号为$J_2 = K_2 = Q_0 Q_1$;最后,$Q_3$每次在$Q_0 = 1$、$Q_1 = 1$和$Q_2 = 1$的下一个CP到来时发生翻转,或者在$Q_0 = 1$、$Q_3 = 1$时(状态9)的下一个CP到来时发生改变,故$FF_3$的输入信号为$J_3 = K_3 = Q_0 Q_1 Q_2 + Q_0 Q_3$。由此可画出同步十进制加法计数器的电路如图6-25所示。

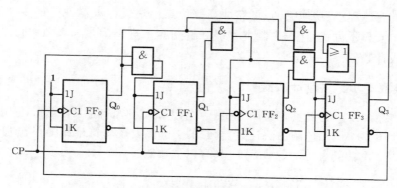

图 6-25　同步十进制加法计数器电路

自测练习

6.3.1 与异步计数器不同,同步计数器中的所有触发器在(　　)(相同,不同)时钟脉冲的作用下同时翻转。

6.3.2 在考虑触发器传输延迟的情况下,同步计数器中各输出端 Q 相对于时钟脉冲的延迟时间(　　)(相同,不同)。

6.3.3 在考虑触发器传输延迟的情况下,异步计数器中各输出端 Q 相对于时钟脉冲的延迟时间(　　)(相同,不同)。

6.3.4 采用边沿 JK 触发器构成同步 2 位二进制加法计数器的电路为(　　)。

6.3.5 采用边沿 JK 触发器构成同步 2 位二进制减法计数器的电路为(　　)。

6.3.6 采用边沿 JK 触发器构成同步 n 位二进制加法计数器,需要(　　)个触发器,第 1 个触发器 FF_0 的输入信号为(　　),最后 1 个触发器 $FF_{(n-1)}$ 的输入信号为(　　)。

6.3.7 采用边沿 JK 触发器构成同步三进制加法计数器的电路为(　　)。

6.3.8 3 位二进制加法计数器的最大二进制计数是(　　)。

6.3.9 参看图 6-22 所示计数器,触发器 FF_2 为(　　)(最高位,最低位)触发器,第 2 个 CP 后的二进制计数是(　　)。

6.3.10 参看图 6-24 所示计数器,其计数范围为(　　),它的各输出波形为(　　)。

6.4　集成计数器

本节将学习

☯ 同步二进制加法计数器 74LS161 的逻辑功能

☯ 采用 74LS161 构成小于十六的任意进制同步加法计数器

☯ 同步十进制加/减法计数器 74LS192 的逻辑功能

☯ 采用 74LS192 构成小于十的任意进制同步加/减法计数器

☯ 异步二进制加法计数器 74LS93 的逻辑功能

☯ 采用 74LS93 构成小于十六的任意进制异步加法计数器

☯ 异步十进制加法计数器 74LS90 的逻辑功能

☯ 采用 74LS90 构成小于十的任意进制 8421BCD 码和 5421BCD 码加法计数器

☯ 采用两片 74LS161 构成小于二百五十六的任意进制加法计数器

☯ 采用两片 74LS90 构成小于一百的任意进制加法计数器

在实际数字系统中,集成计数器与集成触发器构成的计数器相比,有着更广泛的应用。它们具有体积小、功能灵活、可靠性高等优点。集成计数器种类很多,时钟脉冲的引入有同步或异步方式,计数进制主要以二进制和十进制为主。本节将详细介绍几种典型的集成计数器。

6.4.1 集成同步二进制计数器

这种产品多以 4 位二进制即十六进制为主,下面以典型产品 74LS161 为例进行讨论。

74LS161 是 4 位二进制加法计数器,它的引脚图及逻辑符号如图 6-26 所示,表6-10是其功能表。由功能表可知,74LS161 具有以下功能。

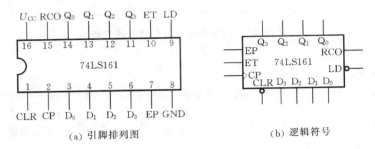

(a) 引脚排列图　　　　　(b) 逻辑符号

图 6-26　集成计数器 74LS161

表 6-10　74LS161 功能表

清零	置数	使能		时钟	预置数据输入				输出				工作模式
CLR	LD	ET	EP	CP	D_3	D_2	D_1	D_0	Q_3	Q_2	Q_1	Q_0	
0	×	×	×	×	×	×	×	×	**0**	**0**	**0**	**0**	异步清零
1	**0**	×	×	↑	d_3	d_2	d_1	d_0	d_3	d_2	d_1	d_0	同步置数
1	**1**	**0**	×	×	×	×	×	×		保持			数据保持
1	**1**	×	**0**	×	×	×	×	×		保持			数据保持
1	**1**	**1**	**1**	↑	×	×	×	×		计数			加法计数

(1) 异步清零。当清零信号 CLR＝**0** 时,不管有无时钟信号 CP,计数器输出将立即被置零。这里的"异步"是指清零操作不受 CP 的控制。

(2) 同步置数。当 CLR＝**1**(清零无效)、置数信号 LD＝**0** 时,如果有一个 CP 的上升沿到来,则计数器输出端数据 $Q_3 \sim Q_0$ 等于计数器的预置端数据 $D_3 \sim D_0$。这里的"同步"是指置数操作受 CP 的控制。

(3) 加法计数。当 CLR＝**1**、LD＝**1**(置数无效)且 ET＝EP＝**1** 时,每来一个 CP 上升沿,计数器按照 4 位二进制码进行加法计数,计数变化范围为 **0000～1111**。该功能为它的最主要功能。

(4) 数据保持。当 CLR＝**1**、LD＝**1**,且 ET·EP＝**0** 时,无论有没有 CP,计数器状态将保持不变。

(5) 进位信号 RCO。RCO＝ET·$Q_3 Q_2 Q_1 Q_0$,即当 ET＝**1** 且 $Q_3 Q_2 Q_1 Q_0$＝**1111** 时,RCO 才为 **1**。

图 6-27 所示的是 74LS161 的时序波形图,由此可以清楚地理解 74LS161 的逻辑功能和各个信号之间的时序关系。

74LS161 是十六进制加法计数器,利用它可以构成小于十六的任意进制加法计数

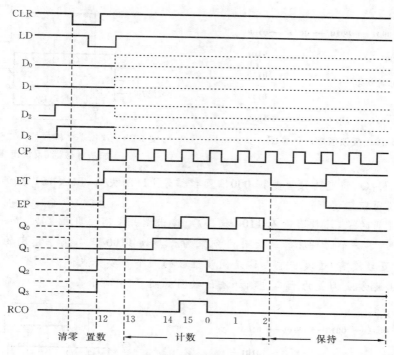

图 6-27   集成计数器 74LS161 的时序波形图

器。通常采用两种方法实现,即"反馈清零法"和"反馈置数法"。应用这两种方法的关键是要严格区分"异步清零"与"同步清零"、"异步置数"与"同步置数"的差别。下面通过例子来说明。

【例 6-4】   用 74LS161 构成十二进制加法计数器。

解   (1)反馈清零法。

反馈清零法适用于有清零输入端的集成计数器。74LS161 的计数状态转换图如图 6-28 所示,共有 16 个计数状态 0000～1111。而十二进制加法计数器只需要 12 个计数状态 0000～1011 进行循环,因此当 74LS161 正常计数到 1011 后,它就必须跳变到 0000 而不是进入正常的下一个状态 1100,如图 6-28 中虚线所示。可以利用它的异步清零端 CLR 实现,即利用 1011 的下一个状态 1100 产生清零低电平信号从而使计数器立即清零,清零信号 CLR 消失后,74LS161 重新从 0000 开始新的计数周期。

需要说明的是,计数器一进入 1100 状态,立即被清零,故 1100 状态仅在瞬间出现,实际上是不可见的,该状态不属于稳定的计数状态,一般称为"过渡状态",这是异步清零的一个重要特点。

根据上述方法构成的十二进制加法计数器如图 6-29 所示。

(2)反馈置数法。

反馈置数法适用于有置数输入端的集成计数器。利用 74LS161 构成十二进制加法计数器时,可选择它的 16 个计数状态 0000～1111 中的任意 12 个状态作为十二进制加法计数器的计数状态,如选择 0001～1100。当 74LS161 正常计数到 1100 后,它就必须跳变到 0001,而不是进入正常的下一个状态 1101,如图 6-30 中虚线所示。这可以通过在 74LS161 的预置数据输入端置入 0001,并使它的同步置数端 LD 有效来实现。即利用 1100 产生置数低电平信号,当下一个时钟脉冲的上升沿到来时,计数器输出端的

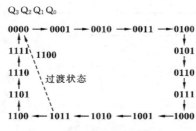

图 6-28 反馈清零法示意图

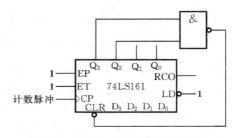

图 6-29 74LS161 构成的十二进制
加法计数器(反馈清零法)

状态 $Q_3Q_2Q_1Q_0$ 将变为预置数据 **0001**,置数信号 LD 消失后,74LS161 重新从 **0001** 开始新的计数周期。

需要说明的是,计数器进入 **1100** 状态后,输出端并没有立即被置数,而是保持该状态不变,直到下一个时钟脉冲的上升沿到来为止。故 **1100** 状态属于稳定的计数状态,因此,同步置数没有"过渡状态",这是同步置数的一个重要特点。

根据上述方法构成的十二进制加法计数器如图 6-31 所示。

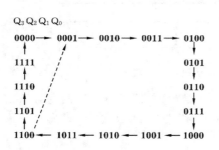

图 6-30 反馈置数法示意图

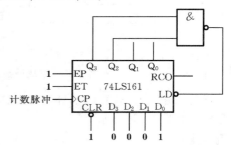

图 6-31 74LS161 构成的十二进制
加法计数器(反馈置数法)

另一种型号为 74LS163 的同步 4 位二进制计数器,其引脚图与 74LS161 完全相同,不同之处是 74LS163 为同步清零方式。

此外,还有两种常用的同步 4 位二进制可逆计数器 74LS191 和 74LS193,两者的差别是 74LS191 只有 1 个时钟脉冲输入端,而 74LS193 有 2 个时钟脉冲输入端,分别用于加法和减法。它们的详细信息请参考相关的技术手册。

6.4.2 集成同步非二进制计数器

这种产品多以 BCD 码为主,下面以典型产品 74LS192 为例进行讨论。74LS192 是同步十进制可逆计数器,它的引脚图及逻辑符号如图 6-32 所示,功能表如表 6-11 所示。由功能表可知,74LS192 具有以下功能。

(1) 异步清零。当 CLR＝**1** 时异步清零,它为高电平有效。

(2) 异步置数。当 CLR＝**0**(异步清零无效)、LD＝**0** 时异步置数。

(3) 加法计数。当 CLR＝**0**,LD＝**1**(异步置数无效)且减法时钟脉冲 CP_D＝**1** 时,则在加法时钟脉冲 CP_U 上升沿作用下,计数器按照 8421BCD 码进行递增计数:**0000**～**1001**。

(4) 减法计数。当 CLR＝**0**,LD＝**1** 且加法时钟脉冲 CP_U＝**1** 时,则在减法时钟脉冲 CP_D 上升沿作用下,按照 8421BCD 码进行递减计数:**1001**～**0000**。

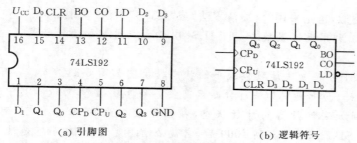

（a）引脚图   （b）逻辑符号

图 6-32 集成计数器 74LS192

表 6-11 74LS192 功能表

输　入								输　出				功　能
清零 CLR	置数 LD	加法时钟 CP_U	减法时钟 CP_D	数据输入				Q_3	Q_2	Q_1	Q_0	
				D_3	D_2	D_1	D_0					
1	×	×	×	×	×	×	×	**0**	**0**	**0**	**0**	异步清零
0	**0**	×	×	D_3	D_2	D_1	D_0	D_3	D_2	D_1	D_0	异步置数
0	**1**	↑	**1**	×	×	×	×	递增 8421BCD 码				递增计数
0	**1**	**1**	↑	×	×	×	×	递减 8421BCD 码				递减计数
0	**1**	**1**	**1**	×	×	×	×	Q_3^n	Q_2^n	Q_1^n	Q_0^n	保持不变

（5）数据保持。当 CLR = **0**，LD = **1**，且 CP_U = **1**，CP_D = **1** 时，计数器输出状态保持不变。

74LS192 的时序波形如图 6-33 所示。

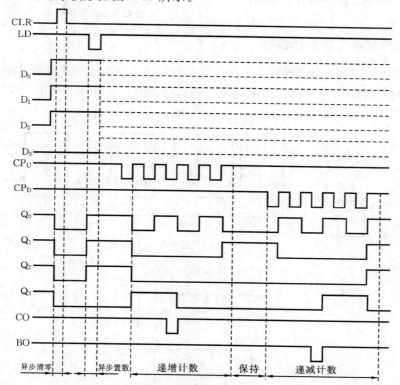

图 6-33 集成计数器 74LS192 **的时序波形图**

74LS192 是十进制可逆计数器，利用它可以构成小于十的任意进制可逆计数器。

与·74LS161类似,也是采用"反馈清零法"或"反馈置数法"实现。

【例 6-5】 利用反馈置数法,用 74LS192 构成七进制加法计数器。(要求采用预置数据 0010)

解 74LS192 在加法计数模式下的状态转换图如图 6-34 所示,共有 10 个计数状态 0000~1001。而七进制加法计数器只需要 7 个计数状态,可选择其中的任意 7 个状态作为七进制加法计数器的计数状态,在预置数据为 0010 条件下,可选择 0010~1000。当 74LS192 正常计数到 1000 后,它就必须跳变到 0010 而不是进入正常的下一个状态 1001,如图 6-34 中虚线所示。这可以通过在 74LS192 的预置数据输入端置入 0010,并使它的异步置数端 LD 有效来实现。由于异步置数存在"过渡状态",因此要利用 1000 的下一个状态 1001 产生置数低电平信号从而使计数器立即置数,置数信号 LD 消失后,74LS192 重新从 0010 开始新的计数周期。

根据上述方法构成的七进制加法计数器电路如图 6-35 所示。

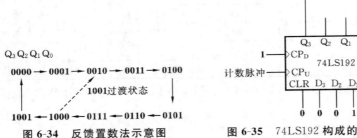

图 6-34 反馈置数法示意图

图 6-35 74LS192 构成的七进制加法计数器(反馈置数法)

6.4.3 集成异步二进制计数器

集成异步二进制计数器在基本异步计数器的基础上增加了一些辅助电路,以扩展其功能。典型产品是 74LS93,它的内部电路及引脚图如图 6-36 所示。从图中可以看出:

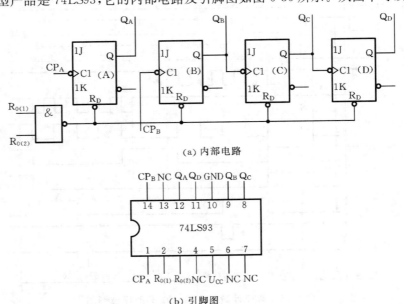

(a) 内部电路

(b) 引脚图

图 6-36 74LS93 的内部电路和引脚图

（1）触发器 A 为独立的 1 位二进制计数器；

（2）触发器 B、C、D 三级为独立的 3 位二进制计数器（即八进制）；

（3）将两者级联可构成 4 位二进制计数器（即十六进制）；

（4）计数器为异步清零，$R_{0(1)}$、$R_{0(2)}$ 是清零输入端，且高电平有效。

因此，74LS93 实际上是一个二-八-十六进制异步加法计数器，采用反馈清零法可构成小于十六的任意进制异步加法计数器。而构成小于八的任意进制计数器时，可以只利用其独立的八进制计数器，也可利用级联后的十六进制计数器。

【**例 6-6**】 74LS93 的内部电路如图 6-36(a)所示，采用下面两种级联方式构成的计数器有何不同？

（1）计数脉冲从 CP_A 输入，Q_A 连接到 CP_B；

（2）计数脉冲从 CP_B 输入，Q_D 连接到 CP_A。

解　上述两种级联方式所构成的计数器都是 4 位二进制计数器或十六进制计数器。但计数器输出状态的高、低位构成方式不同：对于级联方式（1），二进制计数器为低位，八进制计数器为高位，其输出状态为 $Q_D Q_C Q_B Q_A$；对于级联方式（2），八进制计数器为低位，二进制计数器为高位，其输出状态为 $Q_A Q_D Q_C Q_B$。

6.4.4　集成异步非二进制计数器

集成异步非二进制计数器同样是在基本异步计数器的基础上扩展而成的。其典型产品是 74LS90（或 74LS290，两者的逻辑功能相同，但引脚图不同），它的内部电路及引脚图如图 6-37 所示。

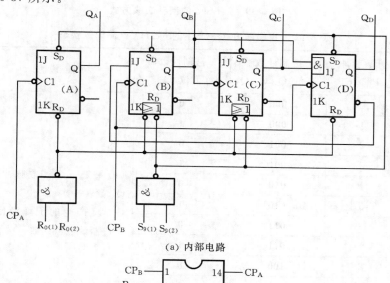

(a) 内部电路

(b) 引脚图

图 6-37　74LS90 的内部电路和引脚图

由图 6-37(a)可得以下结论。

(1) 触发器 A 为独立的 1 位二进制计数器。

(2) 触发器 B、C、D 三级为独立的 3 位五进制计数器,其计数状态范围为 **000～100**。

因此 74LS90 的内部电路可用图 6-38 表示。

(3) 将二进制和五进制计数器级联可构成十进制计数器。级联方式一:如果将 Q_A 与 CP_B 相连,CP_A 作为计数脉冲输入端,如图 6-39(a)所示,则计数器的输出端 $Q_D Q_C Q_B Q_A$ 为 8421BCD 码十进制计数器;级联方式二:如果将 Q_D 与 CP_A 相连,CP_B 作为计数脉冲输入端,如图 6-39(b)所示,则输出端 $Q_A Q_D Q_C Q_B$ 为 5421BCD 码十进制计数器。由级联方式一的真值表 6-12 和级联方式二的真值表 6-13 很容易得到这个结论。

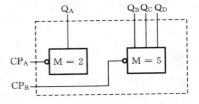

图 6-38 74LS90 的内部电路等效图

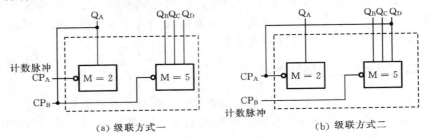

(a) 级联方式一　　　　　　　(b) 级联方式二

图 6-39 74LS90 的两种级联方式

表 6-12 用级联方式一产生的 8421BCD 码计数状态

计数脉冲 $CP_A = CP$	五进制计数器 (高位)$Q_D Q_C Q_B$	二进制计数器 (低位)Q_A	功 能 说 明
0	**000**	**0**	
1	**000**	**1**	
2	**001**	**0**	
3	**001**	**1**	(1)每来一个计数脉冲, Q_A 翻转一次。
4	**010**	**0**	
5	**010**	**1**	
6	**011**	**0**	(2)Q_A产生的下降沿使五进制计数器计数一次
7	**011**	**1**	
8	**100**	**0**	
9	**100**	**1**	
10	**000**	**0**	

表 6-14 是 74LS90 的功能表。由表可以看出,74LS90 具有以下功能。

(1) 异步清零。$R_{0(1)}$、$R_{0(2)}$ 为清零输入端,高电平有效。即当 $R_{0(1)} = R_{0(2)} = 1$,且 $S_{9(1)}$、$S_{9(2)}$ 不全为 **1** 时,计数器的输出立即被清零。

(2) 异步置 9。$S_{9(1)}$、$S_{9(2)}$ 为置 9 输入端,高电平有效。即当 $S_{9(1)} = S_{9(2)} = 1$,且 $R_{0(1)}$、$R_{0(2)}$ 不全为 **1** 时,计数器的输出立即被置 9(**1001**)。

表 6-13   用级联方式二产生的 5421BCD 码计数状态

计数脉冲 $CP_B = CP$	二进制计数器（高位）Q_A	五进制计数器（低位）$Q_D Q_C Q_B$	功能说明
0	**0**	**000**	
1	**0**	**001**	
2	**0**	**010**	
3	**0**	**011**	（1）每来一个计数脉冲,五进
4	**0**	**100**	制计数器计数一次。
5	**1**	**000**	（2）Q_D 产生的下降沿使 Q_A 翻
6	**1**	**001**	转一次
7	**1**	**010**	
8	**1**	**011**	
9	**1**	**100**	
10	**0**	**000**	

表 6-14   74LS90 的功能表

输　入					输　出		功　能
清零		置 9		时钟		$Q_D Q_C Q_B Q_A$	
$R_{0(1)}$	$R_{0(2)}$	$S_{9(1)}$	$S_{9(2)}$	CP_A	CP_B		
1	**1**	**0**	**×**	**×**	**×**	**0　0　0　0**	异步清零
		×	**0**				
0	**×**	**1**	**1**	**×**	**×**	**1　0　0　1**	异步置 9
×	**0**						
0	**×**	**0**	**×**	**↓**	**1**	不变	二进制	二进制计数
×	**0**	**×**	**0**	**1**	**↓**	五进制	不变	五进制计数
				↓	Q_A	8421BCD 码		十进制计数
				Q_D	**↓**	$Q_A Q_D Q_C Q_B$ 5421BCD 码		十进制计数
				1	**1**	不变		保持

（3）正常计数。当异步清零端和异步置 9 端都无效时,在计数脉冲下降沿作用下,可进行二-五-十进制计数。

（4）数据保持。当异步清零端和异步置 9 端都无效,且 CP_A、CP_B 都为 **1** 时,计数器输出保持不变。

【例 6-7】 分别采用反馈清零法和反馈置 9 法,用 74LS90 构成 8421BCD 码的八进制加法计数器。

解 （1）采用反馈清零法。

首先连接成 8421BCD 码十进制加法计数器,然后在此基础上采用前面介绍的反馈清零法。八进制加法计数器的计数状态为 **0000～0111**,将 **0111** 的下一个状态 **1000** 作为过渡状态,用过渡状态中的所有“**1**”产生高电平清零信号,将输出端直接清零。由此得到的八进制加法计数器电路如图 6-40 所示。

（2）采用反馈置 9 法。

首先连接成 8421BCD 码十进制加法计数器,然后在此基础上采用反馈置 9 法。八进制加法计数器的计数状态为 **1001**、**0000**~**0110**,其状态转换图如图 6-41(a)所示。将 **0110** 的下一个状态 **0111** 作为过渡状态,用过渡状态中的所有"**1**"产生高电平置 9 信号,将输出端直接置 9。由此得到的八进制加法计数器电路如图 6-41(b)所示。

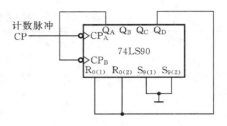

图 6-40　74LS90 构成的八进制加法计数器(反馈清零法)

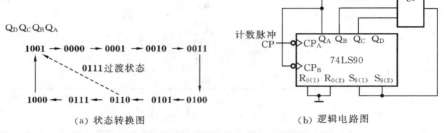

(a) 状态转换图　　　　　(b) 逻辑电路图

图 6-41　74LS90 构成的八进制加法计数器(反馈置 9 法)

6.4.5　集成计数器的扩展

将两片计数器(分别为模 n 和模 m)相串接,可扩展为 $N = n \times m$ 进制的计数器。在此基础上再利用前面介绍的反馈清零或反馈置数的方法,可构成小于 $N = n \times m$ 的任意进制计数器。

【例 6-8】　用两片 74LS161 构成二百五十六进制加法计数器。

解　74LS161 有专门的进位信号 RCO,其逻辑表达式为 $RCO = ET \cdot Q_3 Q_2 Q_1 Q_0$。每片接成十六进制,两片之间串接方式有两种。

一种是将计数脉冲同时送入两片计数器的 CP 端,低位片的进位信号 RCO 作为高位片的使能信号 ET 及 EP,即同步方式,如图 6-42(a)所示。

另一种是将计数脉冲送入低位片的 CP 端,低位片的进位信号 RCO 作为高位片的时钟脉冲。这种方式称为异步方式,如图 6-42(b)所示。

图 6-42(a)中,低位片的使能信号 ET=EP=1,因而它总处于计数状态。同时低位片的进位信号 RCO 接到高位片的使能信号端,因而只有当低位片计数到 **1111**(第 15 个计数脉冲到来后)而使 RCO=1 时,高位片的使能信号才有效。再来下一个计数脉冲(第 16 个脉冲)时,高位片开始计数,由 **0000** 变为 **0001**,同时低位片由 **1111** 变成 **0000**,它的进位信号 RCO 也变成 **0**,因此使高位片的使能信号端无效而停止计数。由此可以看出,低位片每计数 16 次,高位片计数 1 次,高位片最多可计数 16 次,故两片 74LS161 可构成 256 进制加法计数器。

图 6-42(b)中,低位片的进位信号 RCO 经反相器后作为高位片的时钟脉冲。虽然两片的使能信号始终有效,但只有当第 16 个计数脉冲到来后,低位片由 **1111** 变为 **0000** 状态,使其 RCO 由 **1** 变为 **0**,$\overline{RCO}$ 由 **0** 变为 **1** 时,高位片才计数一次。其他情况下,高位片将保持原状态不变。

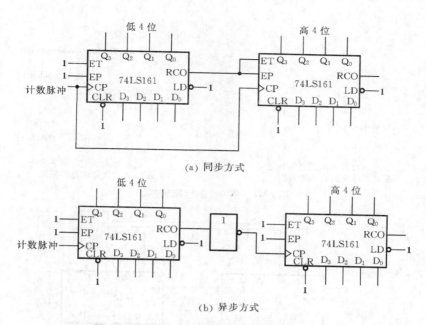

(a) 同步方式

(b) 异步方式

图 6-42 74LS161 构成二百五十六进制计数器

注意：如果直接将低位片的进位信号 RCO 作为高位片的时钟脉冲，则当第 15 个计数脉冲到来后，低位片输出状态将变成 **1111**，使其 RCO 由 **0** 变为 **1**，高位片提前开始计数。图 6-43 所示的时序波形图清楚地说明了这一点。这时，虽然两片计数器构成的仍是二百五十六进制计数器，但计数状态顺序发生了变化。

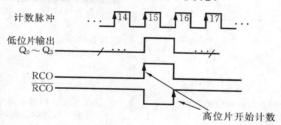

图 6-43 两种不同接法时高位片计数时刻的比较

【**例 6-9**】 用两片 74LS161 构成二百零四进制加法计数器。

解 首先将两片 74LS161 串接构成二百五十六进制加法计数器，方法如例 6-8 所示。然后在此基础上采用"整体反馈清零"或"整体反馈置数"方法构成小于二百五十六的任意进制加法计数器。

采用整体反馈清零法构成二百零四进制加法计数器的状态转换图如图 6-44 所示。利用过渡状态 **11001100**（204 对应的二进制数）产生异步清零低电平信号，使两片 74LS161 同时清零。这样就构成了二百零四进制加法计数器，其电路如图 6-45 所示。

【**例 6-10**】 用两片 74LS90 构成 8421BCD 码的六十进制加法计数器。

解 首先将每片 74LS90 连接成 8421BCD 码的十进制计数器，然后将低位片的进位信号 Q_D 送给高位片的 CP_A，从而串接成一百进制计数器。在此基础上，采用"整体反馈清零"或"整体反馈置数"方法构成小于一百的任意进制计数器。

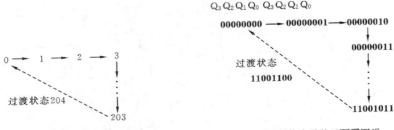

(a) 十进制数表示的二百零四进制加法计数器状态转换图

(b) 二进制数表示的二百零四进制加法计数器状态转换图

图 6-44 例 6-9 的状态转换图

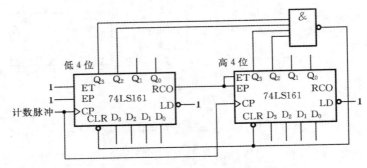

图 6-45 例 6-9 的二百零四进制加法计数器电路

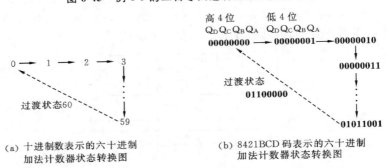

(a) 十进制数表示的六十进制加法计数器状态转换图

(b) 8421BCD 码表示的六十进制加法计数器状态转换图

图 6-46 例 6-10 的状态转换图

采用整体反馈清零法构成六十进制加法计数器的状态转换图如图 6-46 所示。利用过渡状态 **01100000**（60 对应的 8421BCD 码）产生异步清零高电平信号，使 2 片 74LS90 同时清零。六十进制加法计数器的电路如图 6-47 所示。

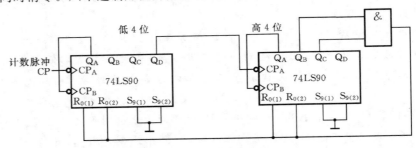

图 6-47 例 6-10 的六十进制加法计数器电路

6.4.6 集成计数器的应用

下面以数字钟为例,说明计数器在实际工作和生活中的应用。

图 6-48 所示的是显示时、分、秒的数字钟的原理框图。它由秒脉冲产生电路、计数器、显示译码器和 7 段显示数码管共 4 部分组成,这里主要介绍计数器部分。

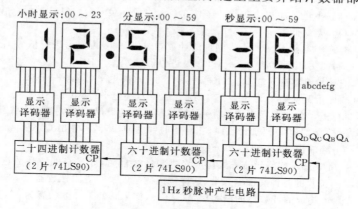

图 6-48 数字钟逻辑框图

分位和秒位计数器由六十进制加法计数器构成,可由 2 片 74LS90 串接而成,其具体电路如图 6-47 所示。小时位由二十四进制加法计数器构成,也可由 2 片 74LS90 串接而成,其电路构成方法与例题 6-10 相同。秒位的进位信号作为分位的时钟脉冲,分位的进位信号作为小时位的时钟脉冲。

六十进制加法计数器的进位信号产生方法,参看图 6-46(b)中六十进制加法计数器的状态转换图:当计数到 59(**01011001**)后,再来一个时钟脉冲时,计数状态便回到 00(**00000000**),此时应产生一个进位信号送给高位并使高位计数一次。显然,过渡状态(**01100000**)可产生一个正的窄脉冲,该脉冲即可作为进位信号使高位计数一次。

自测练习

6.4.1 74LS161 是( )(同步,异步)( )(二,十六)进制加法计数器。

6.4.2 74LS161 的清零端是( )(高电平,低电平)有效,是( )(同步,异步)清零。

6.4.3 74LS161 的置数端是( )(高电平,低电平)有效,是( )(同步,异步)置数。

6.4.4 异步清零时与时钟脉冲( )(有关,无关);同步置数时与时钟脉冲( )(有关,无关)。

6.4.5 74LS161 的进位信号 RCO 为一个( )(正,负)脉冲;在( )条件下产生进位信号。

6.4.6 在( )条件下,74LS161 的输出状态保持不变。
(a)CLR=1 (b)LD=1 (c)ET=0,EP=0 (d)ET·EP=0

6.4.7 74LS161 进行正常计数时,每来一个时钟脉冲( )(上升沿,下降沿),输出状态加计数一次。

6.4.8 74LS161 进行正常计数时,相对于时钟脉冲而言,其输出 Q_0 是( )分频输出、Q_1 是( )分频输出、Q_2 是( )分频输出、Q_3 是( )分频输出,进位信号 RCO 是( )分频输出。

6.4.9 74LS192 是( )(同步,异步)( )(二,十)进制可逆计数器。

6.4.10 74LS192 的清零端是( )(高电平,低电平)有效,是( )(同步,异步)清零。

6.4.11 当 74LS192 连接成加法计数器时,CP_D、CP_U 的接法是( )。
(a)$CP_U=1$,$CP_D=1$ (b)$CP_U=1$,$CP_D=CP$
(c)$CP_U=CP$,$CP_D=1$ (d)$CP_U=CP$,$CP_D=0$

6.4.12 对于 74LS93,将计数脉冲从 CP_A 输入,Q_A 连接到 CP_B 时,(　　)(Q_A,Q_D,Q_C,Q_B)是最高位;(　　)(Q_A,Q_D,Q_C,Q_B)是最低位。

6.4.13 对于 74LS90,将计数脉冲从 CP_A 输入,Q_A 连接到 CP_B 时,构成(　　　　)(8421BCD 码, 5421BCD 码)十进制加法计数器。这时,(　　　)(Q_A,Q_D,Q_C,Q_B)是最高位;(　　　) (Q_A,Q_D,Q_C,Q_B)是最低位。

6.4.14 对于 74LS90,将计数脉冲从 CP_B 输入,Q_D 连接到 CP_A 时,构成(　　　)(8421BCD 码、 5421BCD 码)十进制加法计数器。这时,(　　　)(Q_A,Q_D,Q_C,Q_B)是最高位;(　　　)(Q_A, Q_D,Q_C,Q_B)是最低位。

6.4.15 74LS90 构成 8421BCD 码的十进制加法计数器时,(　　)可作为进位信号;它构成 5421BCD 码的十进制加法计数器时,(　　)可作为进位信号。

6.4.16 74LS90 的异步清零输入端 $R_{0(1)}$、$R_{0(2)}$ 是(　　　)(高电平,低电平)有效。

6.4.17 74LS90 的异步置 9 输入端 $S_{9(1)}$、$S_{9(2)}$ 是(　　　)(高电平,低电平)有效。

6.4.18 74LS90 进行正常计数时,每来一个时钟脉冲(　　　)(上升沿,下降沿),输出状态加计数一次。

6.4.19 74LS90 进行 8421BCD 码加计数时,相对于时钟脉冲而言,其输出 Q_A 是(　　)分频输出,Q_B 是(　　)分频输出,Q_C 是(　　)分频输出,Q_D 是(　　)分频输出。

6.4.20 采用 2 片 74LS161,按照异步方式构成多进制计数器时,如果将低位片的进位信号 RCO 直接连接到高位片的时钟脉冲输入端,这样构成的是(　　)进制计数器。

6.4.21 2 片 74LS161 构成的计数器的最大模是(　　　),如果它的某计数状态为 56,其对应的代码为 (　　)。

6.4.22 2 片 74LS90 构成的计数器的最大模是(　　　),如果它的某计数状态为 56,其对应的代码为 (　　)。

6.4.23 在数字钟电路中,二十四进制计数器(　　　)(可以,不可以)由四进制和六进制计数器串接构成。

6.4.24 在数字钟电路中,六十进制计数器(　　　)(可以,不可以)由六进制和十进制计数器串接构成。

6.5 应用实例阅读

实例 1 LED 流水灯电路

图 6-49 所示为 LED 流水灯电路,即 8 个发光二极管依次发光、依次熄灭,不断闪烁。该电路主要应用于霓虹灯电路、广告灯电路及装饰灯电路等场合。

电路主要由两片集成移位寄存器 74LS194 和 8 个发光二极管及其驱动电路组成。电路中,将两片 4 位移位寄存器 74LS194 扩展为具有相同功能的 8 位移位寄存器,扩展方法如下:U1 的 Q3(最右位)连接到 U2 的右移串行输入端 SR;U2 的 Q0(最左位)连接到 U1 的左移串行输入端 SL;并把 U1、U2 的时钟信号 CLK、清零信号 MR、控制信号 S1S0 分别连接在一起作为 8 位移位寄存器的时钟信号 CLK、清零信号 MR 和控制信号 S1S0。

对于单片移位寄存器 74LS194,右移方向为 Q0 到 Q3,左移方向为 Q3 到 Q0,对于扩展后的 8 位移位寄存器,右移方向为 U1 的 Q0 到 U2 的 Q3,左移方向与之相反。因此,U1 的右移串行输入端 SR 和 U2 的左移串行输入端 SL 分别为 8 位移位寄存器的右移串行输入端和左移串行输入端。

右移时,将 U2 的 Q3 通过非门输出作为 8 位移位寄存器的右移串行输入数据,即可实现 8 个发光二极管从左到右、依次发光、依次熄灭的功能;左移时,将 U1 的 Q0 通过非门输出作为 8 位移位寄存器的左移串行输入数据,即可实现 8 个发光二极管从右到左、依次发光、依次熄灭的功能。

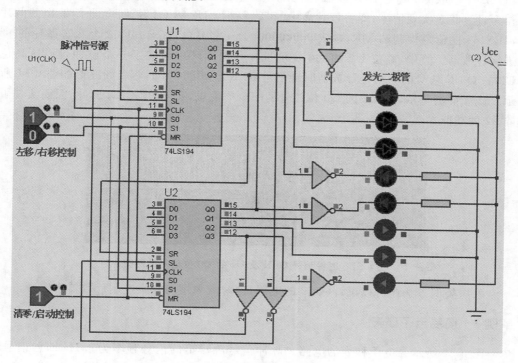

图 6-49 LED 流水灯电路

工作过程如下:首先在"清零/启动控制"端加入低电平"**0**"进行清零,然后在"左移/右移控制"端加入"**10**"(左移)或者"**01**"(右移),最后在"清零/启动控制"端加入高电平"**1**",则电路启动,可以观察到 8 个发光二极管依次发光、依次熄灭、不断闪烁的现象。改变脉冲信号源的频率大小,可以改变发光二极管闪烁的快慢。

实例 2 除 32 的电路

图 6-50 所示为除 32 的电路,工作原理如下:首先,两片 4 位二进制集成计数器

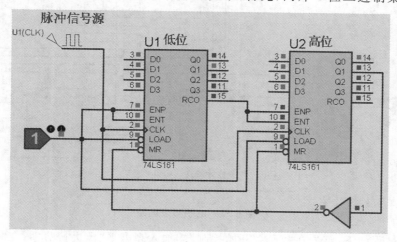

图 6-50 除 32 的电路

74LS161级联为256进制计数器,然后采用"整体反馈清零法",以状态**00100000**(32)作为过渡状态实现清零,即将该状态中的"**1**"(高位U2的Q1位)通过非门输出到两片74LS161的清零控制端MR,构成**00000000**(0)～**00011111**(31)共32个状态循环的32进制计数器。其中,高位U2的Q0位信号在一次循环中出现了一个脉冲,所以,高位U2的Q0位信号的频率是计数器时钟信号CLK频率的1/32,两者的波形如图6-51所示。该波形图显示,在U2的Q0位信号的一个周期里,有32个CLK脉冲,因而实现了除32的功能。

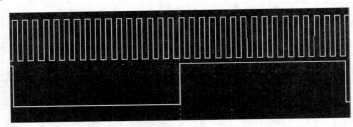

图 6-51 时钟信号 CLK 及 U2 的 Q0 位信号波形图

采用类似方法还可以设计除40的电路,这时需采用两片十进制计数器来实现。

实例 3 简易电子秒表

图6-52所示为电子秒表的电路。脉冲信号源输出的信号频率为1 Hz即秒信号,两片十进制集成计数器74LS90级联为00～99循环计数的100进制计数器,并用两个数码管把计数值的个位和十位显示出来,从而实现了00～99的电子秒表计时功能。此外,设置了计时"暂停控制"功能和"清零/开始控制"功能。

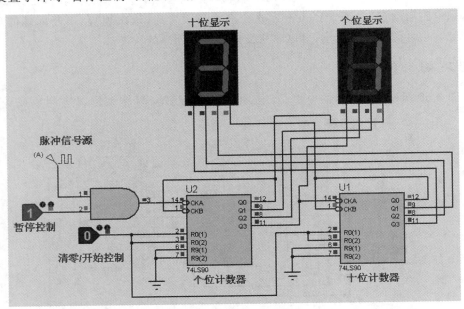

图 6-52 电子秒表电路

工作过程如下:首先在"清零/开始控制"端加入高电平"**1**"进行清零,在"暂停控制"端加入高电平"**1**"使暂停无效,然后在"清零/开始控制"端加入低电平"**0**"即可开始计时,数码管上显示的数字即为秒表值,如"31"表示 31 s。计时过程中,如果在"暂停控制"端加入低电平"**0**"可暂停计时,然后改变其电平为"**1**"可继续计时。

由电路原理可知,总的计时范围为 00～99 s。如果改变脉冲信号源的频率,可以改变计时范围。例如:脉冲信号源的频率为 10 Hz 时,其周期为 0.1 s,即计数器每 0.1 s 计数 1 次,故数码管显示的计时值"31"表示 31 乘以 0.1 s 等于 3.1 s,这时总的计时范围为 0.0～9.9 s。

本 章 小 结

1. 寄存器是由具有存储功能的触发器构成的,存放 n 位二进制代码的寄存器,需用 n 个触发器构成。

2. 移位寄存器除了数据保存外,还可以在移位脉冲作用下依次逐位右移或左移,数据既可以并行输入也可以串行输入,既可以并行输出也可以串行输出。

3. 计数器是由触发器级联构成的。按其工作方式可分为同步计数器和异步计数器。按进位体制不同,可分为二进制计数器和非二进制计数器。按计数数值增、减情况的不同,可分为加法计数器、减法计数器和可逆计数器。

4. 异步 n 位二进制计数器电路的构成规律:

(1)异步 n 位二进制计数器由 n 个触发器组成,每个触发器均接成 T' 触发器。

(2)各个触发器之间采用级联方式,其连接形式由计数方式(加或减)和触发器的边沿触发方式(上升沿或下降沿)共同决定,如表 6-5 所示。

5. 同步 n 位二进制计数器电路的构成规律:

(1)同步 n 位二进制计数器由 n 个 JK 触发器组成;

(2)各个触发器之间采用级联方式,第 1 个触发器的输入信号 $J_0 = K_0 = \mathbf{1}$,其他触发器的输入信号由计数方式决定。如果是加法计数器则为:$J_i = K_i = Q_0 Q_1 \cdots Q_{i-1}$;如果是减法计数器则为:$J_i = K_i = \overline{Q_0}\,\overline{Q_1} \cdots \overline{Q_{i-1}}$。

6. 集成计数器的种类很多,本章介绍了 4 种典型产品,现归纳如下表所示。

类 型	名 称	型 号	清 零	置 数	相近产品
同步	4 位二进制 加法计数器	74LS161	异步	同步	74LS163
			(低电平)	(低电平)	74LS191
			CLR	LD	74LS193
	4 位十进制 可逆计数器	74LS192	异步	异步	74LS190
			(高电平)	(低电平)	
			CLR	LD	
异步	二-八-十六 进制加法计数器	74LS93	异步	无	74LS293
			(高电平)		
			$R_{0(1)}$、$R_{0(2)}$		
	二-五-十 进制加法计数器	74LS90	异步	异步置 9	74LS290
			(高电平)	(高电平)	
			$R_{0(1)}$、$R_{0(2)}$	$S_{9(1)}$、$S_{9(2)}$	

7. 采用集成计数器,利用"反馈清零法"或"反馈置数法"可构成任意进制计数器。

8. 将 2 片计数器(分别为模 n 和模 m)串接,可扩展为 $N = n \times m$ 进制的计数器。

在此基础上利用反馈清零或反馈置数的方法,可构成小于 $N = n \times m$ 的任意进制计数器。如用 2 片 74LS161 可构成 ≤256 的任意进制计数器,2 片 74LS90 可构成 ≤100 的任意进制计数器。

习 题 六

6.1 寄存器与移位寄存器

6.1.1 如果习题 6.1.1 图所示 12 位寄存器的初始状态为 **101001111000**,那么它在每个时钟脉冲之后的状态是什么?

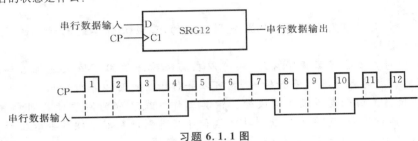

习题 6.1.1 图

6.1.2 试用 3 片 74LS194 构成 12 位双向移位寄存器。

6.2 异步 N 进制计数器

6.2.1 试用负边沿 D 触发器构成异步八进制加法计数器电路,并画出其输出波形。

6.2.2 试用负边沿 JK 触发器构成异步十六进制减法计数器电路,并画出其输出波形。

6.2.3 试用正边沿 D 触发器构成异步五进制加法计数器电路,并画出其输出波形。

6.3 同步 N 进制计数器

6.3.1 试用负边沿 JK 触发器构成同步十六进制加法计数器电路,并画出其输出波形。

6.3.2 试用负边沿 JK 触发器构成同步六进制加法计数器电路,并画出其输出波形。

6.4 集成计数器

6.4.1 采用反馈清零法,利用 74LS161 构成同步十进制加法计数器,并画出其输出波形。

6.4.2 采用反馈置数法,利用 74LS161 构成同步加法计数器,其计数状态为 **1001~1111**。

6.4.3 采用反馈清零法,利用 74LS192 构成同步八进制加法计数器。

6.4.4 采用反馈置数法,利用 74LS192 构成同步减法计数器,其计数状态为 **0001~1000**。

6.4.5 试分析习题 6.4.5 图所示电路,画出它的状态转换图,并说明它是几进制计数器。

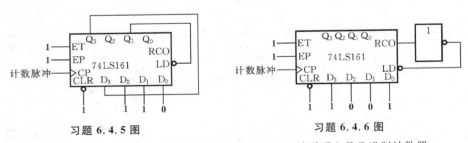

习题 **6.4.5** 图   习题 **6.4.6** 图

6.4.6 试分析习题 6.4.6 图所示电路,画出它的状态转换图,并说明它是几进制计数器。

6.4.7 采用反馈清零法,利用 74LS93 构成异步十进制加法计数器,并画出其输出波形。

6.4.8 采用反馈清零法,利用 74LS90 按 8421BCD 码构成九进制加法计数器,并画出其输出波形。

6.4.9 采用反馈置 9 法,利用 74LS90 按 8421BCD 码构成九进制加法计数器,并画出其输出波形。

6.4.10 利用 74LS90 按 5421BCD 码构成七进制加法计数器,并画出其输出波形。

6.4.11 分析习题 6.4.11 图所示电路,画出它的状态转换图,并说明它是几进制计数器。

6.4.12 利用 2 片 74LS161 构成同步二十四进制加法计数器,要求采用两种不同的方法。

6.4.13 利用 2 片 74LS90 构成 8421BCD 码的异步二十四进制加法计数器,并比较它与上题中的二

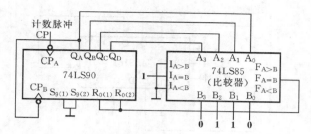

习题 **6.4.11** 图

十四进制加法计数器之间输出状态的差别。

6.4.14 分析习题 6.4.14 图所示电路,画出它的状态转换图,并说明它是几进制计数器。

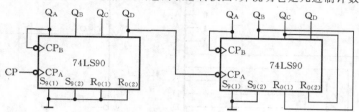

习题 **6.4.14** 图

6.4.15 分析习题 6.4.15 图所示电路,画出它的状态转换图,说明它是几进制计数器。比较习题 6.4.15图与习题 6.4.14 图所示电路,两者有何不同?

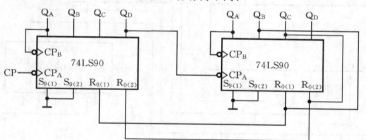

习题 **6.4.15** 图

6.4.16 分析习题 6.4.16 图所示电路,(1)数据输出端(Q 端)由高位到低位依次排列的顺序如何?(2)画出状态转换图,分析该电路构成几进制计数器。(3)该电路输出一组何种权的 BCD 码?(4)若将该计数器的输出端按 $Q_H Q_G Q_F Q_E$ 的顺序接到 8421BCD 码的译码显示电路中,在 CP 作用下依次显示的十进制数是多少?

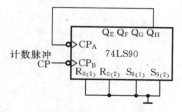

习题 **6.4.16** 图

6.4.17 说明习题 6.4.17 图所示各电路分别为几进制计数器。

6.4.18 利用 74LS161、数据选择器和逻辑门设计一个周期序列产生电路。具体要求如下:当控制信号 M 为 **1** 时,输出周期序列 **01011010**;当 M 为 **0** 时,输出另一个周期序列 **10001101**。

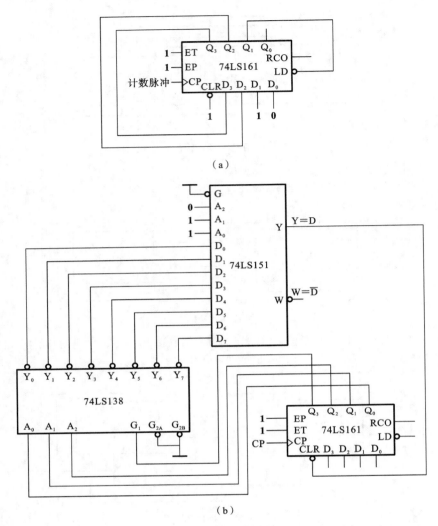

（a）

（b）

习题 6.4.17 图

7

时序逻辑电路的分析与设计

在第 5、6 两章里研究了触发器、寄存器和计数器，它们是三种典型的时序逻辑电路。本章将继续探讨时序逻辑电路，主要介绍时序逻辑电路通用的分析和设计方法。

7.1 概述

本节将学习
- 时序逻辑电路的定义
- 时序逻辑电路的结构形式
- 时序逻辑电路的分类

7.1.1 时序逻辑电路的定义

若一个逻辑电路在任何时刻产生的输出信号不仅与该时刻的输入信号有关，而且还与电路原来的状态有关，则称该电路为时序逻辑电路。换句话说，时序逻辑电路具有记忆功能。

7.1.2 时序逻辑电路的结构

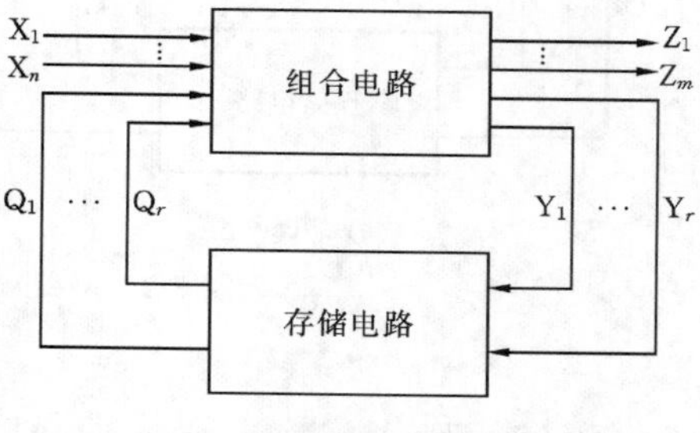

时序逻辑电路的一般结构如图 7-1 所示。它由组合电路和存储电路两部分组成，其中，存储电路主要由触发器构成。$X(X_1,X_2,\cdots,X_n)$ 为时序逻辑电路的输入信号，$Z(Z_1,Z_2,\cdots,Z_m)$ 为时序逻辑电路的输出信号，$Q(Q_1,Q_2,\cdots,Q_r)$ 为存储电路的输出信号，它被反馈到组合电路

图 7-1　时序逻辑电路的一般结构

的输入端，与输入信号共同决定时序逻辑电路的输出信号。$Y(Y_1,Y_2,\cdots,Y_r)$ 为驱动存储电路转换为新状态的激励信号，即存储电路的输入信号。这些信号的逻辑关系可以表示为

$$Z_i = f_i(X_1, \cdots, X_n, Q_1, \cdots, Q_r) \qquad\qquad (i = 1, 2, \cdots, m) \qquad\qquad (7\text{-}1)$$

$$Y_i = g_i(X_1, \cdots, X_n, Q_1, \cdots, Q_r) \qquad\qquad (i = 1, 2, \cdots, r) \qquad\qquad (7\text{-}2)$$

$$Q_i^{n+1} = k_i(Y_1, \cdots, Y_r, Q_1^n, \cdots, Q_r^n) \qquad\qquad (i = 1, 2, \cdots, r) \qquad\qquad (7\text{-}3)$$

其中,式(7-1)称为输出方程;式(7-2)称为存储电路的驱动方程或激励方程;式(7-3)称为存储电路的状态方程。

从时序电路的一般结构可知,时序逻辑电路具有以下特点。

(1) 电路由组合电路和存储电路共同组成,具有记忆过去输入信号的功能。

(2) 时序电路中存在反馈回路。

(3) 电路的输出由电路当时的输入和电路原来的状态共同决定。

7.1.3 时序逻辑电路的分类

时序逻辑电路通常按照电路的工作方式和电路输出对输入信号的依从关系分类。

按照电路的工作方式,时序逻辑电路可以分为同步时序逻辑电路和异步时序逻辑电路两大类。在同步时序逻辑电路中,各触发器的时钟脉冲相同,各触发器状态的改变受到同一时钟脉冲的控制。在异步时序逻辑电路中,各触发器的时钟脉冲不相同,各触发器状态的改变不是同时发生的。

按照电路输出对输入信号的依从关系,时序逻辑电路又可分为 Mealy 型时序电路和 Moore 型时序电路。如果时序逻辑电路的输出是电路输入和电路状态的函数,则称为 Mealy 型时序电路;如果时序逻辑电路的输出仅仅是电路状态的函数,则称为 Moore 型时序电路。换言之,在 Mealy 型时序电路中,输出同时取决于存储电路的状态和输入信号;而在 Moore 型时序电路中,输出只是电路状态的函数。Mealy 电路和 Moore 电路的结构框图如图 7-2 所示。

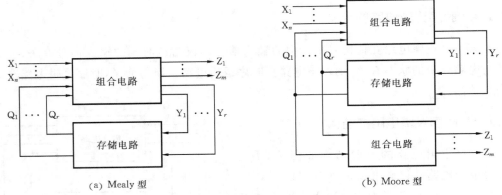

(a) Mealy 型 (b) Moore 型

图 7-2 Mealy 电路和 Moore 电路的结构框图

自测练习

7.1.1 时序逻辑电路由组合电路和(　　)共同组成。

7.1.2 时序电路的特点之一是存在(　　)回路。

7.1.3 按照电路的工作方式,时序逻辑电路可以分为(　　)和(　　)两大类。

7.1.4 时序逻辑电路可用(　　)方程、(　　)方程和(　　)方程来描述。

7.1.5 Mealy 型时序电路的输出与(　　)有关;Moore 型时序电路的输出与(　　)有关。

7.2 时序逻辑电路的分析

本节将学习
- 由触发器构成的同步时序逻辑电路的分析步骤
- 状态表的两种不同格式及填写方法
- 状态转换图的两种不同形式及画法
- 同步时序逻辑电路的分析例子
- 异步时序逻辑电路的分析例子

时序逻辑电路的分析,就是根据一个给定的时序逻辑电路,求出其输出和电路状态的变化规律,并确定该时序电路的逻辑功能和工作特性。

7.2.1 时序逻辑电路的分析步骤

时序逻辑电路的分析步骤如下。

(1)由给定的逻辑电路图写出下列方程:

①各触发器的时钟方程;

②各触发器的驱动方程;

③时序电路的输出方程。

(2)将驱动方程代入相应触发器的特性方程,求得电路的状态方程。

(3)根据状态方程和输出方程,列出该时序电路的状态表(或状态转换真值表),画出状态转换图(或时序波形图)。

(4)根据电路的状态转换图(或时序波形图)确定该时序逻辑电路的逻辑功能。

状态表是描述时序电路输出 Z、次态 Q^{n+1} 和电路输入 X、现态 Q^n 之间关系的表格。对于时序电路中的 Mealy 型电路和 Moore 型电路两种模型,其状态表的格式也有所不同。

Mealy 型时序电路状态表格式如表 7-1 所示。时序逻辑电路的全部输入信号 X 列在状态表的顶部,表的左边列出现态 Q^n,表的内部列出次态和输出。状态表的读法:处在现态 Q^n 的时序电路,当输入信号为 X 时,该电路将进入输出为 Z 的次态 Q^{n+1}。

表 7-1 Mealy 型电路状态表格式

现态 Q^n	次态 Q^{n+1}/输出 Z
	输入 X

Moore 型同步时序电路状态表格式如表 7-2 所示。考虑到 Moore 型电路的输出 Z 只是电路现态 Q^n 的函数,为了简单明了,将输出单独作一列,其值完全由现态 Q^n 确定。实际中也可以不作区分,均按照表 7-1 所示画出状态表。

表 7-2 Moore 型电路状态表格式

现态 Q^n	次态 Q^{n+1}	输出 Z
	输入 X	

状态转换真值表与上述状态表完全等效,只是表格的形式不同而已,如表 7-3 所示。真值表的输入变量为 Q^n 和 X,输出变量为 Q^{n+1} 和 Z。

表 7-3 状态转换真值表

输入变量		输出变量	
Q^n	X	Q^{n+1}	Z

状态转换图是反映在 CP 信号作用下电路的状态转换规律及相应输入、输出变量取值关系的有向图。在状态转换图中,圆圈及圈内的字母或数字表示电路的各个状态,箭头表示状态由现态到次态转换的方向,当箭头的起点和终点都在同一个圆圈上时,则表示电路的状态不变。Mealy 型电路状态转换图的形式如图 7-3(a)所示,在有向箭头的上方标出发生该转换的输入信号以及在该输入和现态下的相应输出。Moore 型电路状态转换图的形式如图 7-3(b)所示,圆圈内同时标出了电路的状态和相应的输出。实际中也可以不作区分,均按照图 7-3(a)所示画出状态转换图。

(a) Mealy 型 (b) Moore 型

图 7-3 同步时序逻辑电路两种模型的状态转换图

这里给出的分析步骤不是必须执行且固定不变的,实际应用中可根据具体情况有所取舍,例如,有的时序电路没有输出信号,分析时也就没有输出方程。又如,电路的逻辑功能由状态转换图可以确定时,就不用画时序图。

7.2.2 同步时序逻辑电路分析举例

【例 7-1】 分析图 7-4 所示的同步时序逻辑电路的功能。

解 该电路的存储电路由 JK 触发器构成,组合电路由门电路构成,属于 Mealy 型时序逻辑电路。分析过程如下。

(1) 写出时序电路的各方程。

① 这是一个同步时序电路,故时钟方程可以不写。

② 驱动方程:$J_1 = K_1 = 1$,$J_2 = K_2 = X \oplus Q_1^n$。

③ 输出方程:$Z = \overline{\overline{X \overline{Q_1^n Q_2^n}} \cdot \overline{\overline{X} Q_1^n Q_2^n}} = X \overline{Q_1^n} \overline{Q_2^n} + \overline{X} Q_1^n Q_2^n$。

(2) 将驱动方程代入 JK 触发器特性方程,得到状态方程。

$Q_2^{n+1} = (X \oplus Q_1^n) \overline{Q_2^n} + (\overline{X \oplus Q_1^n}) Q_2^n$,

$Q_1^{n+1} = 1 \cdot \overline{Q_1^n} + \overline{1} \cdot Q_1^n = \overline{Q_1^n}$

(3) 列出该时序电路的状态表,画出状态

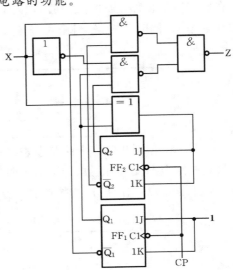

图 7-4 例 7-1 的逻辑电路图

转换图和时序图。

状态表的列法：先填入现态 $Q_2^n Q_1^n$ 以及输入 X 的所有取值组合，然后将每一种取值组合值分别代入输出方程及状态方程，求出相应的输出值 Z 和次态值 Q_2^{n+1}、Q_1^{n+1}。由此可得到状态表如表 7-4 所示。

表 7-4   例 7-1 的状态表

现态 $Q_2^n Q_1^n$	次态 $Q_2^{n+1} Q_1^{n+1}$/输出 Z	
	X=0	X=1
00	01/0	11/1
01	10/0	00/0
10	11/0	01/0
11	00/1	10/0

根据状态表可以画出状态转换图如图 7-5 所示，电路的时序波形图画法如下：首先画时钟信号 CP 和输入信号 X，并设该电路的初始状态 $Q_2 Q_1$ 为 **00**；然后根据状态转换图依次画出 Q_2、Q_1 的变化波形；最后根据 Q_2、Q_1 及 X 画出输出 Z 的波形，如图 7-6 所示。注意此处仅画出了部分状态波形图。

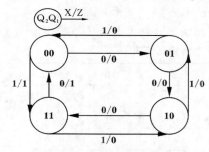

图 7-5 例 7-1 的状态转换图

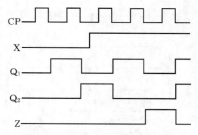

图 7-6 例 7-1 的时序波形图

（4）电路的逻辑功能分析。

由状态转换图可知，例 7-1 中的逻辑电路是一个二进制可逆计数器。输入 X 为低电平（X=0）时，计数器将由初态 00 开始加计数。每来一个计数脉冲，计数器加 **1**，依次为 **00→01→10→11**。当计数器累加 4 个脉冲后，其状态由 **11** 变为 **00**，并产生一个进位脉冲（Z=1）。当输入为高电平（X=1）时，计数器将由初态 **11** 开始减计数。每来一个脉冲，计数器减 **1**，依次为 **11→10→01→00**。当计数器累减 4 个脉冲后，其状态由 **00** 变为 **11**，产生一个借位脉冲（Z=1）。这样，把输入 X 称为加减控制信号，CP 称为计数脉冲，于是 Z 就是进位（X=0 时）或者借位（X=1 时）信号。因此，图 7-4 是一个在 X 控制下的对 CP 脉冲既能加计数又能减计数的模 4 可逆计数器。

【**例 7-2**】 分析图 7-7 所示同步时序逻辑电路。

解 该电路由 3 个边沿 D 触发器和 6 个**与**门组成。该电路没有输入信号，仅在同步时钟脉冲的作用下发生状态的改变，并产生 6 个输出信号，故该电路属于 Moore 型同步时序逻辑电路。分析该电路的过程如下。

（1）写出时序电路的各方程。

① 这是一个同步时序电路，故时钟方程可以不写。

② 驱动方程：$D_2 = Q_1^n$，$D_1 = Q_0^n$，$D_0 = \overline{Q_2^n}$。

③ 输出方程：$Z_6 = \overline{Q_2^n} \overline{Q_0^n}$，$Z_5 = \overline{Q_1^n} Q_0^n$，$Z_4 = \overline{Q_2^n} Q_1^n$，$Z_3 = Q_2^n Q_0^n$，$Z_2 = Q_1^n \overline{Q_0^n}$，$Z_1 =$

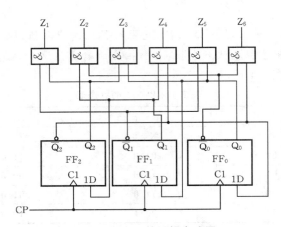

图 7-7　例 7-2 的逻辑电路图

$Q_2^n \overline{Q_1^n}$。

（2）将驱动方程代入 D 触发器特性方程，得到状态方程 $Q_2^{n+1} = Q_1^n$，$Q_1^{n+1} = Q_0^n$，$Q_0^{n+1} = \overline{Q_2^n}$。

（3）列出该时序电路的状态转换真值表，画出状态转换图和时序图。

该电路属于 Moore 型，也没有输入信号，因此状态转换真值表如表 7-5 所示。

表 7-5　例 7-2 电路的状态转换真值表

现 态			次 态			输 出					
Q_2^n	Q_1^n	Q_0^n	Q_2^{n+1}	Q_1^{n+1}	Q_0^{n+1}	Z_6	Z_5	Z_4	Z_3	Z_2	Z_1
0	0	0	0	0	1	1	0	0	0	0	0
0	0	1	0	1	1	0	1	0	0	0	0
0	1	0	1	0	1	1	0	1	0	1	0
0	1	1	1	1	1	0	0	1	0	0	0
1	0	0	0	0	0	0	0	0	0	0	1
1	0	1	0	1	0	0	1	0	1	0	0
1	1	0	1	0	0	0	0	0	0	1	0
1	1	1	1	1	0	0	0	0	1	0	0

根据状态转换真值表可画出状态转换图，如图 7-8 所示。由状态转换图可画出时序图如图 7-9 所示。

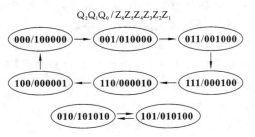

图 7-8　例 7-2 的状态转换图

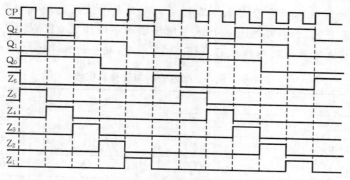

图 7-9 例 7-2 的时序波形图

（4）电路的逻辑功能分析。

由状态转换图可以看出，在 CP 脉冲的作用下，它有 6 个有效状态不断循环变化，因此该电路是一个模 6 计数器。此外，还有 2 个无效状态 010 和 101，在 CP 脉冲的作用下，不能回到有效状态中，因此该电路没有自启动功能。

同时，由时序波形图可知，各输出端 Z 轮流出现一个脉冲信号，其宽度等于一个 CP 周期。这可以看作是在 CP 脉冲作用下，电路把脉冲依次分配给各输出端，因此该电路也可以认为是一个脉冲分配器。

7.2.3 异步时序逻辑电路分析举例

分析异步时序逻辑电路时必须注意，在确定各触发器的状态转换时，除了考虑驱动信号外，还要考虑是否有符合要求的时钟脉冲上升沿或下降沿到来，下面举例说明。

【例 7-3】 分析图 7-10 所示的异步时序逻辑电路。

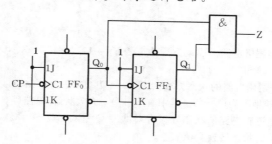

图 7-10 例 7-3 的逻辑电路图

解 该电路属于 Moore 型异步时序逻辑电路。

（1）写出时序电路的各个方程。

① 时钟方程：$CP_0 = CP$，$CP_1 = Q_0^n$。

② 驱动方程：$J_0 = K_0 = 1$，$J_1 = K_1 = 1$。

③ 输出方程：$Z = Q_1^n Q_0^n$。

（2）将驱动方程代入 JK 触发器特性方程，得到状态方程。由于异步时各触发器不在同一时刻发生状态的转换，故各状态方程附加了状态转换的时钟条件。

$Q_0^{n+1} = \overline{Q_0^n}$（$CP_0$ 由 1→0 时有效），　$Q_1^{n+1} = \overline{Q_1^n}$（$CP_1$ 由 1→0 时有效）

（3）列出该时序电路的状态转换真值表，画出状态转换图和时序图。

列状态转换真值表的方法与同步时序电路相似，只是在确定它们的次态时，要分别验证各触发器的时钟脉冲是否有下降沿到来。而且每一次次态的确定要从外部时钟脉冲作用的触发器开始,如本题的FF_0,故表中增加了两个触发器CP的状况如表7-6所示。由状态转换真值表可画出状态转换图,如图7-11所示,相应的时序波形如图7-12所示。

表7-6 例7-3电路的状态转换真值表

现态	FF$_0$	FF$_1$	次态	输出
$Q_1^n\ Q_0^n$	$CP_0 = CP$	$CP_1 = Q_0^n$	$Q_1^{n+1}\ Q_0^{n+1}$	Z
0 0	↓	↑	0 1	0
0 1	↓	↓	1 0	0
1 0	↓	↑	1 1	0
1 1	↓	↓	0 0	1

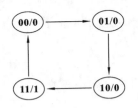

图7-11 例7-3的状态转换图

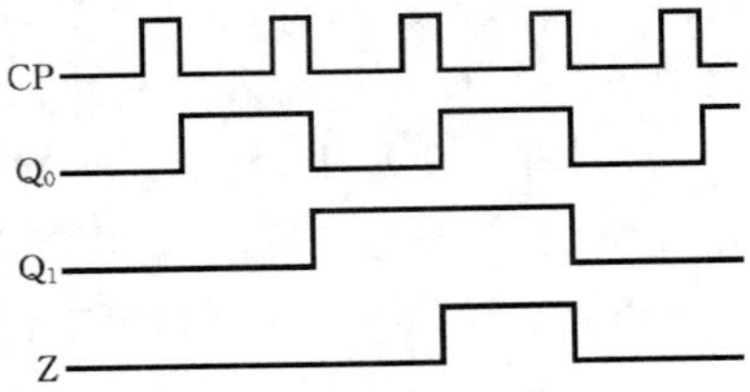

图7-12 例7-3的时序波形图

(4) 电路的逻辑功能分析。

由状态转换图或时序波形图可知,在CP脉冲作用下,$Q_1 Q_0$的数值从 **00** 到 **11** 递增,每经过 4 个 CP 脉冲作用后,$Q_1 Q_0$ 循环一次。同时在输出端产生一个进位输出脉冲 Z。故该电路是一个模 4 加法计数器。

自测练习

7.2.1 已知某同步时序逻辑电路的驱动方程为 $J_0 = K_0 = 1$,$J_1 = K_1 = X \oplus Q_0^n$,X 为输入信号。则其状态方程为( )和( )。

7.2.2 已知某同步时序逻辑电路的状态方程为 $Q_1^{n+1} = Q_0^n \overline{Q_1^n}$,$Q_0^{n+1} = \overline{Q_0^n}\ \overline{Q_1^n}$。则它共有( )不同状态,相应的状态转换图为( )。其中有( )个无效状态,电路( )(能,不能)自启动。

7.2.3 已知某同步时序逻辑电路的状态方程为 $Q_1^{n+1} = Q_0^n \oplus Q_1^n$,$Q_0^{n+1} = \overline{Q_0^n}$,输出 $Z = Q_1^n Q_0^n$。试完成题 7.2.3 表所示的状态转换真值表。

题 7.2.3 表

现态 $Q_1^n Q_0^n$	次态 $Q_1^{n+1} Q_0^{n+1}$	输出 Z
0 0		
0 1		
1 0		
1 1		

题 7.2.4 表

现态 $Q_1^n Q_0^n$	次态 $Q_1^{n+1} Q_0^{n+1}$/输出 Z
0 0	
0 1	
1 0	
1 1	

7.2.4 已知某异步时序逻辑电路的状态方程为 $Q_0^{n+1} = \overline{Q_0^n}$(CP 由 **1→0** 时有效),$Q_1^{n+1} = \overline{Q_1^n}$(由 Q_0 由 1→0 时有效),输出 $Z = Q_1^n Q_0^n$。试完成题 7.2.4 表所示的状态表。

7.2.5 已知某时序逻辑电路的输出波形如题 7.2.5 图所示,则它的状态转换图为( )。

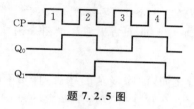

题 **7.2.5** 图

7.3　同步时序逻辑电路的设计

本节将学习
- 同步时序逻辑电路的设计步骤
- 建立原始状态转换图的具体过程
- 原始状态转换图的简化方法
- 次态卡诺图的求法
- 同步时序逻辑电路的设计举例

时序逻辑电路的设计就是根据给定的逻辑功能要求,设计出符合逻辑要求的时序逻辑电路。它实际上是分析的逆过程。

7.3.1　同步时序逻辑电路的设计步骤

本节讨论的设计方法是采用触发器和门电路来实现同步时序逻辑电路。设计要求使用尽可能少的触发器和逻辑门实现给定的逻辑要求,一般步骤如下。

1. 由给定的逻辑功能要求建立原始状态转换图

一般所要设计的同步时序电路的逻辑功能是用文字或时序图来描述电路的输入、输出及状态的关系,因此,必须把它们变成相应的状态转换图。由于开始得到的状态转换图是对逻辑问题最原始的抽象,其中可能包含多余的状态,所以称为原始状态转换图。原始状态转换图正确与否是时序逻辑电路设计最关键的一步,因为以后所有的设计步骤均以此为基础,只有这一步正确,后面的工作才是有效的。建立原始状态转换图的具体过程如下。

(1) 分析电路的输入条件和输出要求,确定输入、输出变量及该电路应包含的状态,并用字母 S_0、S_1… 表示这些状态。

(2) 分别以上述状态为现态,确定在每一个可能的输入组合作用下应转移到哪个状态及相应的输出,即可求出原始状态转换图。

【**例 7-4**】 某电路是 1111 序列检测器,当连续 4 个或 4 个以上的 1(高电平)输入检测器时,检测器输出高电平 1,其他情况下输出低电平 0。试建立该电路的原始状态转换图。

解　由电路的输入条件和输出要求可知,该电路只有一个输入端和一个输出端。设输入变量为 X,输出变量为 Z,当连续 4 个或 4 个以上的 1(高电平)输入检测器时,检测器便输出 Z=1。因此要求该电路能够存储收到的输入为 0、1 个 1、连续 2 个 1、连续 3 个 1 和连续 4 个 1 的状态,由此可见该电路应有 5 个状态,分别用 S_0、S_1、S_2、S_3、S_4 表示。先假设电路处于状态 S_0,在此状态下,电路可能的输入有 X=0 和 X=1 两种情况,若 X=0,则输出 Z=0,且电路应保持状态 S_0 不变;若 X=1,则输出还是 Z=0,但电路

应转向状态 S_1,表示电路收到了 1 个 1。再分别以 S_1、S_2、S_3、S_4 为现态,采用类似的方法确定转向的状态及输出,即可求出原始状态转换图如图 7-13 所示。

2. 状态化简

对原始状态转换图进行化简,消除多余的状态,保留有效状态,从而简化设计出来的电路。状态图的化简是建立在状态等效这个概念的基础上的。所谓状态等效,是指有两个或两个以上的状态,在输入相同的条件下,产生相同的输出,转换到相同的状态,即"三个相同"。凡是等效状态都可以合并为一个状态。

如图 7-13 所示的原始状态转换图中,对于状态 S_3、S_4,当输入 $X=0$ 时,输出 Z 都为 **0**,且都向同一个次态 S_0 转换;当输入 $X=1$ 时,输出 Z 都为 **1**,且都向同一个次态 S_4 转换。所以 S_3、S_4 是等效状态。可以合并为 S_3 而消除 S_4,即将图中代表 S_4 的圆圈及由该圆圈出发的所有连线去掉,将原来指向 S_4 的连线改为指向 S_3,如图 7-14 所示。

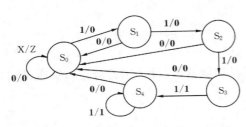

图 7-13　例 7-4 的原始状态转换图　　　　图 7-14　例 7-4 的简化状态转换图

3. 状态编码并画出编码后的状态转换图和状态表(或状态转换真值表)

状态编码就是对简化状态转换图中的各种状态进行二进制编码。一般情况下,采用的状态编码方案不同,所得到的电路形式也不同。为便于记忆和识别,一般选用的状态编码都遵循一定的规律,如用自然二进制数码。对于图 7-14 所示的简化状态转换图,分别用 **00**、**01**、**10** 和 **11** 表示 S_1、S_2、S_3 和 S_4,故对应编码后的状态转换图如图 7-15 所示,由图 7-15 可得到状态表如表 7-7 所示。

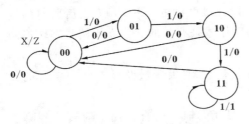

图 7-15　例 7-4 的编码后状态转换图

表 7-7　例 7-4 的状态表

现态 $Q_1^n Q_0^n$	次态 $Q_1^{n+1} Q_0^{n+1}$/输出 Z	
	X=0	X=1
0 0	00/0	01/0
0 1	00/0	10/0
1 0	00/0	11/0
1 1	00/0	11/1

4. 选择触发器的类型及个数

触发器的个数 n 应满足 $n \geqslant \log_2 M$,M 为状态的数目。如对于图 7-15 所示状态转换图,所需触发器的个数为 2。其类型可选择 JK 触发器或 D 触发器。

5. 求电路的输出方程和各触发器的驱动方程

首先根据状态表直接画出输出信号及次态的卡诺图,然后通过卡诺图化简分别求出电路的输出方程、各触发器的状态方程,最后求出驱动方程。

例如,由表 7-7 所示状态表,可画出输出信号 Z 及次态 $Q_1^{n+1} Q_0^{n+1}$ 的卡诺图如图7-16

所示,由图 7-16(a)求出输出方程 $Z=XQ_1^n Q_0^n$,由次态卡诺图求状态方程时,应尽量使状态方程的形式与所选触发器的特性方程一致,这样便于求出驱动方程。

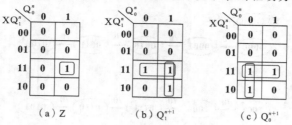

图 7-16 例 7-4 的卡诺图

例如,若选用边沿 D 触发器,对次态卡诺图化简可得到各触发器的状态方程为

$$Q_1^{n+1}=XQ_0^n+XQ_1^n, \quad Q_0^{n+1}=X\overline{Q}_0^n+XQ_1^n$$

将它们与 D 触发器的特性方程 $Q^{n+1}=D$ 相比较,得到驱动方程为

$$D_1=XQ_0^n+XQ_1^n, \quad D_0=X\overline{Q}_0^n+XQ_1^n$$

如果选用边沿 JK 触发器,其特性方程为 $Q^{n+1}=J\overline{Q}^n+\overline{K}Q^n$,此时化简次态卡诺图时,应尽量使表达式中含有 $\overline{Q}^n$ 及 Q^n,故所求状态方程为

$$Q_1^{n+1}=XQ_0^n\overline{Q}_1^n+XQ_1^n, \quad Q_0^{n+1}=X\overline{Q}_0^n+XQ_1^nQ_0^n$$

则驱动方程为

$$J_1=XQ_0^n, \quad K_1=\overline{X}, \quad J_0=X, \quad K_0=\overline{XQ}_1^n$$

6. 画出电路的逻辑电路图并检查自启动能力

例 7-4 的逻辑电路图如图 7-17 所示,这里只画出了采用 JK 触发器的电路图。如果电路进入无效状态后,能够自动返回到有效状态,称电路能自启动;否则电路不能自启动,这时需要修改设计。由于该题的状态转换图中没有无效状态,故该电路具有自启动能力。

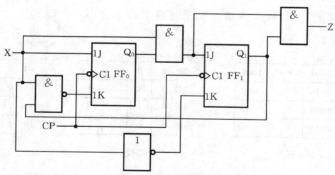

图 7-17 例 7-4 的逻辑电路图

需要说明的是,实际设计过程中,上述设计步骤不一定都必须执行,对于不同的设计要求,可根据不同情况加以取舍。

7.3.2 同步时序逻辑电路设计举例

【例 7-5】 试设计一个带进位输出端 Z 的同步 8421BCD 码的十进制加法计数器,采用 JK 触发器实现。

解 (1) 根据设计要求可知,该电路没有输入信号,有一个输出信号 Z 表示进位信号。可直接得到状态转换图如图 7-18 所示。

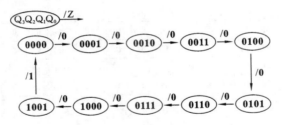

图 7-18 例 7-5 的状态转换图

(2) 由此状态转换图列出状态转换真值表如表 7-8 所示。

表 7-8 例 7-5 的状态转换真值表

Q_3^n	Q_2^n	Q_1^n	Q_0^n	Q_3^{n+1}	Q_2^{n+1}	Q_1^{n+1}	Q_0^{n+1}	Z
0	0	0	0	0	0	0	1	0
0	0	0	1	0	0	1	0	0
0	0	1	0	0	0	1	1	0
0	0	1	1	0	1	0	0	0
0	1	0	0	0	1	0	1	0
0	1	0	1	0	1	1	0	0
0	1	1	0	0	1	1	1	0
0	1	1	1	1	0	0	0	0
1	0	0	0	1	0	0	1	0
1	0	0	1	0	0	0	0	1

(3) 求输出方程及驱动方程。由表 7-8 可画出输出信号及所有次态的卡诺图如图 7-19 所示。对图 7-19(f)所示卡诺图化简可得到输出方程 $Z = Q_3^n Q_0^n$。

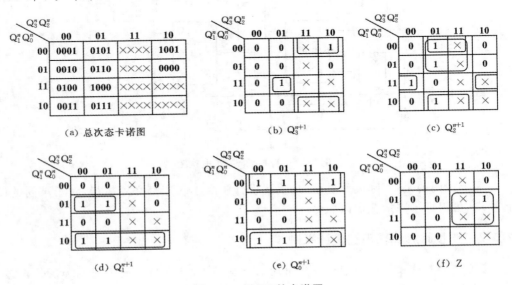

图 7-19 例 7-5 的卡诺图

因为采用 JK 触发器,故求各触发器的状态方程时,尽量与 JK 触发器的特性方程 $Q^{n+1}=J\overline{Q}^n+\overline{K}Q^n$ 的形式一致。根据各次态卡诺图,可求得各触发器的状态方程

$$Q_3^{n+1}=Q_2^nQ_1^nQ_0^n\overline{Q_3^n}+\overline{Q_0^n}Q_3^n$$

$$Q_2^{n+1}=\overline{Q_2^n}Q_1^nQ_0^n+Q_2^n\overline{Q_1^n}+Q_2^n\overline{Q_0^n}=Q_1^nQ_0^n\overline{Q_2^n}+\overline{Q_1^nQ_0^n}Q_2^n$$

$$Q_1^{n+1}=\overline{Q_3^n}Q_0^n\overline{Q_1^n}+\overline{Q_0^n}Q_1^n$$

$$Q_0^{n+1}=\overline{Q_0^n}=1\overline{Q_0^n}+\overline{1}Q_0^n$$

由上述状态方程可得各触发器的驱动方程:

$$\begin{cases} J_0=K_0=1 \\ J_1=\overline{Q_3^n}Q_0^n, \quad K_1=Q_0^n \\ J_2=K_2=Q_1^nQ_0^n \\ J_3=Q_2^nQ_1^nQ_0^n, \quad K_3=Q_0^n \end{cases}$$

(4) 由上述输出方程及驱动方程画出同步十进制加法计数器的逻辑电路图如图 7-20所示。检查电路能否自启动的方法如下:将无效状态 **1010～1111** 分别作为现态代入状态方程进行计算求出其次态,如果还没有进入有效状态,再以该次态作为现态求下一个次态,以此类推,观察最终能否进入有效状态。结果表明它们都能回到有效状态,如图 7-21 所示,因此该电路能够自启动。但从输出看,电路处于无效状态 **1111**、**1101** 及 **1011** 时,输出错误地出现 $Z=1$。为此,需要对输出方程进行修改,即将输出信号 Z 的卡诺图里的 3 个无关项不画在圈内,则输出方程变为 $Z=Q_3^n\overline{Q_2^n}\overline{Q_1^n}Q_0^n$,根据此式对图 7-20 所示电路图和图 7-21 所示状态转换图也做相应的修改即可。

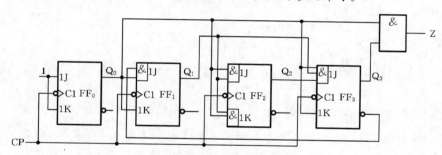

图 7-20 例 7-5 的逻辑电路图

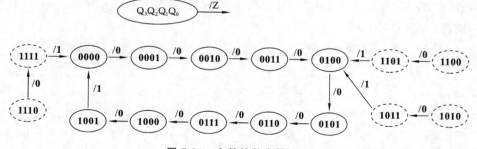

图 7-21 完整的状态转换图

【**例 7-6**】 某自动售饮料机的投币口,每次只能投入一枚伍角或一元的硬币。投入一元伍角硬币后机器自动给出一杯饮料;投入两元(两枚一元)硬币后,在给出一杯饮料的同时找回一枚伍角的硬币。试建立其状态转换图。

　　解　首先确定有几个输入信号,几个输出信号,几个可能的状态。

　　根据题意可知,有两个输入信号即投币信号 a、b,a 为一元投币信号,b 为伍角投币信号。设投币时 a＝1 或 b＝1,不投币时 a＝0 或 b＝0。

　　有两个输出信号 X、Y,X 为给饮料信号,Y 为找钱信号。设给饮料时 X＝1,不给饮料时 X＝0;设找钱时 Y＝1,不找钱时 Y＝0。

　　设没有投币时的状态为 S_0,投币伍角后的状态为 S_1,投币一元(一个一元硬币或两个伍角硬币)后的状态为 S_2。(思考是否存在一元伍角投币状态或两元投币状态?)

　　根据题意可确定输入信号、各状态及输出信号之间的关系,由此得到状态转换图如图 7-22 所示。

　　【例 7-7】　对如图 7-23 所示原始状态转换图进行化简。

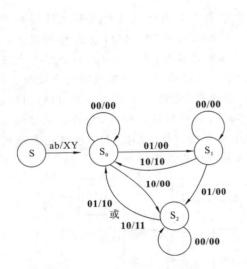

图 7-22　例 7-6 的状态转换图

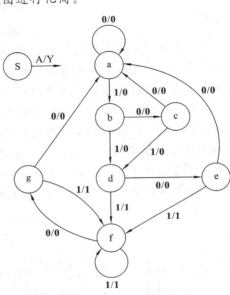

图 7-23　原始状态转换图

　　解　根据图 7-23 列出原始状态表如表 7-9 所示。观察表 7-9 发现,状态 e、g 是等效状态,可以合并为一个状态,故将状态 g 一行删除,并用状态 e 替换表中其他两列中的状态 g,得到表 7-10 所示状态表。继续观察表 7-10 发现状态 d 和 f 是等效状态,可以合并为一个状态,即状态 f 可去掉,代之以 d。于是得到表 7-11。根据表 7-11 画出的状态转换图如图 7-24 所示。

表 7-9　例 7-7 的原始状态表

S^n	S^{n+1}/Y	
	A＝0	A＝1
a	a/0	b/0
b	c/0	d/0
c	a/0	d/0
d	e/0	f/1
e	a/0	f/1
f	g/0	f/1
g	a/0	f/1

表 7-10　例 7-7 的简化状态表(1)

S^n	S^{n+1}/Y	
	A＝0	A＝1
a	a/0	b/0
b	c/0	d/0
c	a/0	d/0
d	e/0	f/1
e	a/0	f/1
f	e/0	f/1

表 7-11 例 7-7 的简化状态表(2)

S^n	S^{n+1}/Y	
	A=0	A=1
a	a/0	b/0
b	c/0	d/0
c	a/0	d/0
d	e/0	d/1
e	a/0	d/1

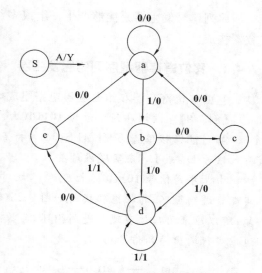

图 7-24 化简后的状态转换图

自测练习

7.3.1 若化简后的状态数为 M,需要的代码位数为 n,则 M 和 n 的关系为( )。

7.3.2 构造一个模 10 的同步计数器,需要( )个触发器。

7.3.3 设计一个同步五进制加法计数器,至少用( )位代码对各个状态进行编码,共有( )种不同的编码方案。

7.3.4 有一序列脉冲检测器,当连续输入信号 **110** 时,该电路输出 **1**,否则输出 **0**。则它的原始状态转换图为( )。

7.3.5 已知一原始状态转换图如题 7.3.5 图所示,则它的简化状态转换图为( )。

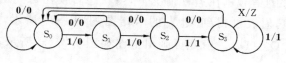

题 7.3.5 图

7.3.6 已知状态表如题 7.3.6 表所示,如果采用 JK 触发器,则输出方程为( ),状态方程为( ),驱动方程为( )。

题 7.3.6 表

现态 $Q_1^n Q_0^n$	次态 $Q_1^{n+1} Q_0^{n+1}/$输出 Z	
	X=0	X=1
00	00/0	01/0
01	00/0	11/0
11	00/1	11/0

7.4 序列信号发生器

序列信号是按照一定规则排列的周期性串行二进制码,它通常用来作为数字系统的同步信号、地址信号或控制信号等,在通信、雷达、噪声源等方面都有广泛的应用。

序列信号发生器是能够产生一组或多组序列信号的电路,可以由移位寄存器或计数器构成。

7.4.1 移位寄存器型序列信号发生器

它由移位寄存器和组合逻辑电路组成,其设计方法见下面例子。

【例 7-8】 设计序列信号为 **10110**(由左到右顺序输出)的序列信号发生器。

解 根据移位寄存器 74LS194 的特点,中间各级只能移位,所以关键是求出串行输入信号 D_{SR} 或 D_{SL} 来实现设计要求。

由于序列信号 **10110** 的长度为 5,故对应 5 个有效状态,所以可采用三位二进制数实现 5 进制循环,其状态转换图如图 7-25(a)所示。但由图 7-25(a)发现有两个状态重复,所以应采用四位实现 5 进制循环,其状态转换图如图 7-25(b)所示,由状态值的最左边位串行输出序列信号。

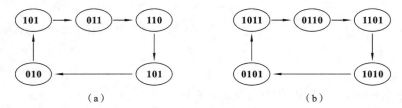

图 7-25 例 7-8 的状态转换图

下面分别介绍移位寄存器右移及左移时如何实现设计要求。

由 74LS194 的功能可知,当 $S_1S_0 = 01$ 时为右移,即从 Q_0 向 Q_3 移动,$Q_0^{n+1} = D_{SR}$,故状态转换图中的有一组状态值从左到右分别对应移位寄存器的输出 $Q_3Q_2Q_1Q_0$,此时由 Q_3 串行输出序列信号。在这种情况下,由状态转换图可列出状态转换真值表如表 7-12 所示,由该真值表可得到 Q_0^{n+1} 的卡诺图如图 7-26 所示,化简该卡诺图得到 $Q_0^{n+1} = \overline{Q_3^n} + \overline{Q_0^n} = \overline{\overline{Q_3^n} \cdot Q_0^n} = D_{SR}$。由此可画出电路如图 7-27(a)所示,经检查可知该电路能够自启动。

表 7-12 例 7-8 的状态转换真值表

Q_3^n	Q_2^n	Q_1^n	Q_0^n	Q_3^{n+1}	Q_2^{n+1}	Q_1^{n+1}	Q_0^{n+1}
1	0	1	1	0	1	1	0
0	1	1	0	1	1	0	1
1	1	0	1	1	0	1	0
1	0	1	0	1	0	1	1
0	1	0	1	1	0	1	1

图 7-26 Q_0^{n+1} 的卡诺图

当 $S_1S_0 = 10$ 时为左移,即从 Q_3 向 Q_0 移动,$Q_3^{n+1} = D_{SL}$,故状态转换图中的每一组状态值从左到右分别对应移位寄存器的输出 $Q_0Q_1Q_2Q_3$,此时由 Q_0 串行输出序列信号。同样方法可求得 $Q_3^{n+1} = \overline{\overline{Q_0^n} \cdot Q_3^n} = D_{SL}$,电路如图 7-27(b)所示。

7.4.2 计数器型序列信号发生器

计数器型序列信号发生器由计数器和组合逻辑电路组成,其设计方法见下面例子。

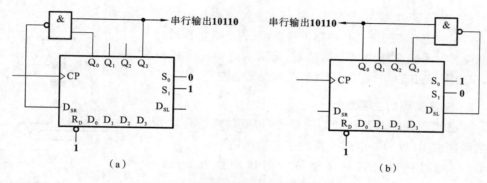

图 7-27　移位寄存器型序列信号发生器

【例 7-9】　设计产生序列信号 **10110** 的序列信号发生器。

解　由于序列信号的长度为 5，所以首先设计一个 5 进制计数器，可由集成计数器 74LS161 实现。组合逻辑电路选用八选一数据选择器 74LS151，令数据输入为 $D_0 D_1 D_2 D_3 D_4 =$ **10110**，其电路如图 7-28 所示。

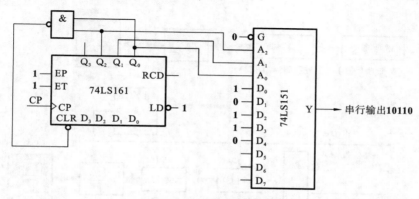

图 7-28　计数器型序列信号发生器

7.5　综合应用实例阅读

实例　药片瓶装生产线简易控制系统(一)

这是一个数字系统应用的典型工程案例，需要运用本课程中的逻辑门、编码器、显示译码器、数码管、比较器、计数器、单稳态触发器等相关知识与技术方法，涉及数字电路中许多重要数字集成电路器件的应用，涵盖了数字电子技术的主要内容。

需要注意的是，这个系统只是一个用于学习和实践的简化案例，在实际产品或设备中并不一定采用这种电路方案。介绍此实例的目的，是通过对这一实例的学习，让学生感受到学以致用的价值，提高学生的学习兴趣。随着后续课程的学习，会有更多、更好的实现该系统的技术方案。

1. 功能描述

由键盘输入每个瓶子将装入的药片数。当每个瓶子的药片正好装满时，以下两个事件同时发生：

(1) 停止药片装入；

(2) 传送机将装满药片的瓶子移走，下一个空瓶自动进入装药位置。一旦空瓶进入合适位置，传送机立即发出控制信号，开始第 2 瓶药片的装入，药片装瓶示意图如图 7-29 所示。

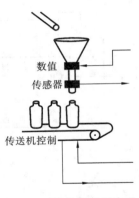

2. 电路实现的主要功能

考虑到系统中电路设计的简单性，每瓶装入的药片数及瓶数限制在 10 以内。电路实现的主要功能如下：

(1) 通过键盘设置每瓶将装入的药片数为 1～9，并显示；

图 7-29　药片装瓶示意图

(2) 1 位数码管显示当前已装药瓶数，最大值为 9；

(3) 2 位数码管显示当前已装的总药片数，最大值为 81。

3. 系统模块框图

系统模块框图如图 7-30 所示，共包括五个功能模块。

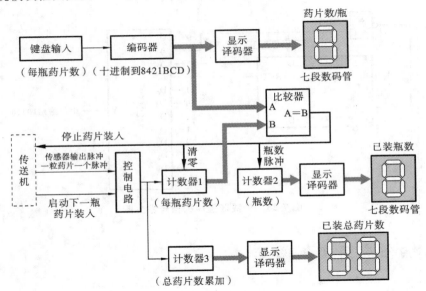

图 7-30　系统模块框图

功能模块一:将键盘输入的每瓶装入药片数(1～9)在数码管上进行显示。该模块由键盘输入电路、十进制到 8421BCD 的编码器、显示译码器和 1 位数码管组成。

功能模块二:比较模块。药片检测传感器工作时，每装入 1 片药片即产生 1 个脉冲，计数器 1 依据该脉冲信号对每瓶装入的当前药片数(B)进行计数。同时当前药片数(B)与键盘输入的每瓶药片数(A)进行比较，当 B＜A 时，继续装入药片；当 B＝A 时，表示该瓶药片装满，比较模块发出信号控制装药设备停止装药，传送机开始工作，并将计数器 1 清零。该模块由计数器 1 和集成比较器构成。计数器 1 和比较器共同构成一个可预置的 A 进制加计数器。

功能模块三:将当前已装瓶数进行显示。由计数器 2、显示译码器和 1 位数码管组成。计数器 2 以比较器输出信号作为计数脉冲，对当前已装药片瓶数进行计数。

　　功能模块四：已装总药片数显示模块。由计数器 3、显示译码器和 2 位数码管组成，计数器 3 构成一个 2 位十进制计数器，可将总药片数进行累加，可计数的最大值为 99。

　　功能模块五：药片检测传感器及传送机工作过程的电路模块。药片检测传感器可使用脉冲信号源进行替代，装入 1 片药片即产生 1 个脉冲，传送机的工作过程可由某个电路来模拟。

本 章 小 结

　　1. 时序逻辑电路一般由组合电路和存储电路两部分组成。

　　2. 按照电路的工作方式，时序逻辑电路可以分为同步和异步时序逻辑电路两大类；按照电路输出对输入信号的依从关系，时序逻辑电路又可分为 Mealy 型和 Moore 型时序电路。

　　3. 在 Mealy 型时序电路中，输出同时取决于存储电路的状态和输入信号；而在 Moore 型时序电路中，输出只与存储电路的状态有关。因此，在描述电路状态的转换关系时，两者的状态表形式也有所不同。

　　4. 时序逻辑电路的分析，就是对一个给定的时序逻辑电路，通过分析确定该时序电路的逻辑功能。分析步骤如下：

　　(1) 根据逻辑电路写出时钟方程、驱动方程和输出方程；

　　(2) 将驱动方程代入相应触发器的特性方程，求得电路的状态方程；

　　(3) 根据状态方程和输出方程，列出状态表（或状态转换真值表），画出状态转换图（或时序波形图）；

　　(4) 确定电路的逻辑功能。其中最后一步是难点。

　　5. 无论是同步还是异步时序电路，它们的分析过程基本相同，只是在某些细节上有所不同。由于异步时各触发器不在同一时刻发生状态转换，故各状态方程的时钟条件也不相同，在确定各触发器的次态时，要分别验证是否有符合要求的时钟脉冲到来。

　　6. 时序逻辑电路的设计就是根据给定的逻辑功能要求，设计出符合要求的逻辑电路。它实际上是分析的逆过程。设计步骤如下：

　　(1) 由给定的逻辑功能要求建立原始状态转换图；

　　(2) 对原始状态转换图进行化简；

　　(3) 对状态进行编码，并画出编码后的状态转换图和状态表（或状态转换真值表）；

　　(4) 选择触发器的类型及个数；

　　(5) 求出电路的输出方程和各触发器的驱动方程；

　　(6) 画出设计好的逻辑电路图，并检查自启动能力。

　　其中第一步是难点。

　　7. 序列信号是按照一定规则排列的周期性串行二进制码，序列信号的产生可由移位寄存器或计数器构成的电路实现。

习 题 七

7.1　概述

7.1.1　分析习题 7.1.1(a) 表和习题 7.1.1(b) 表中输出与输入及状态的关系，确定哪张表对应的是 Moore 型时序逻辑电路。

<table>
<tr><td colspan="4" align="center">习题 **7.1.1**(a)表</td></tr>
<tr><td>现态</td><td>输入 0</td><td>输入 1</td><td>说明</td></tr>
<tr><td>A</td><td>B/1</td><td>C/0</td><td rowspan="2">次态 / 输出</td></tr>
<tr><td>B</td><td>B/0</td><td>A/1</td></tr>
<tr><td>C</td><td>A/0</td><td>C/0</td><td></td></tr>
</table>

<table>
<tr><td colspan="4" align="center">习题 **7.1.1**(b)表</td></tr>
<tr><td>现态</td><td>输入 0</td><td>输入 1</td><td>输出</td></tr>
<tr><td>W</td><td>Y</td><td>X</td><td>0</td></tr>
<tr><td>X</td><td>X</td><td>Y</td><td>1</td></tr>
<tr><td>Y</td><td>X</td><td>W</td><td>0</td></tr>
</table>

7.2　时序逻辑电路的分析

7.2.1　分析如习题 7.2.1 图所示的同步时序逻辑电路,(1)写出驱动方程,并作出状态转换图;(2)说明电路的逻辑功能。

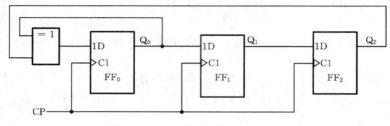

习题 **7.2.1** 图

7.2.2　分析习题 7.2.2 图所示的同步时序逻辑电路:(1)写出驱动方程和状态方程;(2)确定电路的逻辑功能。

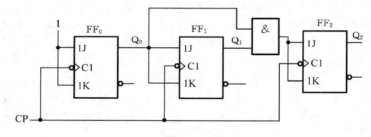

习题 **7.2.2** 图

7.2.3　已知状态表如习题 7.2.3 表所示,作出相应的状态转换图。

习题 **7.2.3** 表

现态	次态/输出 Z			
	$X_1 X_2 = 00$	$X_1 X_2 = 01$	$X_1 X_2 = 11$	$X_1 X_2 = 10$
A	A/0	B/0	C/1	D/0
B	B/0	C/1	A/0	D/1
C	C/0	B/0	D/0	D/0
D	D/0	A/1	C/0	C/0

7.2.4　分析习题 7.2.4 图所示的同步时序逻辑电路,(1)写出驱动方程和输出方程,并作出状态转换图;(2)说明电路的逻辑功能。

7.2.5　已知状态转换图如习题 7.2.5 图所示,输入序列为 X=**11010010**(按从左到右的顺序),设初始状态为 A,求状态和输出响应序列。

7.2.6　分析如习题 7.2.6 图所示的异步时序逻辑电路。

7.2.7　分析如习题 7.2.7 图所示的异步时序逻辑电路。

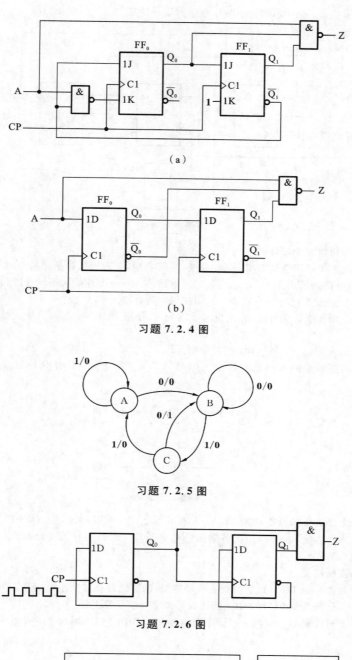

（a）

（b）

习题 **7.2.4** 图

习题 **7.2.5** 图

习题 **7.2.6** 图

习题 **7.2.7** 图

7.2.8 分析习题 7.2.8 图所示的异步时序电路的逻辑功能。

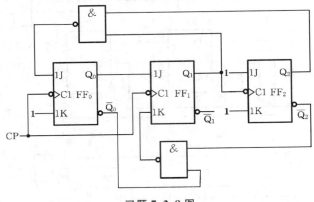

习题 **7.2.8** 图

7.3 同步时序逻辑电路的设计

7.3.1 某同步时序电路用于检测串行输入的 8421BCD 码,其输入顺序是先高位后低位,当出现非法数字时,电路的输出为 **1**。试求出该时序电路的 Mealy 型原始状态转换图和状态表。

7.3.2 用边沿 D 触发器设计一个同步三进制加法计数器。

7.3.3 设计一个同步五进制计数器,进位输出端为 Z,分别用 JK 触发器、D 触发器和门电路实现该电路。

7.3.4 采用 D 触发器设计一个 **1101** 序列检测器。

7.3.5 某同步时序电路的编码状态转换图如习题 7.3.5 图所示,求出用 D 触发器设计的逻辑电路图。

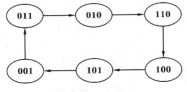

习题 **7.3.5** 图

7.3.6 设计一个售火柴的设备,输入有 A＝1 表示 1 分,A＝0 表示无输入,B＝1 表示 2 分,B＝0 表示无输入。当输入 3 分时,设备输出一盒火柴且 Y＝1;当输入 4 分时,设备输出一盒火柴,Y＝1 且退 1 分 Z＝1。

7.4 序列信号发生器

7.4.1 设计序列信号为 **110011**(从左到右顺序输出)的移位寄存器型序列信号发生器。

7.4.2 设计序列信号为 **000111001101** 的计数器型序列信号发生器。

7.4.3 设计一个可以同时产生两个不同序列信号 **01011010** 和 **1000110** 的序列信号发生器。

8

存储器与可编程逻辑器件

存储器是计算机和数字系统不可缺少的重要部件。可编程逻辑器件是目前数字系统的主要逻辑器件。本章首先介绍存储器的基本概念、各种存储器的工作原理以及存储器容量的扩展方法；然后介绍可编程阵列逻辑（PAL）、通用阵列逻辑（GAL）的电路结构和应用；最后简述 CPLD、FPGA 和在系统编程（ISP）技术的基本思想。

8.1 存储器概述

本节将学习
☯ 存储器的分类、相关概念
☯ 存储器的主要技术指标

8.1.1 存储器分类

存储器是一种能存储大量二进制信息的半导体器件，也称为半导体存储器。随着微电子技术的发展，半导体存储器以其容量大、存取速度快、可靠性高、外围电路简单等特点，在计算机和数字系统中得到广泛的应用。

按照存储器的性质和特点的不同，存储器有不同的分类方法。

1. 按存储器存取功能分类

根据存取功能不同，存储器可分为只读存储器（Read-Only Memory，简称 ROM）和随机存取存储器（Random Access Memory，简称 RAM）。

ROM 在正常工作状态时，只能从中读取数据，而不能写入数据。ROM 的优点是电路结构简单，数据一旦固化在存储器内部就可以长期保存，而且在断电后数据也不会丢失，故 ROM 属于数据非易失性存储器；其缺点是只适于存储固定数据或程序。

RAM 与 ROM 的根本区别在于：RAM 在正常工作状态时可随时向存储器里写入数据或从中读出数据，在存储器断电后信息全部丢失，故 RAM 属于数据易失性存储器。

2. 按存储器制造工艺分类

根据制造工艺不同,存储器可分为双极型存储器和 MOS 型存储器。双极型存储器以 TTL 触发器作为基本存储单元,具有速度快、价格高和功耗大等特点,主要用于高速应用场合,如计算机的高速缓存。MOS 型存储器是以 MOS 触发器或 MOS 电路为存储单元的存储器,具有工艺简单、集成度高、功耗小、价格低等特点,主要用作计算机的大容量内存储器。

3. 按存储器 I/O 方式分类

根据数据的 I/O 方式的不同,存储器可分为串行存储器和并行存储器。串行存储器中数据 I/O 采用串行方式,并行存储器中数据 I/O 采用并行方式。显然,并行存储器读/写速度快,但数据线和地址线占用芯片的引脚数较多,且存储容量越大,所用引脚数目越多。串行存储器的速度比并行存储器慢一些,但芯片的引脚数目少了许多。

8.1.2 存储器的相关概念

半导体存储器的核心部分是**存储矩阵**,它由若干个**存储单元**构成;每个存储单元又包含若干个**基本存储单元**,每个基本存储单元存放 1 位二进制数据,称为 1 个**比特**。通常存储器以存储单元为单位进行数据的读/写;每个存储单元也称为 1 个**字**,1 个字中所含的位数称为**字长**。

一个 64 bit 存储器的结构图如图 8-1 所示,64 个矩形表示该存储器的 64 个基本存储单元,每 4 个基本存储单元构成 1 个存储单元,故该存储器有 16 个字,其字长为 4。这样的存储器称为 16×4 存储器。

地址	Y_0				Y_1			
	位 D	位 C	位 B	位 A	位 D	位 C	位 B	位 A
X_0								
X_1								
X_2								
X_3								
X_4	1	1	0	1				
X_5					1	0	0	1
X_6								
X_7								

图 8-1　64 bit 存储器结构

8.1.3 存储器的性能指标

存储器的性能指标很多,例如,存储容量、存取速度、封装形式、电源电压、功耗等,但就实际应用而言,最重要的性能指标是存储器的存储容量和存取时间。

1. 存储容量

存储容量是指存储器能够容纳二进制信息的总量,即存储信息的总比特数,也称为存储器的位容量,存储器的容量＝字数(m)× 字长(n)。

设存储器芯片的地址线和数据线根数分别是 p 和 q,该存储器芯片可编址的存储单元总数即字数为 2^p,字长为 q,则该存储器芯片的容量为 $2^p \times q$ 位。例如,容量为

4K×8 位的存储器芯片有地址线 12 根,数据线 8 根。

2. 存取速度

存储器的存取速度可用存取时间和存储周期这两个时间参数来衡量。存取时间(Access Time)是指从微处理器发出有效存储器地址,从而启动一次存储器读/写操作,一直到该操作完成所经历的时间。很显然,存取时间越短,存取速度越快。目前,高速缓冲存储器的存取时间已小于 20 ns,中速存储器的在 60～100 ns 之间,低速存储器的在 100 ns 以上。存储周期(Memory Cycle)是连续启动两次独立的存储器操作所需的最小时间间隔。由于存储器在完成读/写操作之后需要一段恢复时间,所以存储器的存储周期略大于存取时间。如果在小于存储周期的时间内连续启动两次存储器访问,那么存取结果的正确性将不能得到保证。

自测练习

8.1.1 存储器中可以保存的最小数据单位是( )。

(a) 比特　　　　　　　　(b) 字节　　　　　　　　(c) 字

8.1.2 指出下列存储器各有多少基本存储单元? 多少存储单元? 多少字? 字长多少?

(a) 2K×8 位　　　( )( )( )( )

(b) 256×2 位　　　( )( )( )( )

(c) 1M×4 位　　　( )( )( )( )

8.1.3 ROM 是( )存储器。

(a) 非易失性　　　　(b)易失性　　　　(c) 读/写　　　　(d)以字节组织的

8.1.4 数据通过( )存储在存储器中。

(a) 读操作　　　　(b) 启动操作　　　　(c) 写操作　　　　(d) 寻址操作

8.1.5 RAM 给定地址中存储的数据在( )情况下会丢失。

(a) 电源关闭　　　　　　　　　　　　(b) 数据从该地址读出

(c) 在该地址写入数据　　　　　　　　(d) 答案(a)和(c)

8.1.6 具有 256 个地址的存储器有( )地址线。

(a) 256 条　　　　(b) 6 条　　　　(c) 8 条　　　　(d) 16 条

8.1.7 可以存储 256 字节数据的存储器的存储容量是( )。

(a) 256×1 位　　　(b) 256×8 位　　　(c) 1K×4 位　　　(d) 2K×1 位

8.2　RAM

本节将学习
- ✿ RAM 的分类与结构
- ✿ SRAM
- ✿ SRAM 的存储单元
- ✿ DRAM
- ✿ DRAM 的存储单元

8.2.1　RAM 分类与结构

1. RAM 分类

随机存取存储器 RAM 也称可读/写存储器,分为双极型和 MOS 型两种。双极型存储器由于集成度低、功耗大,在微型计算机系统中使用不多。目前 RAM 芯片几乎全是 MOS 型的。MOS 型 RAM 按工作方式不同又可分为静态 RAM(Static RAM,SRAM)和动态 RAM(Dynamic RAM,DRAM)。

SRAM 使用触发器作为存储元件,DRAM 使用电容作为存储单元。因此,如果不对电容再充电(称为刷新的过程),就不能长期保存数据。当电源被移走后,SRAM 和 DRAM 都会丢失存储的数据,因此被归类为数据易失性存储器。

数据从 SRAM 中读出的速度要比从 DRAM 中读出的速度快得多。但是,对于给定的物理空间和成本,DRAM 可以比 SRAM 存储更多的数据,因为 DRAM 单元简单,在给定的区域内,可以比 SRAM 集成更多的单元。

SRAM 和 DRAM 可以进一步分为更多的类型,其分类结构如图 8-2 所示。

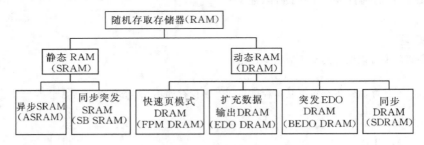

图 8-2　RAM 的分类

2. RAM 的结构

RAM 的电路通常由存储矩阵、地址译码器和读/写控制电路 3 部分组成,其电路结构框图如图 8-3 所示。

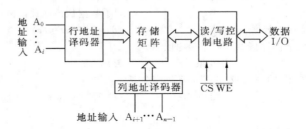

图 8-3　RAM 的电路结构框图

存储矩阵由许多结构相同的基本存储单元排列组成,而每一个基本存储单元可以存储 1 位二进制数据(0 或 1),在地址译码器和读/写控制电路的作用下,将存储矩阵中某些存储单元的数据读出或将数据写入某些存储单元。

地址译码器通常有字译码器和矩阵译码器两种。大容量存储器常采用矩阵译码器,这种译码器一般将地址分为行地址和列地址两部分,分别对行地址和列地址进行译码,由它们共同选择存储矩阵中欲读/写的存储单元。

读/写控制电路的作用是对存储器的工作状态进行控制。$\overline{CS}$ 为片选输入端,低电平有效,$\overline{WE}$ 为读/写控制信号。当 $\overline{CS}=0$ 时,RAM 为正常工作状态,若 $\overline{WE}=1$,则执行读操作,存储单元里的数据将送到 I/O 端上;若 $\overline{WE}=0$,则执行写操作,加到 I/O 端上的数据将写入存储单元。当 $\overline{CS}=1$ 时,RAM 的 I/O 端呈高阻状态,这时不能对 RAM 进行读/写操作。

8.2.2　SRAM

1. SRAM 的基本存储单元

SRAM 的基本存储单元通常由 6 个 MOS 管组成,如图 8-4 所示。图中 T_1、T_2 为放大管,T_3、T_4 为负载管,这 4 个 MOS 管共同组成一个双稳态触发器。若 T_1 导通而 T_2 截止,则 A 点为低电平、B 点为高电平,代表状态"**0**";与此类似,T_1 截止而 T_2 导通时,A 点为高电平、B 点为低电平,代表状态"**1**",又是另一种稳定状态。因此,这个双稳态触发器可以保存 1 位二进制数据。

图 8-4 中 T_5、T_6 为行基本存储单元控制管,由 X 地址译码线控制;T_7 和 T_8 为列基本存储单元控制管,由 Y 地址译码线控制。显然,只有当 X、Y 地址译码线均为高电平,T_5、T_6、T_7 和 T_8 管都导通时,该基本存储单元的输出才能通过 T_5、T_6、T_7、T_8 管和数据线接通。

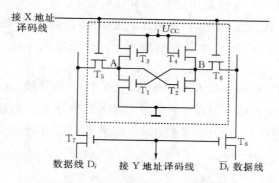

图 8-4　6 管 SRAM 基本存储单元

对基本存储单元进行写操作时,X、Y 地址译码线均为高电平,使 T_5、T_6、T_7 和 T_8 控制管导通。写入 **1** 时,数据线 D_i 和 $\overline{D_i}$ 上分别输入高、低电平,通过 T_7、T_5 置 A 点为高电平,通过 T_8、T_6 置 B 点为低电平。当写信号和地址译码信号撤去后,T_5、T_6、T_7 和 T_8 重新处于截止状态,于是 T_1、T_2、T_3 和 T_4 组成的双稳态触发器保存数据 **1**。写入数据 **0** 的过程与写入 **1** 的类似。

对基本存储单元进行读操作时,X、Y 地址译码线均为高电平,使 T_5、T_6、T_7 和 T_8 控制管导通。当该基本存储单元存放的数据是 **1** 时,A 点的高电平、B 点的低电平分别传给 D_i 和 $\overline{D_i}$ 数据线,于是读出数据 **1**。存储数据被读出后,基本存储单元原来的状态保持不变。读出数据"**0**"的过程与读出数据 **1** 的类似。

SRAM 的存储电路的 MOS 管较多,集成度不高,同时由于 T_1、T_2 管必定有一个导通,因而功耗较大。SRAM 的优点是不需要刷新电路,从而简化了外部控制逻辑电路。此外 SRAM 存取速度比 DRAM 快,因而通常用作微型计算机系统中的高速缓存。

2. 存储矩阵

一个容量为 256×4 的存储器,有 1024 个基本存储单元,它们排列成 32 行 $\times$ 32 列的矩阵形式,如图 8-5 所示。图中每行有 8 个存储单元,不同存储单元分别连接在不同的列地址译码线 Y_0、Y_1、$\cdots$、Y_7 上,每个存储单元由 4 个基本存储单元组成,它们连接在相同的列地址译码线上。

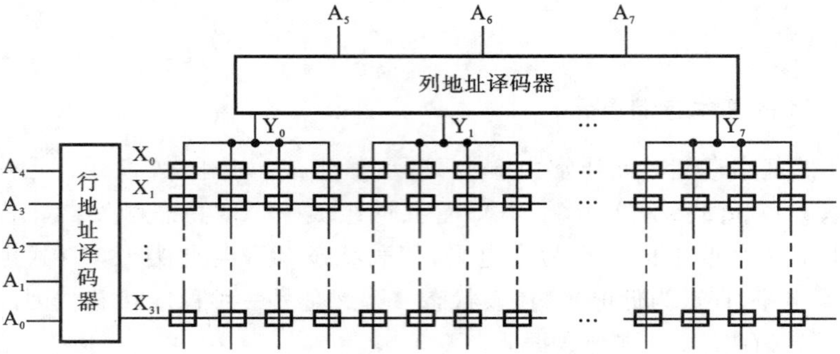

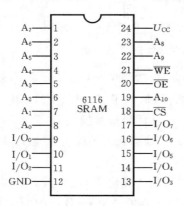

图 8-5 256×4 RAM 存储矩阵

3. SRAM 芯片举例

常用的 SRAM 芯片主要有 6116、6264、62256、628128 等,下面简单介绍 6116 芯片。6116 芯片是 2K×8 位的高速静态 CMOS 可读/写存储器,片内共有 16384 个基本存储单元。在 11 条地址线中,7 条用于行地址译码输入,4 条用于列地址译码输入,每条列地址译码线控制 8 个基本存储单元,从而组成了 128×128 的存储单元矩阵。

6116 的引脚如图 8-6 所示,在 24 个引脚中有 11 条地址线($A_0 \sim A_{10}$)、8 条数据线($I/O_0 \sim I/O_7$)、1 条电源线 U_{CC} 和 1 条地线 GND,此外还有 3 条控制线:片选线 $\overline{CS}$、输出允许 $\overline{OE}$、写允许 $\overline{WE}$。$\overline{CS}$、$\overline{OE}$ 和 $\overline{WE}$ 的组合决定了 6116 的工作方式,如表 8-1 所示。

图 8-6 6116 芯片引脚图

表 8-1 6116 芯片的工作方式

$\overline{CS}$	$\overline{OE}$	$\overline{WE}$	工作方式
0	**0**	**1**	读
0	**1**	**0**	写
1	×	×	未选

8.2.3 DRAM

与 SRAM 一样,DRAM 也是由许多基本存储单元按行、列形式构成的二维存储矩阵。在基本存储单元电路中,二进制信息保存在 MOS 管栅极电容上,电容上充有电荷表示 **1**,电容上无电荷表示 **0**,即 DRAM 是利用电容存储电荷的原理来保存信息的。

早期曾有 4 管、3 管 DRAM 基本存储单元电路,这两种电路的优点是外围控制电路比较简单,读出信号的幅度也比较大;缺点是电路结构不够简单,不利于提高集成度。目前,DRAM 基本存储单元是由 1 个 MOS 管和 1 个容量较小的电容构成的,故称为单管 DRAM 基本存储单元电路,其结构如图 8-7 所示。

它存储数据的原理是电容的电荷存储效应。当电容 C 充有电荷、呈高电压时，相当于存储 **1** 值，反之为 **0** 值。MOS 管 T 相当于一个开关，当行线为高电平时，T 导通，C 与位线相通，反之则断开。由于电路中存在漏电流，电容上存储的电荷不能长久保存，因此必须定期给电容补充电荷，以免存储数据丢失。这种操作称为刷新。

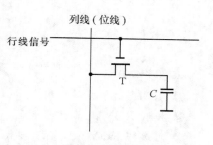

图 8-7　单管 DRAM 基本存储单元

基本存储单元及读/写控制电路的连接如图 8-8 所示。写操作时，行线 X 为高电平，T 导通，电容 C 与位线 B 连通。同时，读写控制信号 $R/\overline{W}$ 为低电平，输入缓冲器被选通，输出缓冲器被禁止，数据 D_{IN} 经输入缓冲器和位线写入存储单元。如果 D_{IN} 为 **1**，则向电容充电；如果 D_{IN} 为 **0**，而电容正好存储着 **0**，它就不会充电；如果电容正好存储着 **1**，则会放电。

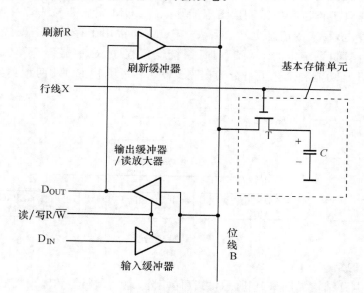

图 8-8　基本存储单元及读写控制电路连接示意图

读操作时，行线 X 为高电平，T 导通，电容 C 与位线 B 连通。此时读写控制信号 $R/\overline{W}$ 为高电平，输出缓冲器被选通，输入缓冲器被禁止，C 中存储的数据通过位线和输出缓冲器被读出到 D_{OUT} 线上。

由于读出时会消耗电容 C 中的电荷，故每次读出后，必须及时对读出的单元进行刷新，即此时刷新控制信号 R 也为高电平，刷新缓冲器被选通，则读出的数据又经刷新缓冲器和位线对电容 C 进行刷新。

自 测 练 习

8.2.1　DRAM 的存储单元是利用（　　）存储信息的，SRAM 的存储单元是利用（　　）存储信息的。

8.2.2　为了不丢失信息，DRAM 必须定期进行（　　）操作。

8.2.3　半导体存储器按读、写功能可分成（　　）和（　　）两大类。

8.2.4　RAM 的电路通常由（　　）、（　　）和（　　）3 部分组成。

8.2.5　6116 型 RAM 芯片有（　　）根地址线，（　　）根数据线，其存储容量为（　　）。

8.3 ROM

本节将学习

❂ ROM 的分类与结构

❂ 掩膜 ROM 及其存储单元

❂ 可编程 ROM 及其存储单元

❂ 可编程 ROM 的应用

8.3.1 ROM 分类与结构

1. ROM 分类

ROM 是存储固定信息的存储器。与 RAM 不同,ROM 中的信息是由专用装置预先写入的,在正常工作过程中只能读出不能写入。ROM 属于非易失性存储器,信息一经写入,即便掉电,写入的信息也不会丢失。ROM 通常用于存储不需要经常修改的程序或数据,如计算机系统中的 BIOS 程序、系统监控程序、显示器字符发生器中的点阵代码等。ROM 从功能和工艺上可分为掩膜 ROM 和可编程 ROM 两种类型,其分类结构如图 8-9 所示。

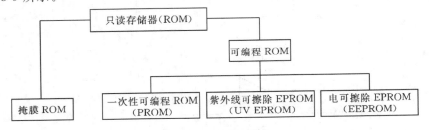

图 8-9 ROM 的分类

2. ROM 的结构

ROM 的电路结构如图 8-10 所示,由存储矩阵、地址译码器和输出控制电路三个部分组成。

图 8-10 ROM 的电路结构框图

存储矩阵由许多基本存储单元排列而成。基本存储单元可以由二极管构成,也可以由双极型三极管或 MOS 管构成。每个基本存储单元能存放 1 位二进制信息,每一个或一组基本存储单元有一个对应的地址。

地址译码器的作用是将输入的地址译成相应的控制信号,利用这个控制信号从存储矩阵中选出指定的单元,将其中的数据从数据输出端输出。

输出控制电路通常由三态输出缓冲器构成,其作用如下:

(1)提高存储器的承载能力;

(2)实现输出三态控制,以便与系统总线连接。

8.3.2 掩膜 ROM

掩膜 ROM 通常采用 MOS 工艺制作。芯片制造厂家在生产时,将用户提供的数据或程序采用二次光刻板的图形(掩膜)直接写入(固化)芯片,因此称为掩膜 ROM。掩膜 ROM 中的内容制成后不能修改,只能读出。

一个简单的 4×4 位的 MOS 型掩膜 ROM 存储矩阵如图 8-11 所示,采用单向(横向)译码结构,2 位地址线 A_1A_0 译码后产生的 4 个输出分别对应 4 条字线($W_0 \sim W_3$),可分别选中掩膜 ROM 的 4 个存储单元,每个存储单元占 4 位,分别对应 4 条位线($D_3 \sim D_0$)。字线和位线的交叉处有的连接 MOS 管,有的没有连接 MOS 管。

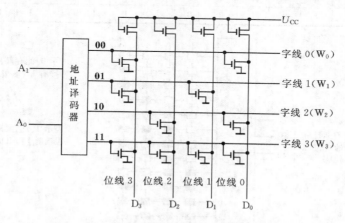

图 8-11 4×4 位的 MOS 型掩膜 ROM 存储矩阵

若输入的地址线 $A_1A_0=00$,则地址译码器对应于字线 W_0 的输出为高电平,从而使该字线上连接的 MOS 管导通,相应的位线(D_3 和 D_0)输出为 **0**;相反,该字线未连接 MOS 管的相应位线(D_2 和 D_1)时,输出为 **1**。整个存储矩阵存储的内容如表 8-2 所示。

表 8-2 掩膜 ROM 存储矩阵的内容

存储单元	位			
	D_3	D_2	D_1	D_0
0	**0**	**1**	**1**	**0**
1	**0**	**1**	**0**	**1**
2	**1**	**0**	**1**	**0**
3	**0**	**0**	**0**	**0**

掩膜 ROM 的主要特点如下。

(1) 存储内容由制造厂家一次性写入,写入后便不能修改,灵活性差;

(2) 存储内容固定不变,可靠性高;

(3) 少量生产时造价较高,因而只适用于定型批量生产。

【例 8-1】 利用掩膜 ROM,实现 4 位二进制码到格雷码的变换。

解 4 位二进制码变换成格雷码如表 8-3 所示。实现转换的 ROM 矩阵如图 8-12 所示。

表 8-3　4 位二进制码到格雷码转换表

二进制码				格雷码				二进制码				格雷码			
B_3	B_2	B_1	B_0	G_3	G_2	G_1	G_0	B_3	B_2	B_1	B_0	G_3	G_2	G_1	G_0
0	0	0	0	0	0	0	0	1	0	0	0	1	1	0	0
0	0	0	1	0	0	0	1	1	0	0	1	1	1	0	1
0	0	1	0	0	0	1	1	1	0	1	0	1	1	1	1
0	0	1	1	0	0	1	0	1	0	1	1	1	1	1	0
0	1	0	0	0	1	1	0	1	1	0	0	1	0	1	0
0	1	0	1	0	1	1	1	1	1	0	1	1	0	1	1
0	1	1	0	0	1	0	1	1	1	1	0	1	0	0	1
0	1	1	1	0	1	0	0	1	1	1	1	1	0	0	0

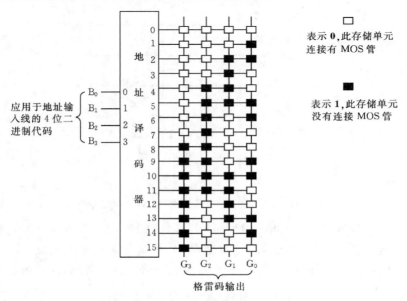

图 8-12　4 位二进制码到格雷码变换的 ROM 矩阵

8.3.3　可编程 ROM

可编程 ROM 便于用户根据自己的需要写入特定的信息,厂家生产的可编程 ROM 事先并不存入任何程序和数据,存储矩阵的所有行、列交叉处均连接有二极管、三极管或 MOS 管。可编程 ROM 出厂后用户可以利用芯片的外部引脚输入地址,对存储矩阵中的二极管、三极管或 MOS 管进行选择,即向其写入特定的二进制信息。根据存储矩阵中存储单元电路的结构不同,可编程 ROM 分为一次性可编程 ROM(Programmable ROM,简称 PROM),紫外线可擦可编程 ROM(Erasable PROM,简称 EPROM)、电可擦可编程 ROM(Electrically EPROM,简称 EEPROM)3 种。

1. PROM

PROM 与掩膜 ROM 所不同的是芯片在出厂时,所有存储单元均被加工成全为 1 (或 0),用户可根据需要通过编程器将某些存储单元的状态改写为 0(或 1)。但这种编程只能进行一次,一旦编程完毕,其内容便不能重写。

PROM 的存储单元通常有两种电路形式:一种是由二极管构成的击穿型电路;另一种是由晶体三极管组成的熔丝烧断型电路;它们的结构示意如图 8-13。

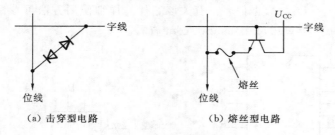

（a）击穿型电路　　　　　　　　（b）熔丝型电路

图 8-13　PROM **存储单元电路**

击穿型 PROM 中,每个存储单元都有两个背靠背的二极管如图 8-13(a)所示。这两个二极管将字线和位线断开,相当于每个存储单元都存入 **0**。用户在编程时,可根据需要对选中的存储单元加上一个高电压和大电流,将其反向二极管击穿,仅剩下一个正向导通的二极管,这时位线和字线接通,该存储单元相当于存有信息 **1**。因此,这种编程是一次性的。

熔丝型 PROM 中,每个存储单元都有一个带熔丝的晶体三极管,其连接如图 8-13 (b)所示。用户编程是逐字逐位进行的,根据需要写入的信息,按字线和位线选择某个存储单元,然后施加规定宽度和幅度的脉冲电流,将连接三极管发射极的熔丝熔断,使该存储单元的状态被改变成与原状态相反的状态。熔丝熔断后,便不可恢复,显然,这种编程也是一次性的。

PROM 编程虽然是由用户而不是由生产厂家完成的,由此增加了灵活性,但编程是一次性的,且可靠性较差,目前已很少使用。

2. EPROM

EPROM 作为一种可以多次擦除和重写的 ROM,克服了掩膜 ROM 和 PROM 只能一次性写入的缺点,满足了实际工作中需要多次修改程序或数据的要求,前提条件是存储矩阵中现有的程序或数据必须首先擦除。因此,EPROM 使用比较广泛。

EPROM 芯片上方有一个石英玻璃窗口,当用一定波长(如 2537$\mathring{A}$)、一定光强(如 $12000 \ \mu W/cm^2$)的紫外线透过窗口照射时,存储电路中所有浮栅上的电荷会形成光电流泄放,使浮栅恢复初态。一般照射 $20 \sim 30$ min 后,读出各单元的内容均为 FFH,说明 EPROM 中内容已被擦除。

EPROM 的擦除和编程写入是采用专门的编程器完成的。因此,对于已编好程序的 EPROM 要用不透光的胶纸将受光窗口封住,以保护芯片不受荧光或太阳光的紫外光照射而造成信息丢失。太阳光大约在 1 周内可擦除 EPROM 内的信息,而室内荧光大约需要 3 年。

图 8-14 所示的是紫外 EPROM(简称 UV EPROM)的外观图,上面的透明石英玻璃窗口是识别 UV EPROM 的标志。

常用的 EPROM 有 2716(2K×8 位)、2732 (4K×8 位)、2764(8K×8 位)和 27512(64K×8

图 8-14　UV EPROM **的外观图**

位)等型号。图 8-15 所示的是容量为 8K×8 位的 2764 型 EPROM 的外部引脚图。图中,U_{PP} 为编程电源,$\overline{CS}$ 为片选信号,$\overline{P}$ 为编程脉冲信号,$\overline{OE}$ 为输出允许信号,$A_0 \sim A_{12}$ 为地址信号,$D_0 \sim D_7$ 为数据信号。有关该芯片的详细使用方法可参阅芯片技术手册或登录网站 http://www.alldatasheet.com 查看。

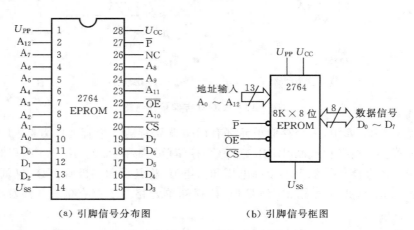

(a) 引脚信号分布图　　　　　(b) 引脚信号框图

图 8-15　2764 型 EPROM 的外部引脚图

3. EEPROM

EPROM 虽然可以多次编程,具有较好的灵活性,但在整个芯片中即使只有 1 个二进制位需要修改,也必须将芯片从机器(或板卡)上拔下来,用紫外线光源擦除后重写,因而给实际应用带来不便。

EEPROM 也称为 E^2PROM。与 EPROM 擦除时把整个芯片的内容全变成 1 不同,EEPROM 的擦除可以按字节分别进行,这是 EEPROM 的优点之一。字节的编程和擦除都只需 10 ms,并且不需将芯片从机器上拔下以及用紫外线光源照射等特殊操作,因此可以在线进行擦除和编程写入。这就特别适用于现代嵌入式系统偶尔需要修改少量数据的场合。

为了编程和擦除的方便,有些 EEPROM 芯片把内部存储器进行分页(或分块)处理,可以按字节、按页或整片擦除,对不需要擦除的部分,可以保留。

常见的 EEPROM 芯片有 2816、2832、2864、28256 等型号。图 8-16 所示的是容量为 32K×8 位的 28256 型芯片的引脚图。图中,$\overline{CS}$ 为片选信号,$\overline{W}$ 为写控制信号,$\overline{OE}$ 为输出允许信号,$A_0 \sim A_{14}$ 为地址信号,$D_0 \sim D_7$ 为数据信号。有关该芯片的详细使用方法可参阅芯片技术手册或登录网站 http://www.alldatasheet.com 查看。

8.3.4　可编程 ROM 的应用

从逻辑器件的角度理解,可编程 ROM 的基本结构是由一个固定连接的**与门阵列**(它被连接成一个译码器)和一个可编程的**或门阵列**(存储矩阵)组成的,如图 8-17 所示。n 个输入为 ROM 的地址线,m 个输出为 ROM 的数据线。

图 8-18 所示的是 PROM 的点阵示意图,与图 8-17 所示的相对应。图中的**与门阵列**构成一个两变量的地址译码器,其中:

$$W_0 = \overline{A_1}\,\overline{A_0}, \quad W_1 = \overline{A_1}A_0, \quad W_2 = A_1\overline{A_0}, \quad W_3 = A_1 A_0$$

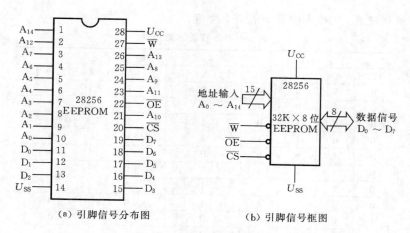

(a) 引脚信号分布图　　　　　　(b) 引脚信号框图

图 8-16 28256 型 EEPROM 的外部引脚图

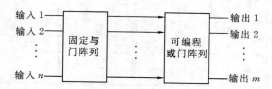

图 8-17 PROM 方框图

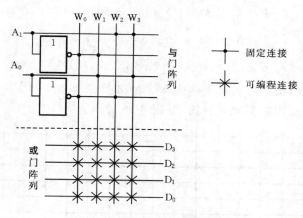

图 8-18 PROM 的点阵示意图

上述关系出厂前已固定,用户不能改变。图中的**或门阵列**可由用户进行编程实现各数据输出 $D_i(i=0\sim3)$ 与译码器输出 $W_i(i=0\sim3)$ 之间的**或**逻辑关系。

若将存储器的地址线作为输入变量,将存储器的数据线作为输出变量,则地址线经**与门阵列**可产生输入变量的全部最小项,每一个输出变量就是若干最小项之和。因而任何形式的组合逻辑电路均能通过对 ROM 进行编程来实现。

由此可知,采用 n 位地址输入、m 位数据输出的 PROM,可以实现一组任意形式的 n 变量的组合逻辑电路,这个原理也适用于 RAM。

【例 8-2】 用 PROM 设计一个比较器,比较两个 2 位二进制数 A_1A_0 和 B_1B_0 的大小。当 $A_1A_0<B_1B_0$ 时,$F_1(A<B)=1$;当 $A_1A_0>B_1B_0$ 时,$F_2(A>B)=1$;当 $A_1A_0=B_1B_0$ 时,$F_3(A=B)=1$。

解 根据题意,可列真值表如表 8-4 所示。

表 8-4 比较器的真值表

输 入				输 出		
A_1	A_0	B_1	B_0	$F_1(A<B)$	$F_2(A>B)$	$F_3(A=B)$
0	0	0	0	0	0	1
0	0	0	1	1	0	0
0	0	1	0	1	0	0
0	0	1	1	1	0	0
0	1	0	0	0	1	0
0	1	0	1	0	0	1
0	1	1	0	1	0	0
0	1	1	1	1	0	0
1	0	0	0	0	1	0
1	0	0	1	0	1	0
1	0	1	0	0	0	1
1	0	1	1	1	0	0
1	1	0	0	0	1	0
1	1	0	1	0	1	0
1	1	1	0	0	1	0
1	1	1	1	0	0	1

根据表 8-4,可得到输出函数表达式

$$F_1(A<B) = \sum m(1,2,3,6,7,11)$$

$$F_2(A>B) = \sum m(4,8,9,12,13,14)$$

$$F_3(A=B) = \sum m(0,5,10,15)$$

由此可知,此比较器应采用 4 位地址输入、3 位数据输出的 PROM 来实现。根据以上表达式,可画出 PROM 的点阵图,如图 8-19 所示。

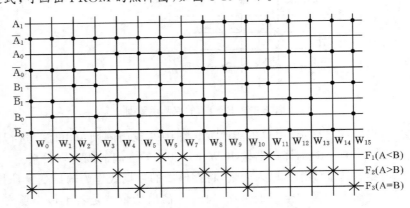

图 8-19 例 8-2 的 PROM 点阵图

【例 8-3】 用 16×4 位的 PROM 实现下列逻辑函数,画出点阵图。

$$F_1 = ABC + \overline{A}(B+C)$$

$$F_2 = A\overline{B} + \overline{A}B$$

$$F_3 = \overline{A}BCD + A\overline{B}C\overline{D} + AB\overline{C}D + ABCD$$

$$F_4 = ABC + ABD$$

解　先将逻辑函数表达式转换成最小项表达式,即

$$F_1 = ABC + \overline{A}(B+C) = \sum m(2,3,4,5,6,7,14,15)$$

$$F_2 = A\overline{B} + \overline{A}B = \sum m(4,5,6,7,8,9,10,11)$$

$$F_3 = \overline{A}BCD + A\overline{B}C\overline{D} + AB\overline{C}D + ABCD = \sum m(7,10,13,15)$$

$$F_4 = ABC + ABD = \sum m(13,14,15)$$

画出 PROM 点阵图,如图 8-20 所示。

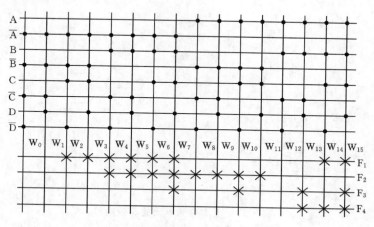

图 8-20　例 8-3 的 PROM 点阵图

自测练习

8.3.1　ROM 可分为(　　)、(　　)、(　　)和(　　)4 种类型。

8.3.2　ROM 的电路结构中包含(　　)、(　　)和(　　)共 3 个组成部分。

8.3.3　若将存储器的地址输入作为(　　),将数据输出作为(　　),则存储器可实现组合逻辑电路的功能。

8.3.4　掩膜 ROM 可实现的逻辑函数表达式是(　　)。

8.3.5　28256 型 EEPROM 有(　　)根地址线,(　　)根数据线,其存储容量为(　　)位,是以字节存储信息的。

8.3.6　EPROM 是利用(　　)擦除数据的,EEPROM 是利用(　　)擦除数据的。

8.3.7　PROM、EPROM、EEPROM 分别代表(　　),(　　)和(　　)。

8.3.8　一个 PROM 能写入(　　)(许多,一)次程序,一个 EPROM 能写入(　　)(许多,一)次程序。

8.3.9　存储器 2732A 是一个(　　)(EPROM,RAM)。

8.4　快闪存储器

本节将学习
- 快闪存储器的电路结构
- 快闪存储器芯片应用举例
- 快闪存储器与其他存储器的比较

8.4.1　快闪存储器的电路结构

快闪存储器是一种电可擦写的存储器,简称为闪存(Flash Memory)。所谓 Flash

是指数据可以轻易地被擦除。从基本工作原理上看,闪存属于 ROM 型存储器,但它也可以随时改写信息,所以从功能上看它又相当于 RAM。从这个意义上说,传统的 ROM 与 RAM 的界限和区别在闪存上已不明显。

闪存基本存储单元的等效电路如图 8-21 所示。它由一个浮栅 MOS 管构成,若浮栅上保存有电荷,则在源极(S)、漏极(D)之间形成导电沟道,达到一种稳定状态,可以定义该状态为保存信息 0 状态,如图 8-21(a)所示;若浮栅上没有电荷存在,则在源极、漏极之间无法形成导电沟道,为另一种稳定状态,可以定义它为保存信息 1 状态,如图 8-21(b)所示。

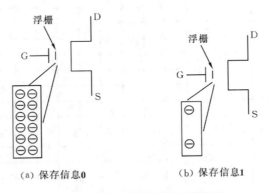

(a) 保存信息0   (b) 保存信息1

图 8-21　基本存储单元的等效电路

上述两种稳定状态("0"、"1")可以相互转换:状态 0 到状态 1 的转换过程是将浮栅上的电荷移走的过程。若在源极与控制栅极之间加上一个正向电压 $U_{SG}=12$ V(或其他规定值),则浮栅上的电荷将向源极扩散,从而导致浮栅的部分电荷丢失,不能在源极、漏极之间形成导电沟道,由此完成状态转换,该转换过程称为对闪存的擦除;相反,当要进行状态 1 到状态 0 的转换时,在控制栅极与源极之间加正向电压 U_{SG},而在漏极与源极之间加正向电压 U_{SD},并保证 $U_{SG}>U_{SD}$,此时,来自源极的电荷将向浮栅扩散,使浮栅带上电荷,于是漏极、源极之间形成导电沟道,由此完成状态转换,该转换过程称为对闪存的编程。进行通常的读取操作时只需撤销 U_{SG},加上一个适当的 U_{SD} 即可。据测定,浮栅上的编程电荷在正常使用条件下可以保存 100 年。

由于闪存只需一个晶体管即可保存 1 位二进制信息,因此可实现很高的信息存储密度,这与 DRAM 的电路有些类似。不过,由于在 DRAM 中用于存储信息的小电容存在漏电现象,所以需动态刷新电路不断对电容进行电荷补偿,否则所存信息将会丢失;而闪存并不需要刷新操作即可长久保存信息。

由于闪存在关掉电源后仍能保存信息,所以它具有非易失性存储器的特点。如上所述,对其擦除和编程只需在浮栅 MOS 管的相应电极之间加上合适的正向电压即可,可以在线进行擦除与编程,所以它又具有 EEPROM 的特点。总之,闪存是一种具有较高存储容量、较低价格、可在线擦除与编程的新一代读/写存储器。它的独特性能使其广泛应用于嵌入式系统、仪器仪表、汽车器件以及数码影音等产品中。

闪存芯片的品种、型号很多,表 8-5 列出了 28F 系列的几种典型芯片的型号、位密度及存储容量。

下面以表 8-5 所示的 28F256 型闪存芯片为例作简要的介绍。28F256 是一种采用 CMOS 工艺制造的存储容量为 32K 字节的闪存芯片,芯片采用 32 引脚的双列直插式封装(DIP)。图 8-22 为 28F256 芯片引脚示意图。图中,U_{PP} 为编程电源,$A_0 \sim A_{14}$ 为 15 位地址信号,$D_0 \sim D_7$ 为 8 位数据 I/O 信号,$\overline{W}$ 为写控制信号,$\overline{OE}$ 为输出允许信号,$\overline{CS}$ 为片选信号。有关该芯片的详细使用方法可参阅芯片技术手册或登录网站 http://www.alldatasheet.com 查看。

表 8-5　几种典型的 28F 系列闪存芯片

型　号	位密度/位	存储容量/字节
28F256	256K	32K
28F512	512K	64K
28F010	1M	128K
28F020	2M	256K

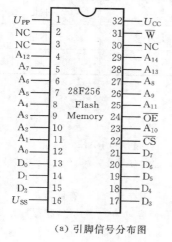

(a) 引脚信号分布图

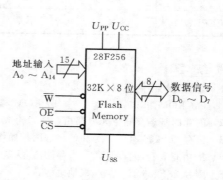

(b) 引脚信号框图

图 8-22　闪存 28F256 引脚信号框图

8.4.2　闪存与其他存储器的比较

1. 闪存与 ROM、EPROM 和 EEPROM 比较

ROM 是高密度、非易失性存储器件,但是,一旦编程后 ROM 的内容就不能更改了。EPROM 也是高密度、非易失性存储器件,虽然能改写,但必须将其移出系统并使用专用的紫外线擦除器来擦除。EEPROM 比 ROM、EPROM 具有更加复杂的单元结构,并且它的密度不太高,尽管它可以在不移出系统的情况下重新编程,但它的低密度,每位数据的存储成本比 ROM 或者 EPROM 的高许多。

闪存可以非常容易地在系统内部重新编程。这是因为闪存具有单个晶体管单元,本质上是一种可读/写存储器,且闪存的密度可以和 ROM、EPROM 媲美。闪存也是非易失性存储器,在断电的情况下,存储的信息可以保存 100 年。

2. 闪存与 SRAM、DRAM 比较

SRAM 和 DRAM 都是易失性的读/写存储器,需要常态电源来保存它所存储的信息。此外,SRAM 的密度相对较低;DRAM 虽然有较高的密度,但需要经常刷新来保存数据,刷新需要功耗,因此在许多应用中,为防止数据丢失,对于 DRAM 中的数据使用如硬盘之类的备份存储。

闪存具有比 SRAM、DRAM 更高的密度,并且是非易失性的存储器,不需要刷新来保存数据。一般来说,闪存比等价的 DRAM 耗费较少的电量,并且在许多应用中可以用来取代硬盘。

几种类型存储器的性能比较结果如表 8-6 所示。

表 8-6   几种类型存储器的性能比较

内存类型	非易失性	高密度	一个晶体管单元	系统内部写能力
闪存	是	是	是	是
SRAM	不是	不是	不是	是
DRAM	不是	是	是	是
ROM	是	是	是	不是
EPROM	是	是	是	不是
EEPROM	是	不是	不是	是

自 测 练 习

8.4.1 非易失性存储器有( )。
    (a) ROM 和 RAM   (b) ROM 和闪存   (c) 闪存和 RAM
8.4.2 闪存的基本存储单元电路由( )构成,它是利用( )保存信息,具有( )性的特点。
8.4.3 闪存 28F256 有( )和( )两种操作方式。
8.4.4 从功能上看,闪存是( )存储器,从基本工作原理上看,闪存是( )存储器。
8.4.5 闪存 28F256 有( )根地址线,( )根数据线,其存储容量为( )位,编程操作是按字节编程的。

8.5 存储器的扩展

本节将学习
☯ 存储器的位扩展方法
☯ 存储器的字扩展方法

一片存储器的容量是有限的。在实际应用中,若要构成更大容量的存储器,就需要将若干片 ROM(或 RAM)组合起来,这就是存储器的扩展。存储器的扩展方法有位扩展法和字扩展法两种。

扩展存储器所需要的芯片的数量为总容量除以单片存储器的容量。

8.5.1 存储器的位扩展法

存储器的位扩展法也称为位并联法。采用这种方法构成存储器时,各存储器芯片连接的地址信号是相同的,而存储器芯片的数据线则分别作为扩展后的数据线。扩展后的存储器实际上没有片选的要求,只进行数据位的扩展,整个存储器的字数与单片存储器的字数是相同的。在存储器工作时,各芯片同时进行相同的操作。

【例8-4】 用 1024×8 位的 RAM 扩展成容量为 1024×16 位的存储器。

解 需要的芯片数量:$1024 \times 16 / 1024 \times 8 = 2$ 片

连接的方法非常简单,只需将2片的所有地址线、$\overline{WE}$、$\overline{CS}$分别并联起来,并引出所有的数据线即可,其连接方式如图8-23所示。ROM 芯片的位扩展方法和 RAM 芯片的完全相同。

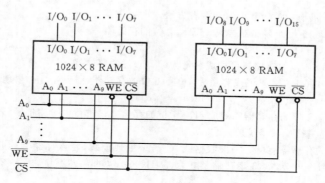

图 8-23 例 8-4 的 RAM 位扩展连接图

8.5.2 存储器的字扩展法

存储器的字扩展法也称为地址串联法。采用这种方法构成存储器时,只在字的方向上进行扩展,而存储器的位数不变。整个存储器位数等于单片存储器的位数。扩展的方法是将地址分成两部分,一部分低位地址和每个存储器芯片的地址并联连接,另一部分高位地址通过片选译码器译码后与各存储器的片选信号连接,各存储器的数据线对应位连接在一起。

在存储器工作时,由于译码器的输出信号任何时刻只有1位输出有效,因此根据高位地址译码产生的芯片控制信号只能选中一片存储器,其余未选中的存储器芯片不工作。

【例8-5】 用 256×8 位的 RAM 扩展成容量为 $1K \times 8$ 位的存储器。

解 需要的芯片数量为:$1K \times 8 / 256 \times 8 = 4$ 片,其连接如图8-24所示。

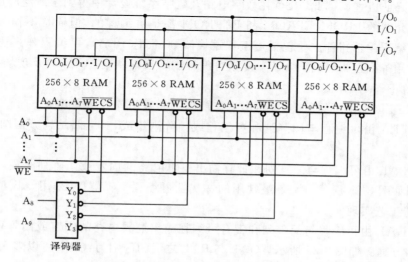

图 8-24 例 8-5 的 RAM 字扩展连接图

上述字扩展法同样适用于 ROM 电路的扩展。如果一片 ROM 或 RAM 的字数和位数都不够用,则需要进行字、位扩展。字、位扩展的方法是先进行位扩展(或字扩展)再进行字扩展(或位扩展),这样就可以满足更大存储容量的要求。

自测练习

8.5.1 存储器的扩展有( )和( )两种方法。

8.5.2 如果用 2K×16 位的存储器构成 16K×32 位的存储器,需要( )片。

    (a) 4　　　　　(b) 8　　　　　(c) 16

8.5.3 用 4 片 256×4 位的存储器可构成容量为( )位的存储器。

8.5.4 若将 4 片 6116 RAM 扩展成容量为 4K×16 位的存储器,需要( )根地址线。

    (a) 10　　　　(b) 11　　　　(c) 12　　　　(d)13

8.5.5 将多片 1K×4 位的存储器扩展成 8K×4 位的存储器是进行( )扩展;若扩展成 1K×16 位的存储器是进行( )扩展。

8.5.6 256×4 位的存储器有( )根数据线,( )根地址线,若该存储器的起始地址为 00H,则最高地址为( ),欲将该存储器扩展为 1K×8 位的存储系统,需要 256×4 位的存储器( )个。

8.6 可编程阵列逻辑

本节将学习

☯ 可编程逻辑器件的种类

☯ 电路结构方框图

☯ 可编程阵列逻辑的特点、电路结构和器件

☯ 利用可编程阵列逻辑器件实现组合逻辑电路

☯ 利用可编程阵列逻辑器件实现时序逻辑电路

可编程逻辑器件(简称 PLD)是一种由用户编程以实现某种逻辑功能的新型器件,它为多输入多输出的组合逻辑或时序逻辑电路提供了一体化的解决方案。在实际电路设计中,PLD 可代替各种小规模和中规模集成电路,从而节省电路板空间,减少集成电路数目和降低成本。因此,PLD 在数字电路及数字系统设计中得到了广泛应用。

前面介绍的 PROM、EPROM 和 EEPROM 都是可编程的,但通常不作为 PLD 的一类。可编程逻辑器件主要包括可编程逻辑阵列(简称 PLA)、可编程阵列逻辑(简称 PAL)、通用阵列逻辑(简称 GAL)、复杂可编程逻辑器件(简称 CPLD)及现场可编程门阵列(简称 FPGA)等。

所有 PLD 都由可编程阵列组成,有**与**门阵列和**或**门阵列两类阵列。

(1) PLA 由可编程**与**门阵列和可编程**或**门阵列组成,其电路结构方框图如图8-25所示。

(2) PAL 由可编程**与**门阵列和带有输出逻辑电路的固定**或**门阵列组成,其电路结构方框图如图 8-26 所示。它是最常用的一次性可编程逻辑器件,采用双极型 TTL 或 ECL 制造工艺实现。

(3) GAL 由可编程**与**门阵列和带有可编程输出逻辑电路的固定**或**门阵列组成,其电路结构方框图如图 8-27 所示。GAL 与 PAL 之间的区别为:GAL 可以多次编程且带有可编程的输出逻辑电路。

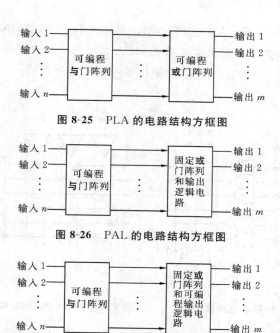

图 8-25 PLA 的电路结构方框图

图 8-26 PAL 的电路结构方框图

图 8-27 GAL 的电路结构方框图

由于 PLD 内部阵列的连接规模庞大,用传统的逻辑电路图很难描述,所以在本节和下一节里采用图 8-28 所示的简化画法,这也是目前国际、国内通用的画法。

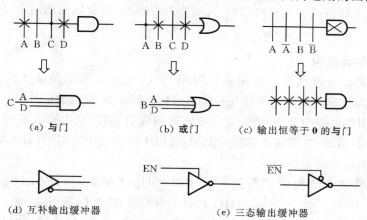

图 8-28 PLD 中各种门电路的简化表示法

8.6.1 PAL 的电路结构

PAL 由可编程的**与**阵列、固定的**或**阵列和输出逻辑电路 3 部分组成。图 8-29 所示电路是 PAL 中最简单的一种电路结构形式,仅包含一个可编程的**与**阵列和一个固定的**或**阵列。

图 8-29 所示的为 3×6×3 结构的 PAL,即有 3 个输入信号,6 个可编程**与**项,3 个固定输出。用它可以实现 3 个 3 变量的逻辑函数。

【例 8-6】 试用 3×6×3 结构的 PAL 实现下列逻辑函数。

$$F_0 = AB + \overline{A}\overline{B}, \quad F_1 = \overline{A}B + A\overline{B}, \quad F_2 = ABC + \overline{A}\overline{C}$$

解 由于逻辑函数已经是最简的格式,故无需化简。而且是 3 个 3 变量的逻辑函数,有 6 个与项,这样,3×6×3 结构的 PAL 可以得到充分利用。编程后的连接图如图 8-30 所示。

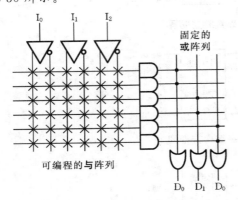 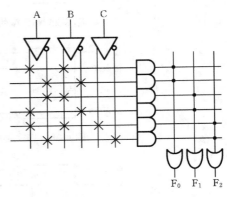

图 8-29 PAL 的基本电路结构　　　　图 8-30 例 8-6 的 PAL 编程后的基本电路

目前常见的 PAL 中,输入变量最多的可达 20 个,**与**阵列中与项的个数最多为 80 个,**或**阵列输出端最多的有 10 个,每个**或**门输入端最多的达 16 个。

为了扩展电路的功能并增加使用的灵活性,PAL 在**与或**阵列的基础上,增加了多种输出及反馈电路,构成了各种型号的 PAL。根据 PAL 的输出结构和反馈电路的不同,可将它们大致分成专用输出结构、可编程 I/O 结构、寄存器输出结构、**异或**输出结构等几种类型。

1. 专用输出结构

图 8-29 所示电路就属于专用输出结构 PAL,它的输出端是**与或**门。另外,有的 PAL 还采用**与或**非门输出结构或互补输出结构。图 8-31 所示的是 PAL 的**与或**非门输出结构。专用输出结构 PAL 的特点是**与**阵列编程后,输出只由输入来决定,即输出端只能作输出用,因此,专用输出结构的 PAL 适用于组合逻辑电路的设计,故专用输出结构又称为基本组合输出结构。

具有专用输出结构的逻辑器件有 PAL10H8、PAL14H4、PAL10L8、PAL14L4、PAL16C1 等型号。其中 PAL10H8、PAL14H4 是**与或**门输出结构;PAL10L8 和 PAL14L4 是**与或**非门输出结构;PAL16C1 是互补输出结构,输出端同时输出一对互补的信号。

2. 可编程 I/O 结构

图 8-32 所示的是 PAL 的可编程 I/O 结构(也称为异步 I/O 结构)。由图可看出,输出三态缓冲器的使能控制端由**与或**阵列的一个**与**项给出。编程时,当三态缓冲器的控制端为 **0** 时,三态缓冲器处于高阻态(EN=**0**),此时,I/O 端可作为输入端使用,通过另一个缓冲器送到**与**阵列中;当三态缓冲器的控制端为 **1** 时,三态缓冲器被选通,I/O 端只能作输出端使用。此时,与 I/O 端连接的缓冲器作反馈缓冲器使用,将输出反馈至**与**门。根据这一特性,可编程指定某些 I/O 端的方向,从而改变器件 I/O 线数目的比例,以满足各种不同的需要。

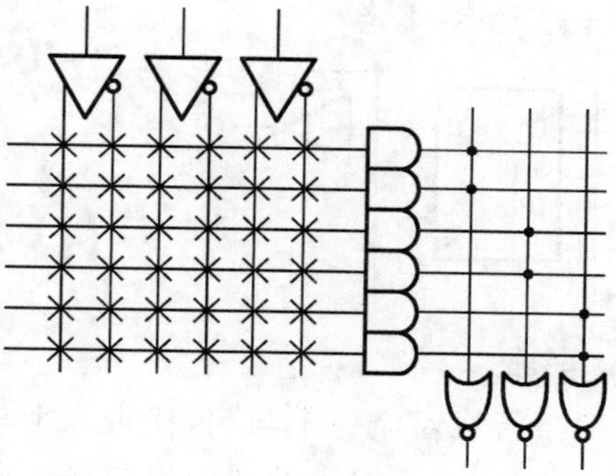

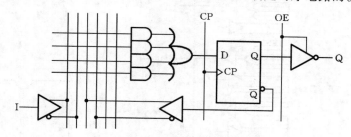

图 8-31 PAL 的与或非门结构 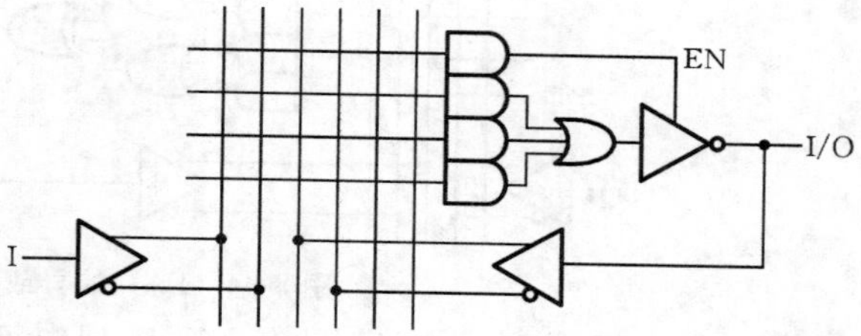　　　图 8-32 PAL 的可编程 I/O 结构

可编程 I/O 结构的器件有 PAL16L8（10 个输入，2 个输出，6 个可编程 I/O）、PAL20L10（12 个输入，2 个输出，8 个可编程 I/O）等。

3. 寄存器输出结构

PAL 的寄存器输出结构如图 8-33 所示。由图可看出，在输出三态缓冲器和**与或**阵列的输出之间加入了由 D 触发器组成的寄存器。同时，触发器的状态输出又经过互补输出的缓冲器反馈到**与**阵列。这样，PAL 就有了记忆功能，可满足时序电路的设计要求。

图 8-33 PAL 的寄存器输出结构

PAL 器件的型号不同，所带 D 触发器的个数也不同。但是，各触发器受同一个时钟信号控制，各个触发器所连接的三态缓冲器也受同一个使能信号控制。

具有寄存器输出结构的 PAL 有 PAL16R8、PAL16R6、PAL16R4 等型号。其中 PAL16R8 有 8 个输入、8 个 D 触发器输出、8 个反馈输入、1 个公共时钟信号和 1 个公共选通控制信号。

4. 异或输出结构

PAL 的**异或**输出结构如图 8-34 所示。由图可看出，它是将**与**阵列输出的**与**项分成 2 个**或**项，经**异或**后作为 D 触发器的输入，在 CP 的上升沿到达时，存入 D 触发器。这种结构和寄存器输出结构类似，不同的是在**与或**阵列的输出端增设了**异或**门。

具有**异或**输出结构的 PAL 有 PAL20X10、PAL20X8、PAL20X4 等型号。其中 PAL20X8 有 10 个输入、8 个**异或**门、8 个 D 触发器、10 个反馈输入、10 个 I/O、1 个公共时钟信号和 1 个公共选通控制信号。

8.6.2 PAL 器件举例

PAL16L8 器件简化的结构如图 8-35 所示，它有 10 个专用输入端（$I_1 \sim I_{10}$），2 个专用输出端（O_1、O_2）以及 6 个可编程 I/O 端（$I/O_1 \sim I/O_6$）。所以，它共有 16 个输入

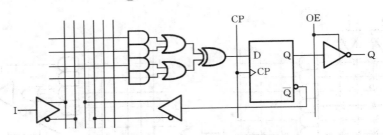

图 8-34 PAL 的异或输出结构

端,可以产生 32 条列线作为输入信号。阵列中每一条行线对应一个**与门**,代表一个**与项**。该器件共有 64 个与项,分成 8 组,各组通过一个固定为 7 输入的**或门**形成输出函数,这些输出函数经三态反相缓冲器输出,共有 8 个输出端,且低电平有效。

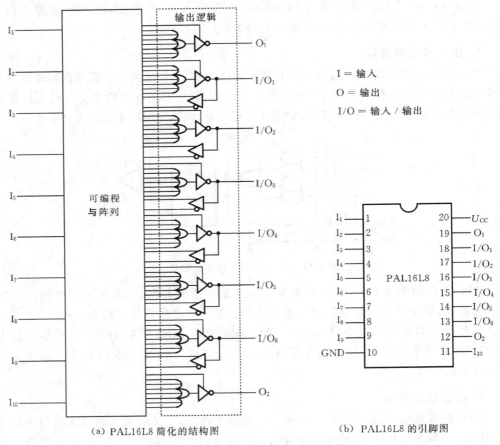

(a) PAL16L8 简化的结构图   (b) PAL16L8 的引脚图

图 8-35   PAL16L8 的结构图和引脚图

PAL16L8 器件的型号定义为:字母 PAL 代表该器件所属类型;数字(16)代表与门阵列的输入端个数(其中包括可编程为输入的 I/O 端);数字后面的字母代表输出的类型:H 指输出为高电平有效,L 指输出为低电平有效,P 指可编程极性;输出类型后面的数字(8)代表输出端个数。

8.6.3   PAL 器件的应用举例

由于 PAL 具有多种输出及反馈电路的结构,因此,可以很方便地用来实现各种组合和时序逻辑电路。用 PAL 器件进行逻辑电路设计时,一般先根据逻辑问题的描述求得最简的**与或**逻辑函数,然后根据逻辑函数中的输入变量、输出变量、与项个数、状态个数等,选择合适的器件,并按函数表达式进行编程。

【例 8-7】 选用 PAL16L8 设计一个代码转换电路,将 4 位二进制码转换成格雷码。

解 设输入的 4 位二进制码为 ABCD,输出的 4 位格雷码为 WXYZ,则其代码转换真值表如表 8-7 所示。

表 8-7 代码转换真值表

输入				输出				输入				输出			
A	B	C	D	W	X	Y	Z	A	B	C	D	W	X	Y	Z
0	0	0	0	0	0	0	0	1	0	0	0	1	1	0	0
0	0	0	1	0	0	0	1	1	0	0	1	1	1	0	1
0	0	1	0	0	0	1	1	1	0	1	0	1	1	1	1
0	0	1	1	0	0	1	0	1	0	1	1	1	1	1	0
0	1	0	0	0	1	1	0	1	1	0	0	1	0	1	0
0	1	0	1	0	1	1	1	1	1	0	1	1	0	1	1
0	1	1	0	0	1	0	1	1	1	1	0	1	0	0	1
0	1	1	1	0	1	0	0	1	1	1	1	1	0	0	0

由真值表可写出输出函数表达式

$$W = \sum m(8,9,10,11,12,13,14,15)$$

$$X = \sum m(4,5,6,7,8,9,10,11)$$

$$Y = \sum m(2,3,4,5,10,11,12,13)$$

$$Z = \sum m(1,2,5,6,9,10,13,14)$$

将逻辑函数化简后得

$$W=A, \qquad \overline{W}=\overline{A}$$

$$X=A\overline{B}+\overline{A}B, \qquad \overline{X}=AB+\overline{A}\,\overline{B}$$

$$Y=B\overline{C}+\overline{B}C, \qquad \overline{Y}=BC+\overline{B}\,\overline{C}$$

$$Z=C\overline{D}+\overline{C}D, \qquad \overline{Z}=CD+\overline{C}\,\overline{D}$$

这是一组有 4 个输入变量,4 个输出变量的组合逻辑函数。用一片 PAL 实现,就必须选用有 4 个以上输入端和 4 个以上输出端的器件,因此可选用 PAL16L8,其电路图如图 8-36 所示(此图仅画出了所用引脚的部分)。

【例 8-8】 试用 PAL 设计一个具有清零和输出有三态功能的 4 位加 2 计数器。

解 4 位加 2 计数器的状态图如图 8-37 所示。

如果用 PAL 实现这个计数器,则 PAL 至少应有 4 个触发器和相应的**与或**阵列。因此可选用 PAL16R4。PAL16R4 是一个有 4 个 D 触发器、8 个变量输入端、4 个可编程 I/O 端的器件。但是,PAL16R4 的输出端设置有反相三态缓冲器,所以 4 个触发器的 Q 输出端应与图 8-37 中的状态反相,即如图 8-38 所示。

根据图 8-38 所示,利用卡诺图化简可得状态方程

$$Q_3^{n+1}=Q_3Q_1+Q_3Q_2+\overline{Q_3}\,\overline{Q_2}\,\overline{Q_1}$$

$$Q_2^{n+1}=\overline{Q_2}\,\overline{Q_1}+Q_2Q_1$$

A
I1
B
I2
C
I3
D
I4
O1
W
I/O1
X
I/O2
Y
I/O3
Z

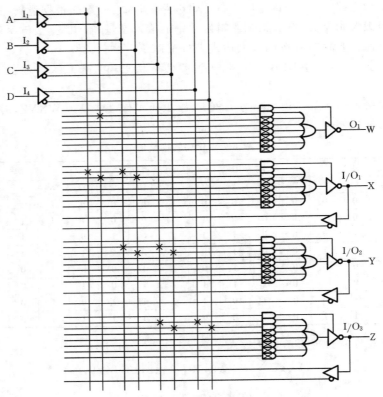

图 8-36　例 8-7 的编程后的逻辑图

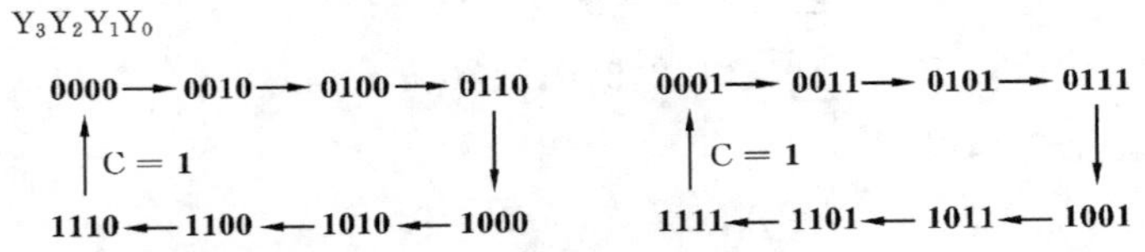

Y3Y2Y1Y0
0000 → 0010 → 0100 → 0110
0110 → 1000
1000 → 1010 → 1100 → 1110
1110 → 0000
C = 1
0001 → 0011 → 0101 → 0111
0111 → 1001
1001 → 1011 → 1101 → 1111
1111 → 0001
C = 1

图 8-37　计数器的状态转换图

Q3Q2Q1Q0
1111 → 1101 → 1011 → 1001
1001 → 0111
0111 → 0101 → 0011 → 0001
0001 → 1111
C̄ = 0
1110 → 1100 → 1010 → 1000
1000 → 0110
0110 → 0100 → 0010 → 0000
0000 → 1110
C̄ = 0

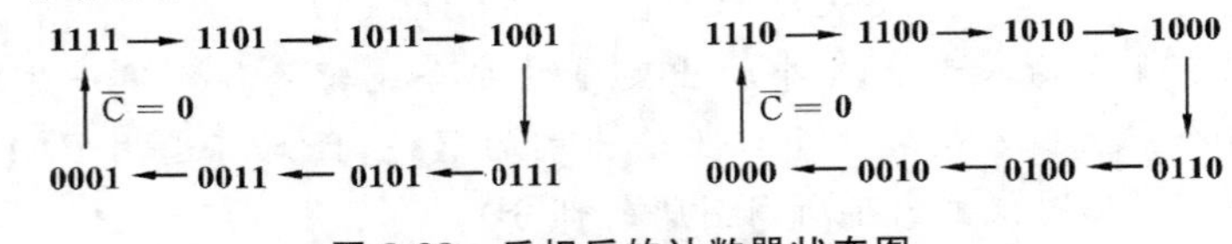

图 8-38　反相后的计数器状态图

$$Q_1^{n+1}=\overline{Q}_1$$

$$Q_0^{n+1}=Q_0$$

由状态方程可写出每个触发器的驱动方程。因为要求计数器具有清零功能，且有进位输出，故设计为当 $R=\mathbf{1}$ 时，在时钟信号到来后将所有的触发器置 **1**，即 $Q_3Q_2Q_1Q_0=\mathbf{1111}$，反相后的输出得到 $Y_3Y_2Y_1Y_0=\mathbf{0000}$，实现了清零。于是修改后的驱动方程为

$$D_3=Q_3Q_1+Q_3Q_2+\overline{Q}_3\overline{Q}_2\overline{Q}_1+R$$

$$D_2=\overline{Q}_2\overline{Q}_1+Q_2Q_1+R$$

$$D_1 = \overline{Q}_1 + R$$
$$D_0 = Q_0 + R$$

进位输出信号为

$$\overline{C} = \overline{Q}_3 \overline{Q}_2 \overline{Q}_1 \quad 或 \quad C = Q_3 + Q_2 + Q_1$$

按照驱动方程和进位输出函数编程后的 PAL16R4 的阵列图如图 8-39 所示。图中 1 脚接时钟输入，11 脚接输出缓冲器的三态控制信号 $\overline{OE}$，2 脚接 R 清零控制信号（正常计数时 R 应为低电平信号），14、15、16、17 脚分别为输出 Y_0、Y_1、Y_2、Y_3，18 脚为进位输出信号 C。

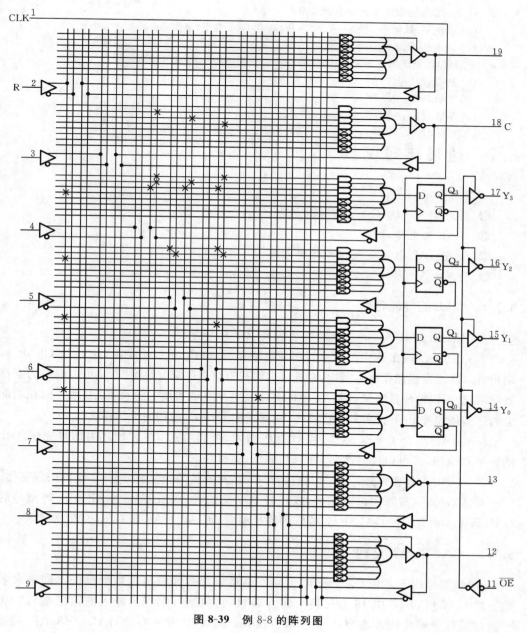

图 8-39 例 8-8 的阵列图

自 测 练 习

8.6.1 PAL 的常用输出结构有( )、( )、( )和( )4 种。

8.6.2 字母 PAL 代表( )。

8.6.3 PAL 与 PROM、EPROM 之间的区别是( )。

(a) PAL 的**与**阵列可充分利用

(b) PAL 可实现组合和时序逻辑电路

(c) PROM 和 EPROM 可实现任何形式的组合逻辑电路

8.6.4 具有一个可编程的**与**阵列和一个固定的**或**阵列的 PLD 为( )。

(a) PROM (b) PLA (c) PAL

8.6.5 一个三态缓冲器的 3 种输出状态为( )。

(a) 高电平、低电平、接地 (b) 高电平、低电平、高阻态

(c) 高电平、低电平、中间状态

8.6.6 查阅资料,确定下面各 PAL 器件的输入端个数、输出端个数及输出类型。

(a) PAL12H6:( )、( )、( )。

(b) PAL20P8:( )、( )、( )。

(c) PAL16L8:( )、( )、( )。

8.7 通用阵列逻辑

本节将学习

❖ 通用阵列逻辑(GAL)器件的特点

❖ GAL 的电路结构

❖ 利用 GAL 器件实现组合逻辑电路

❖ 利用 GAL 器件实现时序逻辑电路

8.7.1 GAL 的性能特点

和 PAL 相比,GAL 的主要特性表现在以下几个方面。

(1) GAL 的输出结构配置了输出逻辑宏单元(Output Logic Macro Cell,OLMC),用户可以通过编程选择输出结构,它既可以编程为组合逻辑电路输出,又可以编程为寄存器输出;既可以输出低电平有效,又可以输出高电平有效等等。这样 GAL 就可以在功能上通过编程代替 PAL 的各种输出结构,从而增加了 GAL 使用的灵活性。

(2) GAL 综合了 EEPROM 和 CMOS 技术,使得 GAL 在数秒之内即可完成芯片的擦除和编程,并可以反复改写,而且功耗低、速度快。

(3) GAL 的保密性好。GAL 具有加密单元,可有效防止复制,增强了电路的保密性。

普通 GAL 的**与**阵列可以编程,**或**阵列不可编程,如 GAL16V8、GAL20V8 等型号的 GAL 器件。而新一代 GAL 中**与**、**或**阵列均可编程,新一代 GAL 以 GAL39V8 为代表。

8.7.2 GAL 的电路结构

GAL 型号的定义和 PAL 一样,也是根据输入端数和输出端数规模的不同来命名的。如 GAL16V8,其中 16 表示最大输入端数(它包括可编程为输入的输出端),V 表示通过编程器编程的普通型,8 表示输出端数。图 8-40 所示的是 GAL16V8 的阵列结构和引脚图。

从图 8-40 可知,GAL16V8 由以下几部分组成。

（1）8 个输入缓冲器和 8 个反馈输入缓冲器组成的**与阵列**。**与阵列**中有 64 个**与项**,32 个变量（8 个输入变量的原变量和反变量,8 个反馈输入变量的原变量和反变量）,共有可编程单元 2048 个。所以 GAL16V8 最多有 16 个输入信号,8 个输出信号。

（2）8 个 OLMC。每个 OLMC 接有 8 个输入的**或门**,OLMC 的输出与三态输出缓冲器相接。OLMC 的作用是可以对其编程使器件具有不同的逻辑功能,从而构成不同形式的输出结构。

（3）8 个三态输出缓冲器、系统时钟 CLK 输入缓冲器和公共使能信号 $\overline{\text{OE}}$ 的输入缓冲器。

（4）前 3 个和后 3 个输出端都有反馈线连接到邻近单元 OLMC。这些反馈线可将邻近单元的输出信息反馈到与阵列,增强了器件的逻辑功能。

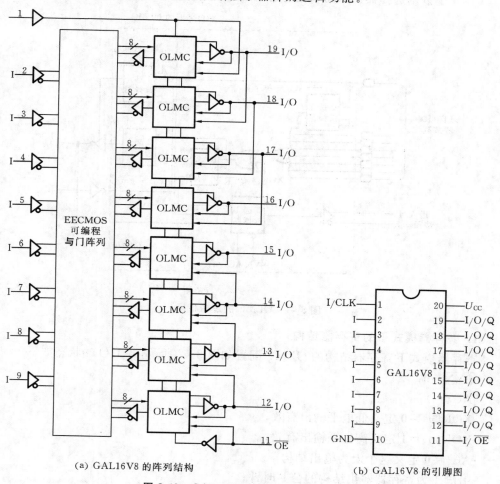

（a）GAL16V8 的阵列结构　　　（b）GAL16V8 的引脚图

图 8-40　GAL16V8 的阵列结构与引脚图

8.7.3　OLMC

在 GAL16V8 中,可以对所有可能的 OLMC 配置进行分类,它有寄存器、复杂和简单 3 种工作模式。$\overline{\text{SYN}}=\mathbf{0}$,$AC_0=\mathbf{1}$ 时为寄存器模式；$\overline{\text{SYN}}=\mathbf{1}$,$AC_0=\mathbf{0}$ 时为简单模

式;$\overline{SYN}=1$,$AC_0=1$ 时为复杂模式。AC_1用于控制 I/O 的配置。

GAL16V8 的 OLMC 逻辑框图如图 8-41 所示。它主要由以下 4 部分组成。

（1）或门。每个 OLMC 包含或阵列中的一个 8 输入或门,或门的每一个输入对应一个乘积项(与阵列中的一个输出),故或门的输出为若干个乘积项之和。

（2）异或门。用于控制或门输出信号的极性,当 XOR(n)端为 **1** 时,异或门起反相器作用;否则为同相输出。其中 XOR(n)为结构控制字中的 1 位,n 为该 OLMC 对应的 I/O 引脚号。这一特点使得 GAL 能够实现多于 8 个乘积项之和的逻辑功能,例如,$Y=A+B+C+D+E+F+G+H+I$ 有 9 个乘积项,而或门只有 8 个输入端,可将它变换为 $\overline{Y}=\overline{A}\ \overline{B}\ \overline{C}\ \overline{D}\ \overline{E}\ \overline{F}\ \overline{G}\ \overline{H}\ \overline{I}$,则只有一个乘积项,通过对或门求反即可得到 Y。

（3）D 触发器。锁存或门的输出状态,使 GAL 实现时序逻辑电路。

（4）4 个数据选择器。从图中很容易看出它们的作用,在此不再详述。

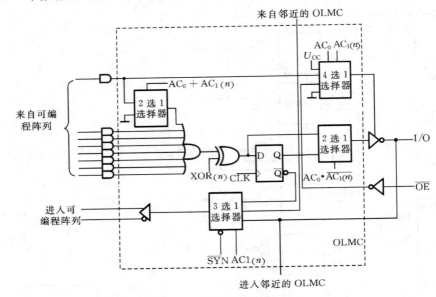

图 8-41　OLMC 的逻辑框图

1. 寄存器模式下的寄存器结构

寄存器模式下寄存器结构的 OLMC 配置如图 8-42 所示,各 I/O 端状态如下。

-$\overline{SYN}=0$;

-$AC_0=1$;

-XOR(n)=0 定义低电平输出有效;

-XOR(n)=1 定义高电平输出有效;

-$AC_1=0$ 定义这个宏为输出结构;

-引脚 1 为寄存器输出结构的公共时钟;

-引脚 11 为寄存器输出结构的公共使能端$\overline{OE}$;

-引脚 1 和 11 总是作为寄存器输出配置的公共时钟 CLK 和使能端$\overline{OE}$。

2. 寄存器模式下的组合结构

寄存器模式下组合结构的 OLMC 配置如图 8-43 所示,各 I/O 端状态如下。

-$\overline{SYN}=0$;

-$AC_0 = $ **1**;

-XOR(n)=**0** 定义低电平输出有效;

-XOR(n)=**1** 定义高电平输出有效;

-$AC_1 = $ **1** 定义此宏为输出结构;

-引脚 1 和 11 总是作为寄存器输出配置的公共时钟 CLK 和使能端 $\overline{OE}$。

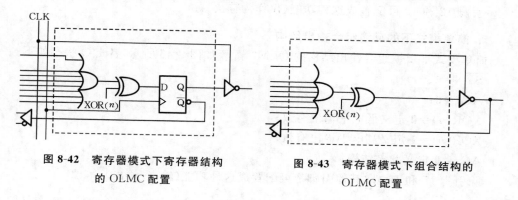

图 8-42 寄存器模式下寄存器结构
的 OLMC 配置

图 8-43 寄存器模式下组合结构的
OLMC 配置

3. 复杂模式下的组合 I/O 结构

复杂模式下组合 I/O 结构的 OLMC 配置如图 8-44 所示,各 I/O 端的状态如下。

-$\overline{SYN} = $ **1**;

-$AC_0 = $ **1**;

-XOR(n)=**0** 定义低电平输出有效;

-XOR(n)=**1** 定义高电平输出有效;

-$AC_1 = $ **1**;

-引脚 13~18 可配置成这种功能(输入/输出)。

注意:上述复杂模式下的组合 I/O 结构与寄存器模式下的组合结构相似,差异之处在于:一是工作在寄存器模式下的 GAL 器件必须有公共时钟 CLK 和使能端 $\overline{OE}$,而复杂模式下的 GAL 器件不需要,这两个引脚均可作输入端使用;二是工作在寄存器模式下的组合结构可以配置在任意输出引脚上,而工作在复杂模式下的组合 I/O 结构只能配置在 13~18 引脚上。

4. 复杂模式下的组合结构

复杂模式下组合结构的 OLMC 配置如图 8-45 所示,各 I/O 端的状态如下。

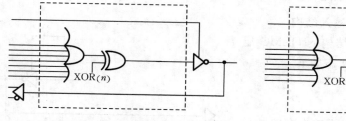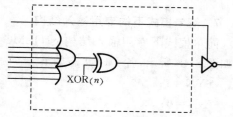

图 8-44 复杂模式下组合 I/O 结构的
OLMC 配置

图 8-45 复杂模式下组合结构的
OLMC 配置

$-\overline{\text{SYN}}=1;$

$-\text{AC}_0=1;$

$-\text{XOR}(n)=0$ 定义低电平输出有效；

$-\text{XOR}(n)=1$ 定义高电平输出有效；

$-\text{AC}_1=1;$

-引脚 12 和 19 可配置成这种功能(仅作为输出)。

5. 简单模式下的反馈组合输出结构

简单模式下反馈组合输出结构的 OLMC 配置如图 8-46 所示，各 I/O 状态如下。

$-\overline{\text{SYN}}=1;$

$-\text{AC}_0=0;$

$-\text{XOR}(n)=0$ 定义低电平输出有效；

$-\text{XOR}(n)=1$ 定义高电平输出有效；

$-\text{AC}_1=0$ 定义此宏结构；

-除引脚 15 和 16 外，其他引脚都可配置成这种功能(输入/输出)。

6. 简单模式下的组合输出结构

简单模式下组合输出结构的 OLMC 配置如图 8-47 所示，各 I/O 状态如下。

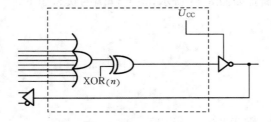

图 8-46 简单模式下反馈组合输出
结构的 OLMC 配置

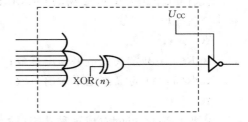

图 8-47 简单模式下组合输出
结构的 OLMC 配置

$-\overline{\text{SYN}}=1;$

$-\text{AC}_0=0;$

$-\text{XOR}(n)=0$ 定义低电平输出有效；

$-\text{XOR}(n)=1$ 定义高电平输出有效；

$-\text{AC}_1=0$ 定义此宏结构；

-引脚 15 和 16 可配置成这种功能(仅作为输出)。

7. 简单模式下的专用输入结构

简单模式下专用输入结构的 OLMC 配置如图 8-48 所示，各 I/O 状态如下。

$-\overline{\text{SYN}}=1;$

$-\text{AC}_0=0;$

$-\text{XOR}(n)=0$ 定义低电平输出有效；

$-\text{XOR}(n)=1$ 定义高电平输出有效；

$-\text{AC}_1=1$ 定义此宏结构；

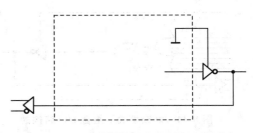

图 8-48 简单模式下专用输入结构的
OLMC 配置

-除引脚 15 和 16 外,其他所有引脚都可配置成这种功能(仅作为输入)。

8.7.4 GAL 器件的编程与开发

应用 GAL 器件设计组合逻辑电路或时序逻辑电路时,必须使用相应的软件、硬件开发工具才能完成。随着 EDA 技术和可编程逻辑器件的发展,GAL 的应用设计、调试工作可以在计算机上用软件来完成,并且对器件实现的功能可以像软件一样实时地加以编程和修改,使得硬件系统具有和软件一样的灵活性,为系统开发节约了成本,缩短了开发周期。

对于 GAL 的电路设计,首先必须根据原始设计要求,在计算机上使用通用的 HDL 对电路功能进行描述,或使用专用的软件将逻辑电路的状态表、状态图或逻辑方程输入计算机;然后利用相应的软件工具进行验证、仿真、排错、优化和编译,生成熔丝图文件;最后的工作就是下载熔丝图文件。上述设计流程如图 8-49 所示。GAL 除 isp 系列可在系统编程外,其他的均需在编程器上进行编程。编程器将熔丝图文件按 JEDEC 格式的标准二进制代码写入所选 GAL,即可实现预定的功能。

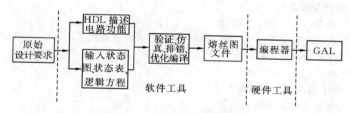

图 8-49 GAL 编程与开发流程

【**例 8-9**】 试用一片 GAL16V8 实现基本逻辑门电路的功能。

解 (1)写出基本逻辑门电路的逻辑表达式如下。

$$F_1 = A_1 B_1, \quad F_2 = A_2 + B_2, \quad F_3 = \overline{A_3 B_3}$$

$$F_4 = \overline{A_4 + B_4}, \quad F_5 = A_5 \oplus B_5, \quad F_6 = A_6 \odot B_6$$

(2)用 ABEL 语言编写源程序如下。

```
Module logic_gates
    A1,B1,A2,B2      pin 19,1,2,3;
    A3,B3,A4,B4      pin 4,5,6,7;
    A5,B5,A6,B6      pin 8,9,11,12;
    F1,F2,F3,F4,F5,F6  pin 13,14,15,16,17,18;
Equations
    F1 = A1 & B1;
    F2 = A2 # B2;
    F3 = ! (A3 & B3);
    F4 = ! (A4 # B4);
    F5 = A5 $ B5;
    F6 = ! (A6 $ B6);
Test_vectors
    ([A1,B1,A2,B2,A3,B3,A4,B4,A5,B5,A6,B6] -> [F1,F2,F3,F4,F5,F6])
    [0,0,0,0,0,0,0,0,0,0,0,0] -> [0,0,1,1,0,1];
```

$$[0,1,0,1,0,1,0,1,0,1,0,1] \rightarrow [0,1,1,0,1,0];$$
$$[1,0,1,0,1,0,1,0,1,0,1,0] \rightarrow [0,1,1,0,1,0];$$
$$[1,1,1,1,1,1,1,1,1,1,1,1] \rightarrow [1,1,0,0,0,1];$$

END

(3) 用相关的软件开发工具对设计进行逻辑仿真,并最终生成一个标准 JEDEC 文件。

(4) 将上述 JEDEC 文件下载到编程器,对 GAL16V8 器件进行编程。

(5) 最后测试 GAL16V8 器件是否实现了基本逻辑门电路的逻辑功能。

利用 GAL 器件实现时序逻辑电路的应用举例参阅相关资料。

自测练习

8.7.1 GAL 具有( )。

(a) 一个可编程的**与**阵列、一个固定的**或**阵列和可编程输出逻辑

(b) 一个固定的**与**阵列和一个可编程的**或**阵列

(c) 一次性可编程**与或**阵列

(d) 可编程的**与或**阵列

8.7.2 GAL16V8 具有( )种工作模式。

8.7.3 GAL16V8 在简单模式下有( )种 OLMC 配置;在寄存器模式下有( )种 OLMC 配置;在复杂模式下有( )种 OLMC 配置。

8.7.4 GAL16V8 具有( )。

(a) 16 个专用输入和 8 个输出

(b) 8 个专用输入和 8 个输出

(c) 8 个专用输入和 8 个输入/输出

(d) 10 个专用输入和 8 个输出

8.7.5 如果一个 GAL16V8 需要 10 个输入,那么,其输出端的个数最多是( )。

(a) 8 个   (b) 6 个   (c) 4 个

8.7.6 若用 GAL16V8 的一个输出端来实现组合逻辑函数,那么此函数可以是( )与项之和的表达式。

(a) 16 个   (b) 8 个   (c) 10 个

8.7.7 与、或、非、异或逻辑运算的 ABEL 表示法分别为( )。

8.7.8 逻辑表达式 $F = AB + A\overline{B} + \overline{A}B$ 用 ABEL 语言描述时,应写为( )。

8.8 CPLD、FPGA 和在系统编程技术

本节将学习

⊗ CPLD/FPGA 器件与公司

⊗ Quartus Ⅱ 开发软件

⊗ 采用 CPLD/FPGA 器件设计组合逻辑电路

⊗ 采用 CPLD/FPGA 器件设计时序逻辑电路

CPLD(Complex Programmable Logic Device,复杂可编程逻辑器件)和 FPGA (Field Programmable Gate Array,现场可编程门阵列)是继 PAL 和 GAL 后,规模更大、密度更高的可编程逻辑器件,在系统编程(In-System Programmable,ISP)技术是 20 世纪 90 年代发展起来的一种 PLD 新技术,这三种可编程逻辑器件在数字电路设计中各有优势。

8.8.1 数字可编程器件的发展概况

逻辑器件从功能上可分成通用型器件和专用型器件,如74系列逻辑芯片就属于通用型数字集成电路。可编程逻辑器件(Programmable Logic Device,PLD)也是一种通用型器件,但是它不同于74系列逻辑芯片,最大差别在于它没有固定的逻辑功能。可编程逻辑器件的不同逻辑功能是由使用者通过对器件进行编程来实现的。

由于可编程器件具有可自定义的逻辑功能,芯片集成度高、保密性好等特点,在一些复杂及高速逻辑控制的电路上得到了广泛的应用。可以预计,在今后的数字电路设计中将大量采用可编程逻辑器件,而传统的通用逻辑器件将只起粘合逻辑(Glue Logic)的作用,用于接口及电平的转换。

目前,生产可编程逻辑器件的公司有十几家,最大的三家是Altera公司、Xilinx公司和Lattice公司。根据有关机构统计的数据,2005年Altera公司和Xilinx公司合起来在PLD市场占83.4%的份额。可以说,Altera公司和Xilinx公司共同决定了PLD技术的发展方向。

Altera公司在20世纪90年代以后发展很快,是最大的可编程逻辑器件供应商之一。主要产品有:MAX,MAXⅡ,Cyclone,CycloneⅡ,Stratix,StratixⅡ等。开发软件为QuartusⅡ。

Xilinx公司是FPGA的发明者,也是最大的可编程逻辑器件供应商之一。产品种类齐全,主要有XC9500,Coolrunner,Spartan,Virtex等。开发软件是ISE。通常来说,在欧洲和美国用Xilinx公司产品的人多一些,在日本和亚太地区用Altera公司产品的人多一些。

Lattice公司是ISP技术的发明者,ISP技术极大的促进了PLD产品的发展。与Altera公司和Xilinx公司相比,其开发工具略逊一筹,但在中小规模PLD方面比较有特色,主要产品有ispMACH4000,EC/ECP,XO,XP以及可编程模拟器件等。

8.8.2 数字可编程器件的编程语言

CPLD、FPGA和ISP系列器件的编程采用当前比较流行的两种硬件描述语言:VHDL语言或Verilog语言,早期主要采用ABEL语言。VHDL语言是在20世纪80年代中期由美国国防部支持开发出来的;约在同一时期,由Gateway Design Automation公司开发了Verilog语言,两种编程语言均为IEEE标准。

8.8.3 数字可编程器件的应用实例

下面分别以组合逻辑电路"1位二进制全加器"和时序逻辑电路"4位二进制可逆计数器"为例,说明它们的设计过程及仿真结果。

1. "1位二进制全加器"的设计过程及仿真结果

1)新建工程

在QuartusⅡ开发软件中,选择菜单"File"→"New Project Wizard",打开"新建工程"窗口,建立工程,如图8-50所示。

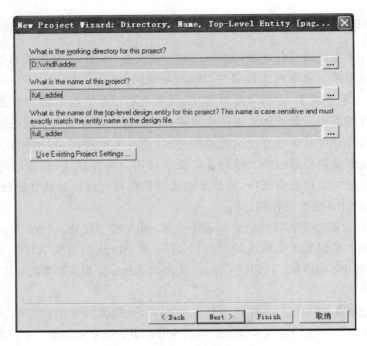

图 8-50 新建工程

2）设计输入

Quartus Ⅱ支持多种设计输入方法，本例选择原理图设计输入方法进行层次化设计，如图 8-51 所示。首先设计一个 1 位半加器，然后由 1 位半加器构造 1 位全加器。

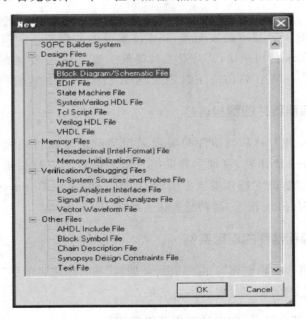

图 8-51 选择原理图设计输入方法

打开原理图编辑器，如图 8-52 所示。

在编辑框中双击鼠标，出现如图 8-53 所示的符号输入框，在窗口左侧栏选择要

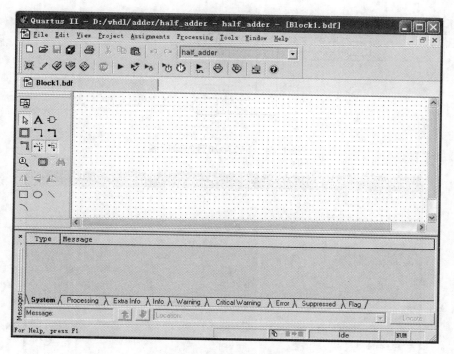

图 8-52　原理图编辑器

插入的元器件,并将元器件用导线连接起来,组成如图 8-54 所示的 1 位半加器的原理图。

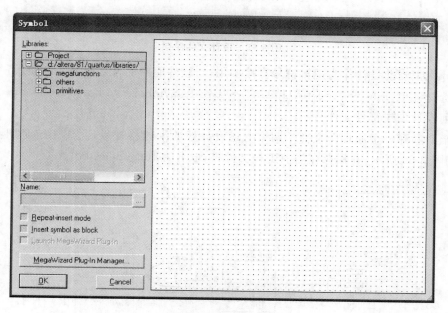

图 8-53　符号输入框

将半加器设计文件 half_adder. bdf 保存在 D:\vhdl\adder 文件夹,如图 8-55 所示。("Add file to current project"前的"√",表示将该文件加入到当前工程中)。

接着创建符号文件。在 Quartus Ⅱ 中可以为当前设计创建符号文件,以便在后面

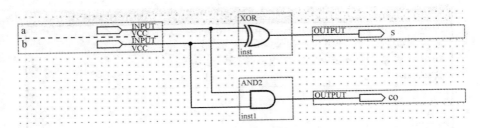

图 8-54　1 位半加器的原理图

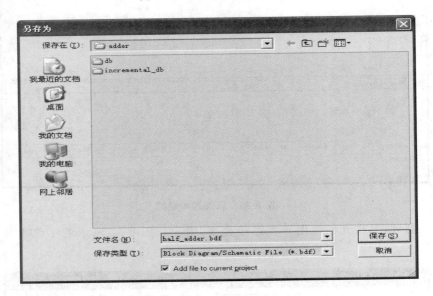

图 8-55　设计文件保存

的设计中把当前设计作为逻辑符号直接调用,与软件库中的符号资源一样使用。

选择菜单"File"→"Create\Update"→"Create Symbol File For Current File",即可为当前设计创建符号文件。

最后新建一个原理图文件。调用上述设计好的半加器符号,完成 1 位全加器的设计,如图 8-56 所示;并保存在当前工程文件夹,取名为 full_adder.bdf。

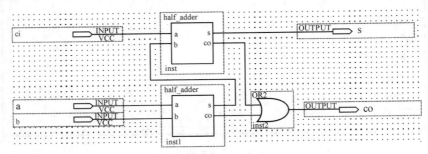

图 8-56　1 位全加器原理图

3) 编译、仿真

对设计文件 full_adder.bdf 进行编译和波形仿真,得到 1 位全加器的仿真结果,如图 8-57 所示。

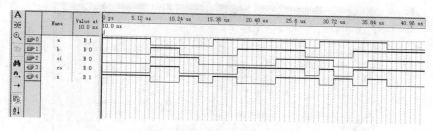

图 8-57 1 位全加器的波形仿真结果

2. "4 位二进制可逆计数器"的设计过程和仿真结果

1）创建工程

在 QuartusⅡ开发软件中,首先选择菜单"File"→"New Project Wizard",打开"新建工程"窗口,建立工程,将工程命名为"count"。工程的顶层设计文件名自动生成为"count",并将工程保存在 D:\VHDL\cnt4 文件夹,如图 8-58 所示。

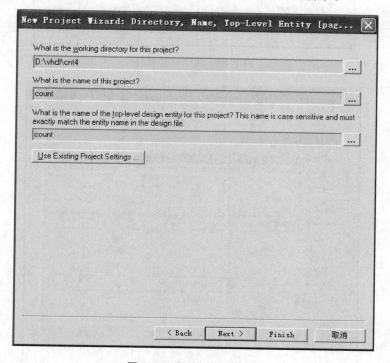

图 8-58 新建工程并存盘

然后选择目标器件。单击图 8-58 中的"Next"按钮,开始器件设置,如图 8-59 所示。在"Family"栏中选择 MAXⅡ,在"Available device"栏中选择 EPM1270T144C5,可通过右侧的封装、引脚数、速度等条件来过滤选择。

再选择综合器、仿真器和时序分析器。单击图 8-59 中"Next"按钮,弹出选择综合器和仿真器类型的窗口,这里默认选择 QuartusⅡ自带的仿真工具;如需要使用其他工具,在相应的栏目中进行选择即可,如图 8-60 所示。

最后,在"工程设置统计"窗口中列出此项工程的相关设置项,单击"Finish"完成工程的设置。

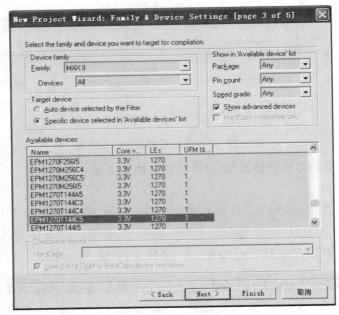

图 8-59 选择目标器件

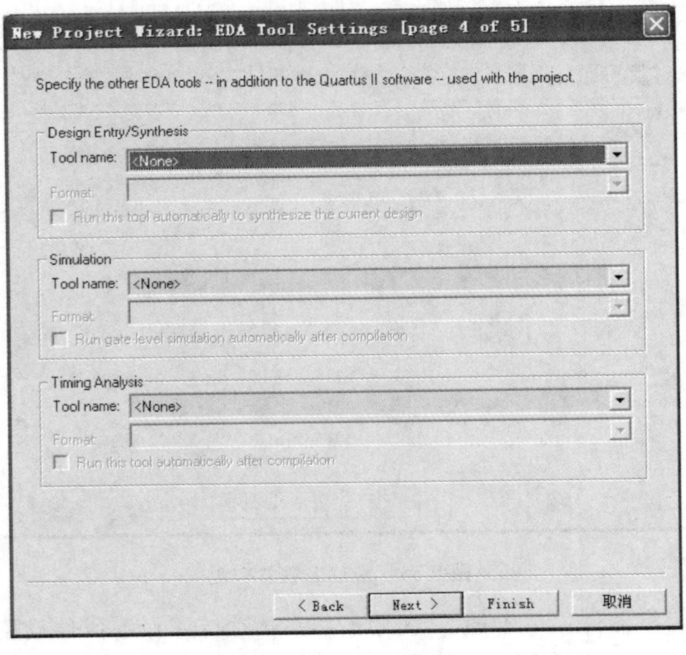

图 8-60 选择 EDA 综合器、仿真器等

2) 设计输入

本例选择"VHDL File"的文本设计输入方式,如图 8-61 所示;然后在文本编辑框中输入 VHDL 程序,如图 8-62 所示。

将设计好的程序保存在工程所在的文件夹并命名为"count",此名称必须与工程名一致(注意:VHDL 程序的实体名也必须与设计文件的名称一致,即为"count"),如图 8-63 所示。

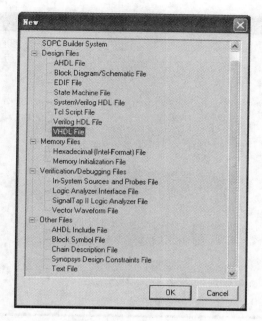

图 8-61　选择 VHDL 文本设计输入方式

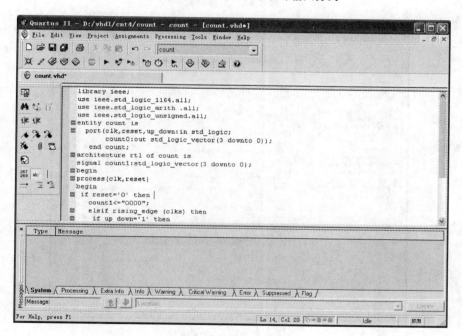

图 8-62　输入 VHDL 程序

3) 编译前对工程进行设置

此设置可以选择目标器件、设置优化技术等。在创建工程时已经选择了目标器件,也可以通过下面的方法完成:选择"Assignments"菜单中的"Settings"项,弹出如图 8-64 所示对话框。单击对话框中的"Device",设置目标器件为 MAX Ⅱ系列的 EPM1270T144C5。

如图 8-65 所示,单击"Analysis & Synthesis Settings"项,根据右边的"Optimization Technique"栏选择优化技术。其中"Speed"表示速度最优;"Area"表示面积最优;

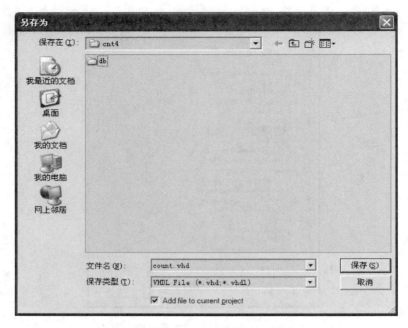

图 8-63 文件存盘

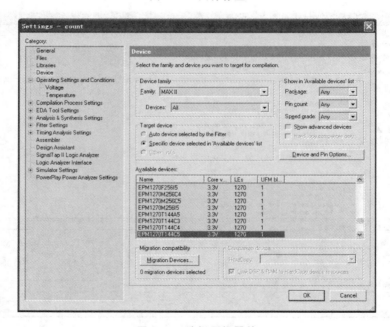

图 8-64 选择目标器件

"Balanced"表示速度与面积平衡。

4) 编译

选择"Processing"菜单的"Start Compilation"项,启动全程编译。编译过程包括对设计输入的多项处理:排错、数据网表文件提取、逻辑综合、适配、装配文件(仿真文件与编程配置文件)生成以及基于目标器件的工程时序分析等;如无错则编译成功,如图8-66所示。

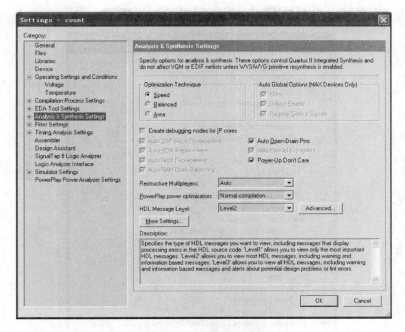

图 8-65 选择优化技术

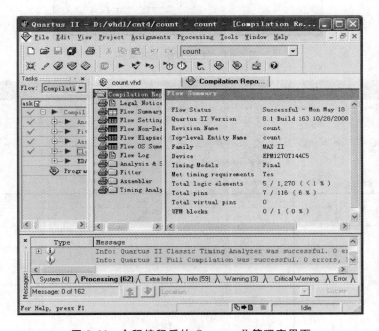

图 8-66 全程编程后的 Quartus Ⅱ 管理窗界面

5)仿真

仿真操作前必须利用 Quartus Ⅱ 波形编辑器建立一个矢量波形文件(VWF)作为仿真激励。VWF 文件使用图形化的波形描述仿真的输入向量和输出结果,也可以将仿真激励矢量用文本来描述,即文本方式的矢量文件(.vec)。以 VWF 文件方式的仿真过程如下。

单击空白文档,出现设计输入选择窗口,如图 8-67 所示。选择"Vector Waveform

File",点击"OK",即出现空白的波形编辑器,如图 8-68 所示。

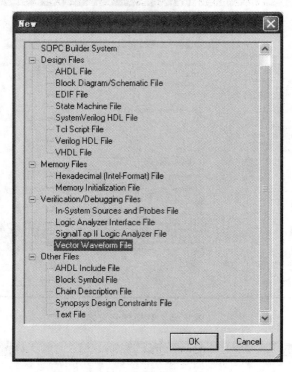

图 8-67　建立矢量波形文件

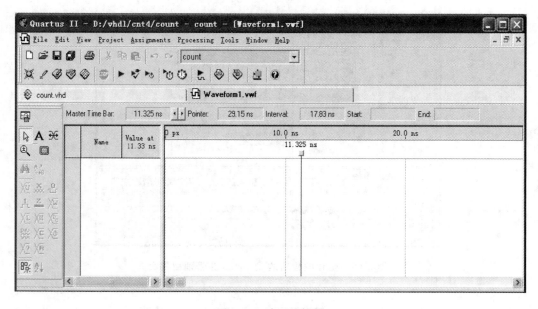

图 8-68　波形编辑器

首先设置仿真时间。在"Edit"菜单中选择"End Time"项,设置仿真结束时间。本例设置的仿真结束时间为 50 μs,单击"OK",结束设置。

然后双击波形文件空白处,或者在"Edit"菜单中选择"Insert Node Or Bus…"项,单击"Node Finder"按钮,在"Node Finder"对话框中的"Filter"栏中选择"Pin:all",单击"List",即在对话框下方的"Nodes Found"窗口中出现 count 工程所有的引脚名。插入信号节点,单击"OK",得到插入信号节点后的波形编辑器,如图 8-69 所示。

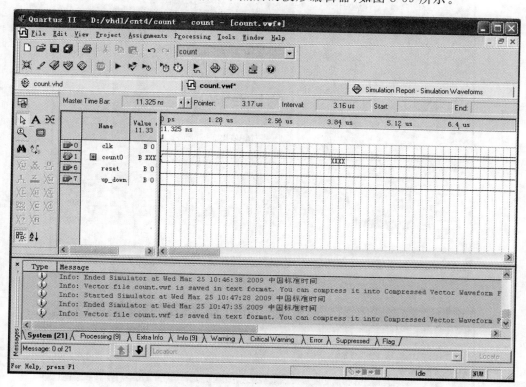

图 8-69　插入信号节点后的波形编辑器

接着编辑输入波形。分别设置输入时钟 clk 的周期为 100ns,设置 reset、up_down 信号的高低电平。并将波形文件保存在 count 工程的文件夹。

最后启动仿真器。在菜单"Processing"项选择"Start Simulation",可观察到仿真结果,如图 8-70 所示。

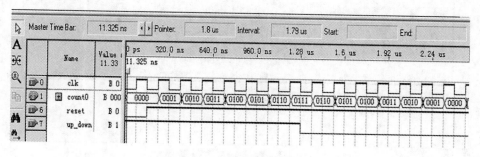

图 8-70　波形文件仿真结果

6) 引脚锁定和下载

对上述经过仿真的计数器进行硬件测试。将计数器的引脚锁定在芯片确定的引脚上,将引脚锁定后再编译一次,把引脚信息一同编译进配置文件,最后将配置文件下载到目标芯片中,分别如图 8-71 和图 8-72 所示。

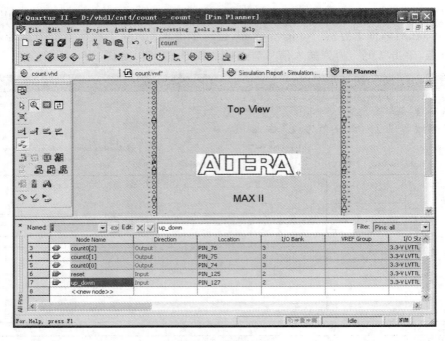

图 8-71 引脚锁定

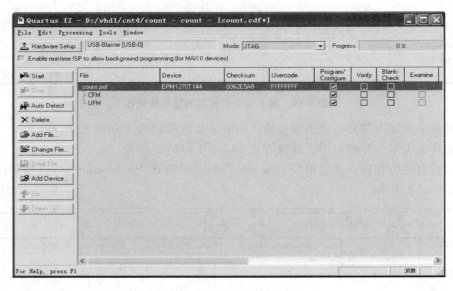

图 8-72 下载

自 测 练 习

8.8.1 一片 CPLD/FPGA 芯片可实现的逻辑功能是( )(固定,可变)的。

8.8.2 ISP 表示( )。

(a) 在系统编程的　　　　(b) 集成系统编程的　　　　(c) 集成硅片程序编制器

8.8.3 CPLD 表示( )。

(a) 简单可编程逻辑阵列　　　　(b) 可编程交互连接阵列

(c) 复杂可编程逻辑阵列　　　　(d) 现场可编程逻辑阵列

8.8.4 FPGA 表示（　　）。

    （a）快速可编程门阵列　　　　　　　（b）现场可编程门阵列

    （c）文档可编程门阵列　　　　　　　（d）复杂可编程门阵列

8.8.5 目前，全球有十几家生产 CPLD/FPGA 的公司，最大的三家是（　　）。

8.8.6 Altera 公司的 CPLD/FPGA 产品采用的开发软件为（　　）。

8.8.7 可编程器件的编程语言早期主要采用 ABEL 语言，当前流行的两种硬件描述语言为（　　）和（　　）。

8.8.8 Quartus II 支持多种设计输入方法，共有（　　）种。

8.8.9 在 Quartus II 软件中，若采用"VHDL File"设计输入方式，则相应的仿真步骤是（　　）。

8.8.10 将配置文件下载到 CPLD/FPGA 芯片中的步骤是（　　）。

8.9　综合应用实例阅读

实例　药片瓶装生产线简易控制系统(二)

    系统模块框图中"功能模块一"的完整电路如图 8-73 所示，该模块由 1～9 的键盘输入电路、集成 8421BCD 编码器 74147、显示译码器 4511 和 1 位数码管组成。键盘输入电路用于设置每瓶药片的数量(1～9)。例如，图 8-73 中数字为"5"的开关按下时，表示每瓶装入 5 片，并由数码管显示出来。

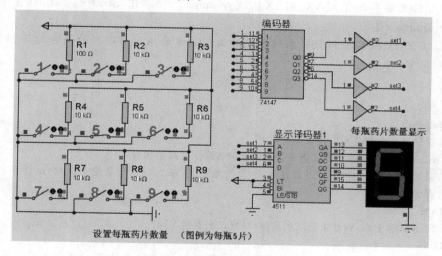

图 8-73　"功能模块一"电路图

本 章 小 结

    1. ROM 属于非易失性存储器，断电后所存数据不丢失。掩模 ROM 和 PROM 是一次性编程的，EPROM 和 EEPROM 是可以重复编程的。

    2. 掩模 ROM、PROM 和 EPROM 在正常工作时，所存数据是固定不变的，只能读出，不能写入。只有 EEPROM 在正常工作时所存数据是可以读出、也可以写入的。

    3. RAM 也称为读/写存储器，是易失性存储器，断电后所存数据全部丢失。在正常工作时可以随时读出和写入，因而使用灵活、读/写方便。

    4. RAM 分为静态(SRAM)和动态(DRAM)存储器，它们的不同在于 DRAM 需要刷新电路保存数据，而 SRAM 不需要。

5. 闪存是理想的大容量、非易失性和可读/写的存储器,且存储速度较快、读/写方便。所存数据在没有电源的情况下可以无限期地保存。

6. 一片存储器的容量总是有限的,当需要更大容量的存储器时,可将多片 ROM 或 RAM 进行位、字或字位扩展,构成一个更大容量的存储器。

7. 存储器的应用领域极为广阔,凡是需要记录数据或各种信号的场合都离不开它。此外,还可以用存储器来实现组合逻辑电路。只要将地址输入作为输入变量,将数据输出作为输出变量即可。

8. PAL 是应用较早的 PLD,电路的基本结构是**与或**阵列结构。这种器件受工艺的影响,擦除和改写不很方便,但器件可靠性好,成本低,所以在一些定型产品中仍然使用。由于 PAL 器件具有多种输出及反馈电路的结构,因此,可以很方便地用来实现各种组合和时序逻辑电路。

9. GAL 是继 PAL 之后开发出来的 PLD,它采用 EECMOS 工艺生产,可以用电擦除和改写。电路的结构仍然采用**与或**阵列结构,但由于输出电路制成了可编程的 OLMC 单元,使得器件的输出结构可以通过编程设置成各种不同的形式,以满足各种不同的应用,它可以替代大多数的 PAL。

10. CPLD/FPGA 是继 PAL 和 GAL 后规模更大、密度更高的可编程逻辑器件,它的不同逻辑功能可由使用者通过对器件进行编程来实现。

11. 可编程逻辑器件产品的主要生产厂家是:Altera、Xilinx 和 Lattice 公司。Altera 公司的主要产品有 MAX,MAXⅡ,Cyclone,CycloneⅡ,Stratix,StratixⅡ 等,开发软件为 QuartusⅡ。

12. CPLD、FPGA 和 ISP 系列器件的编程通常采用当前流行的两种硬件描述语言 VHDL 或 Verilog。

习题 八

8.1　存储器概述

8.1.1　存储器有哪些分类? 各有何特点?

8.1.2　ROM 和 RAM 的主要区别是什么? 它们各适用于哪些场合?

8.1.3　某计算机系统的内存储器设置有 20 位的地址线,16 位的并行数据 I/O 端,试计算它的最大存储容量。

8.2　RAM

8.2.1　SRAM 和 DRAM 在电路结构和读/写操作上有何不同?

8.3　ROM

8.3.1　PROM 实现的组合逻辑函数如习题 8.3.1 图所示。分析电路功能,说明当 ABC 取何值时,函数 $F_1 = F_2 = 1$;当 ABC 取何值时,函数 $F_1 = F_2 = 0$。

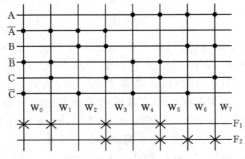

习题 8.3.1 图

8.3.2 用 PROM 实现全加器,画出阵列图,确定 PROM 的容量。

8.3.3 用 PROM 实现下列多输出函数,画出阵列图。

$$F_1 = \overline{B}\overline{C}D + \overline{A}\overline{B}C + A\overline{B}C + \overline{A}BD + ABD$$

$$F_2 = B\overline{D} + A\overline{B}D + \overline{A}C\overline{D} + \overline{A}\overline{B}D + AB\overline{C}\overline{D}$$

$$F_3 = \overline{A}\overline{B}\overline{C}D + \overline{A}CD + AB\overline{C}D + A\overline{B}CD + A\overline{B}C$$

$$F_4 = BD + \overline{B}\,\overline{D} + ACD$$

8.4 快闪存储器

8.4.1 Flash Memory 有何特点和用途? 它和其他存储器比较有什么不同?

8.5 存储器的扩展

8.5.1 试用 4 片 2114(1024×4 位的 RAM)和 3-8 线译码器组成 4K×4 位的存储器。

8.5.2 试用 4 片 2114RAM 连接成 2K×8 位的存储器。

8.6 可编程阵列逻辑

8.6.1 PAL 器件的结构有什么特点?

8.6.2 简述 PAL 与 PROM、EPROM 之间的区别。

8.6.3 任何一个组合逻辑电路都可以用一个 PAL 来实现吗? 为什么?

8.6.4 选用适当的 PAL 器件设计一个 3 位二进制可逆计数器。当 X=0 时,实现加法计数;当 X=1 时,实现减法计数。

8.7 通用阵列逻辑

8.7.1 为什么 GAL 能取代大多数的 PAL 器件?

8.7.2 试用 GAL16V8 实现一个 8421BCD 码十进制计数器。

8.8 CPLD、FPGA 和在系统编程技术

8.8.1 采用开发软件 QuartusⅡ和可编程器件,设计一个"4 位二进制译码器",并进行仿真和下载验证。

8.8.2 采用开发软件 QuartusⅡ和可编程器件,设计一个"同步 24 进制加计数器",并进行仿真和下载验证。

9

D/A 转换器和 A/D 转换器

本章介绍 D/A 转换器及 A/D 转换器的概念、基本工作原理和集成 D/A 转换器、A/D 转换器的应用。

9.1 概述

本节将学习
- D/A 转换器、A/D 转换器的概念
- D/A 转换器、A/D 转换器的实例

1. D/A 转换器、A/D 转换器的概念

能将模拟量转换为数字量的电路称为模/数转换器,简称 A/D 转换器或 ADC;能将数字量转换为模拟量的电路称为数/模转换器,简称 D/A 转换器或 DAC。A/D 转换器和 D/A 转换器是连接模拟电路和数字电路的桥梁,也可称为二者之间的接口。

2. D/A 转换器、A/D 转换器的实例

A/D 转换器和 D/A 转换器是数字系统不可缺少的一个部分,在实际中应用非常广泛,下面举两个实际应用的例子加以说明。

图 9-1 所示的为锅炉加热信号采集和控制系统,A/D 转换器将温度传感器送来的锅炉温度信号转换为数字信号送给数字控制计算机,而 D/A 转换器则将数字控制计算机发出的控制信号转换成模拟信号送往执行机构来控制锅炉的加热工作。

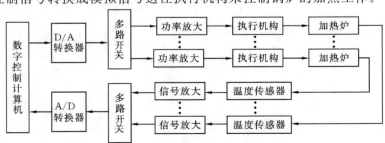

图 9-1 锅炉加热信号采集和控制系统

图 9-2 所示的为 CD 播放机的方框图。激光头将 CD 上的数字信号读取并通过放大器放大，经数字信号处理器处理后形成二进制代码并送入 D/A 转换器中，经 D/A 转换器转换成的模拟电信号，分别经左、右声道放大器放大后输出。

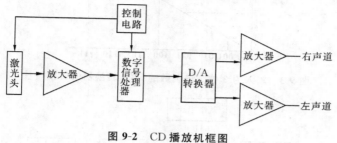

图 9-2　CD 播放机框图

自 测 练 习

9.1.1　将数字量转换成模拟量的电路称为（　　　　　），简称（　　　　）。

9.1.2　将模拟量转换成数字量的电路称为（　　　　　），简称（　　　　）。

9.1.3　传感器传送过来的信号要经过（　　　　）转换为数字信号才能被数字系统识别，数字系统发出的信号要经过（　　　　）转换为模拟信号才能被执行机构识别。

9.2　D/A 转换器

本节将学习

❀ D/A 转换器的电路结构框图

❀ 二进制权电阻网络 D/A 转换器

❀ 倒 T 形电阻网络 D/A 转换器

❀ D/A 转换器的模拟输出与数字输入之间的关系

❀ D/A 转换器的 3 个主要技术参数

❀ 集成 DAC0832 及其应用

9.2.1　D/A 转换器的电路结构

1. D/A 转换器工作的基本原理和转换特性

（1）基本工作原理：D/A 转换器的基本工作原理是将输入的每一位二进制代码按其权的大小转换成相应的模拟量，然后将代表各位的模拟量相加，所得的总模拟量就与数字量成正比，这样便实现了从数字量到模拟量的转换。

（2）转换特性：D/A 转换器的转换特性是指其输出模拟量和输入数字量之间的转换关系。图 9-3 所示的是输入为 3 位二进制数的 D/A 转换器的转换特性。理想的 D/A 转换器的转换特性，应是输出模拟量与输入数字量成正比，即输出模拟电压 $u_o = K_u \times D$ 或输出模拟电流 $i_o = K_i \times D$。其中，K_u 或 K_i 为电压或电流转换比例系数；D 为输入的二进制数。如果输入为 n 位二进制数 $D_{n-1}D_{n-2}\cdots D_1 D_0$，则输出模拟电压为

$$u_O = K_u(D_{n-1} \cdot 2^{n-1} + D_{n-2} \cdot 2^{n-2} + \cdots + D_1 \cdot 2^1 + D_0 \cdot 2^0) \tag{9-1}$$

2. D/A 转换器的电路结构框图

n 位 D/A 转换器的电路结构框图如图 9-4 所示。

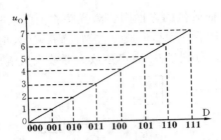

图 9-3 输入为 3 位二进制数的 D/A 转换器的转换特性

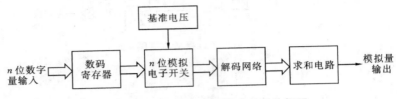

图 9-4 n 位 D/A 转换器的电路结构框图

D/A 转换器由数码寄存器、模拟电子开关、解码网络、求和电路及基准电压等 5 部分组成。数字量以串行或并行方式输入并存储于数码寄存器中;寄存器输出的每位数码驱动对应的数位上的电子开关,将在电阻解码网络中获得的相应数位权值送入求和电路;求和电路将各位权值相加便得到与数字量对应的模拟量。

目前常见的 D/A 转换器有二进制权电阻网络 D/A 转换器、倒 T 形电阻网络 D/A 转换器、权电流型 D/A 转换器、权电容网络 D/A 转换器以及开关树型 D/A 转换器等几种类型。本书仅介绍权电阻网络 D/A 转换器和倒 T 形电阻网络 D/A 转换器。

9.2.2 二进制权电阻网络 D/A 转换器

1. 电路结构

二进制权电阻网络 D/A 转换器的电路如图 9-5 所示。集成运放(集成运算放大器)反相输入端为"虚地",每个开关可以切换到两个不同的位置,切换到哪个位置由相应位数字量控制。当数字量为 **1** 时,开关接集成运放反相输入端,相应支路电流流向求和放大电路;当数字量为 **0** 时,开关接地,流向求和放大电路的支路电流为零。

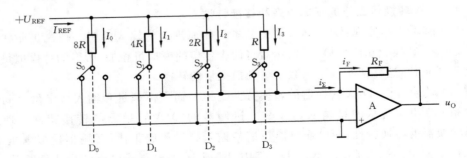

图 9-5 二进制权电阻网络 D/A 转换器电路

2. 权电阻网络 D/A 转换电路的工作原理

无论模拟开关接到运算放大器的反相输入端(虚地)还是接地,即无论输入数字信号是 **1** 还是 **0**,各支路的电流是不变的。

$$I_0 = \frac{U_{REF}}{8R}, \quad I_1 = \frac{U_{REF}}{4R}, \quad I_2 = \frac{U_{REF}}{2R}, \quad I_3 = \frac{U_{REF}}{R}$$

$$i_\Sigma = I_0 \cdot D_0 + I_1 \cdot D_1 + I_2 \cdot D_2 + I_3 \cdot D_3 = \frac{U_{REF}}{8R}D_0 + \frac{U_{REF}}{4R}D_1 + \frac{U_{REF}}{2R}D_2 + \frac{U_{REF}}{R}D_3$$

$$= \frac{U_{REF}}{2^3 R}(2^3 \cdot D_3 + 2^2 \cdot D_2 + 2^1 \cdot D_1 + 2^0 \cdot D_0) \tag{9-2}$$

设 $R_F = R/2$，由式（9-2）可得

$$u_O = -R_F i_F = -\frac{R}{2} \cdot i_\Sigma = -\frac{U_{REF}}{2^4}(2^3 \cdot D_3 + 2^2 \cdot D_2 + 2^1 \cdot D_1 + 2^0 \cdot D_0) \tag{9-3}$$

由式（9-3）可得输出的模拟电压正比于输入的二进制数，故实现了数字量与模拟量的转换。当输入的数字量为 n 位时，输出电压的最大变化范围是 $0 \sim -\frac{2^n - 1}{2^n}U_{REF}$。

这种类型的 D/A 转换器有一个缺点，就是各个电阻的阻值相差较大，尤其在输入信号的位数比较多时，这个问题更加突出。如一个 8 位转换器需要 8 个电阻，阻值范围从 R 到 128R 递增变化，而且要保证每个电阻都有很高的精度，才能精确地转换输入信号，因而使得这种类型的 D/A 转换器难以大量生产。

【例 9-1】 4 位二进制权电阻网络 D/A 转换器如图 9-5 所示，设基准电压 $U_{REF} = -8$ V，$R_F = R/2$，试求输入二进制数 $D_3 D_2 D_1 D_0 = 1001$ 时的输出电压值。

解 将 $D_3 D_2 D_1 D_0 = 1001$ 代入式（9-3）得

$$u_O = -\frac{U_{REF}}{2^4}(2^3 \cdot D_3 + 2^2 \cdot D_2 + 2^1 \cdot D_1 + 2^0 \cdot D_0)$$

$$= -\frac{-8 \text{ V}}{2^4}(2^3 \cdot 1 + 2^2 \cdot 0 + 2^1 \cdot 0 + 2^0 \cdot 1) = 4.5 \text{ V}$$

【例 9-2】 接例 9-1，求出输入二进制数 $D_3 D_2 D_1 D_0$ 为 $0000 \sim 1111$ 时的输出电压值，并画出输出与输入之间的关系曲线。

解 输入二进制数 $D_3 D_2 D_1 D_0$ 为 $0000 \sim 1111$ 时的输出电压值如表 9-1 所示，其输出与输入之间的关系曲线如图 9-6 所示。

表 9-1　例 9-2 的输出电压表

D_3	D_2	D_1	D_0	u_O/V	D_3	D_2	D_1	D_0	u_O/V
0	0	0	0	0.0	1	0	0	0	4.0
0	0	0	1	0.5	1	0	0	1	4.5
0	0	1	0	1.0	1	0	1	0	5.0
0	0	1	1	1.5	1	0	1	1	5.5
0	1	0	0	2.0	1	1	0	0	6.0
0	1	0	1	2.5	1	1	0	1	6.5
0	1	1	0	3.0	1	1	1	0	7.0
0	1	1	1	3.5	1	1	1	1	7.5

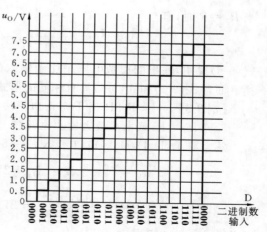

图 9-6　例 9-2 的输入/输出关系曲线

9.2.3　倒 T 形电阻网络 D/A 转换器

R-2R 倒 T 形电阻网络 D/A 转换器的电路如图 9-7 所示。由图可知，电阻网络中只有 R 和 2R 两种阻值的电阻，这就给集成电路的设计和制作带来了很大的方便。当

数字量为 **1** 时,开关接集成运放反相输入端,相应支路电流流向求和放大电路;当数字量为 **0** 时,开关接地,流向求和放大电路的支路电流为零。

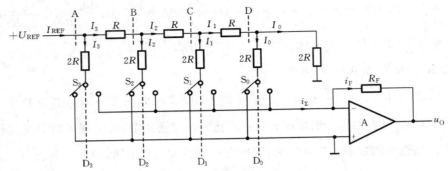

图 9-7 R-2R 倒 T 形电阻网络 D/A 转换器电路

R-2R 倒 T 形电阻网络的特点如下。

(1) 分别从虚线 A、B、C、D 处向右看的二端网络等效电阻都是 R。

(2) 无论模拟开关接到运算放大器的反相输入端(虚地)还是接地,即无论输入数字信号是 **1** 还是 **0**,各支路的电流不变。

由图 9-7 可知,从参考电压端输入的电流为

$$I_{REF} = \frac{U_{REF}}{R}$$

$$I_3 = \frac{1}{2}I_{REF} = \frac{U_{REF}}{2R}, \quad I_2 = \frac{1}{4}I_{REF} = \frac{U_{REF}}{4R}$$

$$I_1 = \frac{1}{8}I_{REF} = \frac{U_{REF}}{8R}, \quad I_0 = \frac{1}{16}I_{REF} = \frac{U_{REF}}{16R}$$

求和运算放大器的输出电压为

$$u_O = -R_F i_F = -R_F i_\Sigma = -\frac{U_{REF} R_F}{2^4 R}(2^3 \cdot D_3 + 2^2 \cdot D_2 + 2^1 \cdot D_1 + 2^0 \cdot D_0) \qquad (9-4)$$

当 $R_F = R$ 时,有

$$u_O = -\frac{U_{REF}}{2^4}(2^3 \cdot D_3 + 2^2 \cdot D_2 + 2^1 \cdot D_1 + 2^0 \cdot D_0) \qquad (9-5)$$

式(9-5)说明,输出的模拟电压正比于输入的二进制数,故实现了数字量与模拟量的转换。而且式(9-5)和式(9-3)具有相同的形式。

【**例 9-3**】 4 位 R-2R 倒 T 形电阻网络 D/A 转换器如图 9-7 所示,设基准电压 U_{REF} $= -8$ V,$R_F = R$,试求其最大输出电压值。

解 将 $D_3 D_2 D_1 D_0 = $ **1111** 代入式(9-5)得

$$u_O = -\frac{U_{REF}}{2^4}(2^3 \cdot D_3 + 2^2 \cdot D_2 + 2^1 \cdot D_1 + 2^0 \cdot D_0)$$

$$= -\frac{-8V}{2^4}(2^3 \cdot 1 + 2^2 \cdot 1 + 2^1 \cdot 1 + 2^0 \cdot 1) = 7.5 \text{ V}$$

故其最大输出电压值为 7.5 V。

9.2.4 D/A 转换器的主要技术参数

1. 分辨率

分辨率用输入二进制数的有效位数表示。在分辨率为 n 位的 D/A 转换器中,输出

电压能区分 2^n 个不同的输入二进制代码状态,能给出 2^n 个不同等级的输出模拟电压。

分辨率也可以用 D/A 转换器的最小输出电压 U_{LSB}(输入数字只有最低位为 **1** 时对应的输出电压)与最大输出电压 U_{FSR}(输入数字全为 **1** 时对应的输出电压)的比值来表示。如 10 位 D/A 转换器的分辨率为

$$\frac{U_{LSB}}{U_{FSR}} = \frac{1}{2^{10}-1} = \frac{1}{1023} \approx 0.001$$

位数 n 越大,其输出模拟电压的取值个数越多(2^n 个)或取值间隔(2^n-1 个)越多,则 D/A 转换器输出模拟电压的变化量越小,就越能反映输出电压的细微变化。

2. 转换精度

D/A 转换器的转换精度是指输出模拟电压的实际值与理想值之差,即最大静态转换误差。通常要求 D/A 转换器的误差小于 $U_{LSB}/2$。

3. 转换时间

从 D/A 转换器输入数字信号起,到输出电压或电流到达稳定值所需要的时间,称为 D/A 转换器的转换时间(或输出建立时间)。

9.2.5 集成 D/A 转换器及应用举例

市场上的单片集成 D/A 转换器有很多种,DAC0832 是采用 CMOS 工艺制成的单片电流输出型 8 位 D/A 转换器。DAC0832 的逻辑符号和引脚图如图 9-8 所示,其引脚功能说明如下。

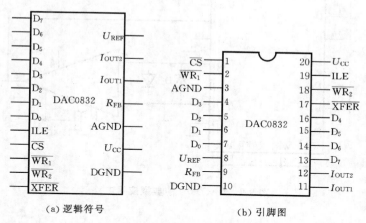

(a) 逻辑符号   (b) 引脚图

图 9-8 DAC0832 的逻辑符号和引脚图

ILE:输入锁存允许信号,输入高电平有效。

$\overline{CS}$:片选信号,输入低电平有效。

$\overline{WR_1}$:输入数据选通信号,输入低电平有效。

$\overline{WR_2}$:输入数据选通信号,输入低电平有效。

$\overline{XFER}$:数据传送选通信号,输入低电平有效。

$D_7 \sim D_0$:8 位输入数据信号。

U_{REF}:参考电压输入。一般此端外接一个精确、稳定的电压基准源。U_{REF} 可在 $-10 \sim +10$ V 范围内选择。

R_{FB}:反馈电阻(内已含一个反馈电阻)接线端。

I_{OUT1}:D/A 转换器输出电流 1。此输出信号一般作为运放的一个差分输入信号。当 D/A 转换器寄存器中的各位为 **1** 时,电流最大;为全 **0** 时,电流为 0。

I_{OUT2}:D/A 转换器输出电流 2。它作为运放的另一个差分输入信号(一般接地),且 $I_{\mathrm{OUT1}}+I_{\mathrm{OUT2}}$=常数。

U_{CC}:电源输入端。接+5~+15 V 电压,一般取+5 V。

DGND:数字地。

AGND:模拟地。

DAC0832 输出的是电流,要转换为电压,还必须经过一个外接的运放,芯片内部已设置了一个反馈电阻 R_{FB},只要将 9 脚接到运放的输出端即可。若运放增益不够,可外加一个反馈电阻与 R_{FB} 串联。图 9-9 所示的是 DAC832 的典型应用电路。需要转换的数字信号通过 D_0~D_7 送入 DAC0832,经转换后的输出电流信号接由运放构成的电路,将电流变为电压输出

$$I_{\mathrm{OUT1}}=\frac{U_{\mathrm{REF}}}{R}\times\frac{(\mathrm{D})_{10}}{256},\quad I_{\mathrm{OUT2}}=\frac{U_{\mathrm{REF}}}{R}\times\frac{255-(\mathrm{D})_{10}}{256},\quad u_{\mathrm{O}}=-(I_{\mathrm{OUT1}}\times R_{\mathrm{FB}})$$

上式中,R 为 DAC0832 内部 R-2R 电阻网络中的电阻。

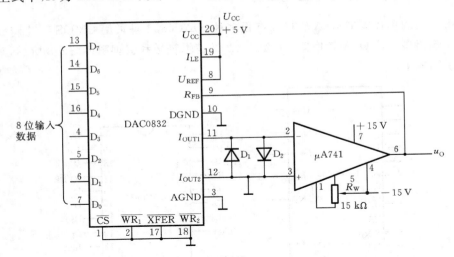

图 9-9 DAC0832 的典型应用电路

自测练习

9.2.1 D/A 转换器的转换特性,是指其输出( )(模拟量,数字量)和输入( )(模拟量,数字量)之间的转换关系。

9.2.2 如果 D/A 转换器输入为 n 位二进制数 $D_{n-1}D_{n-2}\cdots D_1 D_0$,$K_{\mathrm{u}}$ 为其电压转换比例系数,则输出模拟电压为( )。

9.2.3 常见的 D/A 转换器有( )D/A 转换器、( )D/A 转换器、( )D/A 转换器、( )D/A 转换器以及( )D/A 转换器等几种类型。

9.2.4 如分辨率用 D/A 转换器的最小输出电压 U_{LSB} 与最大输出电压 U_{FSR} 的比值来表示。则 8 位 D/A 转换器的分辨率为( )。

9.2.5 已知 D/A 转换电路中,当输入数字量为 **10000000** 时,输出电压为 6.4 V;则当输入为 **01010000** 时,其输出电压为( )。

9.3 A/D 转换器

本节将学习
* A/D 转换的 4 个步骤
* A/D 转换器的种类
* A/D 转换器的 3 个主要技术参数
* A/D 转换器的数字输出与模拟输入之间的关系
* 集成 ADC0809 介绍及应用

9.3.1 A/D 转换的一般步骤

A/D 转换是将模拟信号转换为数字信号,转换过程由采样、保持、量化和编码 4 个步骤完成。

1. 采样和保持

采样是将时间上连续变化的信号转换为时间上离散的信号,即将时间上连续变化的模拟量转换为一系列等间隔的脉冲的过程,脉冲的幅度取决于输入模拟量的大小。其采样频率 f_s 必须大于或等于输入模拟信号包含的最高频率 f_{max} 的 2 倍。采样后的值必须保持不变,直到下一次采样为止。因为 A/D 转换时必须有时间处理采样值。采样和保持操作的结果是近似输入模拟信号的阶梯状波形,如图 9-10 所示。

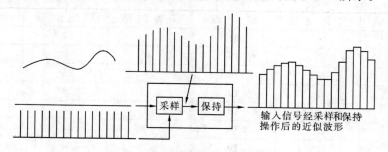

图 9-10 采样和保持操作示意图

2. 量化和编码

1) 量化

一般把上述采样和保持后的值以某个"最小数量单位"的整数倍来表示,这一过程称为量化。规定的最小数量单位称为量化单位或量化间隔,用"δ"表示。

量化的方法一般有四舍五入法和舍去小数法。

(1) 四舍五入法:把小于 0.5δ 的电压作为"0δ"处理,把大于或等于 0.5δ 而小于 1.5δ 的电压作为"1δ"处理;

(2) 舍去小数法:把小于 δ 的电压作为"0δ"处理,把大于或等于 δ 而小于 2δ 的电压作为"1δ"处理。

例如,设 $\delta=1$ V,采样值分别为 2 V、4.4 V、4.5 V 和 5.7 V,如果采用四舍五入法,则量化结果为 2 V$=2\delta$,4.4 V$=4\delta$,4.5 V$=5\delta$,5.7 V$=6\delta$;如果采用舍去小数法,则量化结果为 2 V$=2\delta$,4.4 V$=4\delta$,4.5 V$=4\delta$,5.7 V$=5\delta$。显然,采用不同的量化方式其结果存在差异。上述量化结果与采样值之间存在误差,这种误差称为量化误差。

2) 编码

把量化结果用代码表示,称为编码。3 位代码可表示 $0\delta\sim7\delta$;4 位代码可表示 $0\delta\sim15\delta$;8 位代码可表示 $0\delta\sim127\delta$;n 位代码可表示 $0\delta\sim(2^{n}-1)\delta$。

下面仍以图 9-10 所示采样和保持后的近似波形为例,说明量化和编码的过程。

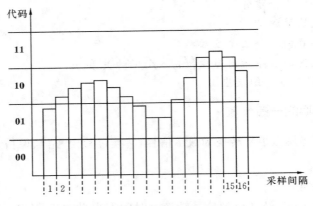

图 9-11　波形的量化编码情况一

图 9-11 所示的为该波形的一种量化编码情况,量化范围为 $0\delta_1\sim3\delta_1$,代码为 2 位;表 9-2 所示的为对应的结果。

表 9-2　图 9-10 所示输出波形的量化编码结果一

采 样 间 隔	量 化 结 果	编　　码	采 样 间 隔	量 化 结 果	编　　码
1	$1\delta_1$	**01**	9	$1\delta_1$	**01**
2	$2\delta_1$	**10**	10	$1\delta_1$	**01**
3	$2\delta_1$	**10**	11	$2\delta_1$	**10**
4	$2\delta_1$	**10**	12	$2\delta_1$	**10**
5	$2\delta_1$	**10**	13	$3\delta_1$	**11**
6	$2\delta_1$	**10**	14	$3\delta_1$	**11**
7	$2\delta_1$	**10**	15	$3\delta_1$	**11**
8	$1\delta_1$	**01**	16	$2\delta_1$	**10**

图 9-12 所示的为该波形的另一种量化编码情况,量化范围为 $0\delta_2\sim15\delta_2$,δ_2 为 δ_1 的 1/4,代码为 4 位;表 9-3 所示的为对应的结果。

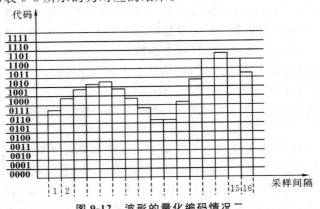

图 9-12　波形的量化编码情况二

表 9-3　图 9-10 所示输出波形的量化编码结果二

采样间隔	量化结果	编码	采样间隔	量化结果	编码
1	$7\delta_2$	0111	9	$6\delta_2$	0110
2	$8\delta_2$	1000	10	$6\delta_2$	0110
3	$9\delta_2$	1001	11	$8\delta_2$	1000
4	$10\delta_2$	1010	12	$10\delta_2$	1010
5	$10\delta_2$	1010	13	$13\delta_2$	1101
6	$9\delta_2$	1001	14	$13\delta_2$	1101
7	$8\delta_2$	1000	15	$13\delta_2$	1101
8	$7\delta_2$	0111	16	$11\delta_2$	1011

比较上述两种量化编码的情况可以看出，编码位数越多，量化误差越小，准确度越高。

9.3.2　A/D 转换器的种类

1. A/D 转换器的种类

A/D 转换器按照工作原理的不同可分为直接 A/D 转换器和间接 A/D 转换器两类。直接 A/D 转换器是将输入模拟电压直接转换成数字量；间接 A/D 转换器是先将输入模拟电压转换成中间量，如时间或频率，然后将这些中间量转换成数字量。常用的直接 A/D 转换器有并联比较型 A/D 转换器和逐次比较型 A/D 转换器等；常用的间接 A/D 转换器有中间量为时间的双积分型 A/D 转换器和中间量为频率的电压－频率转换型 A/D 转换器等。

2. 常用 A/D 转换器的工作特点

常用的 A/D 转换器中，转换速度最高的是并联比较型 A/D 转换器；转换速度最低的是双积分型 A/D 转换器；转换精度最高的是双积分型 A/D 转换器；转换精度最低的是并联比较型 A/D 转换器；转换速度和转换精度均较高的是逐次比较型 A/D 转换器。

上述各种类型 A/D 转换器的工作原理在此不作详述，可参考有关资料。

9.3.3　A/D 转换器的主要技术参数

1. 分辨率

A/D 转换器的分辨率用输出二进制数的位数 n 表示，位数越多，对输入模拟信号的分辨能力越强。例如，输入模拟电压的变化范围为 $0\sim5$ V，输出 8 位二进制数可以分辨的最小输入模拟电压为 $5 \text{ V}\times2^{-8}\approx20$ mV；而输出 12 位二进制数可以分辨的最小输入模拟电压为 $5 \text{ V}\times2^{-12}\approx1$ mV。

2. 转换误差

转换误差表示 A/D 转换器实际输出的数字量和理论输出的数字量之间的差别，常用最低有效位(LSB)的倍数表示。

3. 转换时间

转换时间是指从接到转换控制信号开始，到输出端得到稳定的数字输出信号所经过的这段时间，也是完成一次转换所需的时间。

9.3.4 集成 A/D 转换器及应用举例

市面上出售的集成 A/D 转换器很多,下面介绍较常用的一种即 ADC0809。ADC0809 是采用 CMOS 工艺制成的单片 8 位 8 通道逐次比较型 A/D 转换器,器件的核心部分是 8 位 A/D 转换器,它由比较器、逐次渐近寄存器、开关树、256R 网络及控制和定时等部分组成。其原理框图如图 9-13 所示,芯片引脚排列图如图 9-14 所示。

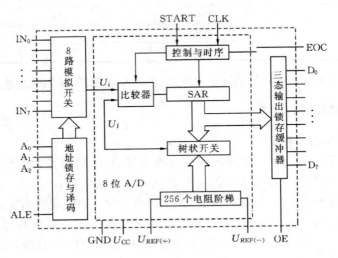

图 9-13 ADC0809 原理框图

ADC0809 的引脚功能说明如下。

$IN_0 \sim IN_7$:8 路模拟信号输入端。

A_2、A_1、A_0:8 路模拟信号的地址输入端。

ALE:地址锁存允许输入信号,在此脚施加正脉冲,上升沿有效,此时锁存地址码,从而选通相应的模拟信号通道,以便进行 A/D 转换。

START:启动信号输入端,应在此脚施加正脉冲,当上升沿到达时,内部逐次逼近寄存器复位,在下降沿到达后,开始 A/D 转换过程。

EOC:在 START 信号上升沿之后 1～8 个时钟周期内,EOC 信号变为低电平。当转换结束,数据可以读出时,EOC 变为高电平。

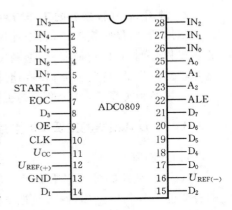

图 9-14 ADC0809 的芯片引脚排列图

OE:输出允许信号,高电平有效。

CLK:时钟信号输入端,外接时钟频率一般为 640 kHz。

U_{CC}:+5 V 单电源供电。

$U_{REF(+)}$、$U_{REF(-)}$:基准电压的正端和负端。一般 $U_{REF(+)}$ 接+5 V,$U_{REF(-)}$ 接地。

$D_7 \sim D_0$:数字信号输出端。

主要技术指标:分辨率为 8 位;转换时间为 $100~\mu s$;功耗为 15 mW;电源为 5 V。

ADC0809 由 A_2、A_1、A_0 3 个地址输入端选通 8 路模拟输入通道的任意一路进行 A/D 转换,地址输入端与模拟输入通道的选通关系如表 9-4 所示。

表 9-4　地址输入与模拟输入通道的选通关系

选通模拟通道		IN_0	IN_1	IN_2	IN_3	IN_4	IN_5	IN_6	IN_7
地址	A_2	0	0	0	0	1	1	1	1
	A_1	0	0	1	1	0	0	1	1
	A_0	0	1	0	1	0	1	0	1

在 ADC0809 启动信号输入端 START 加启动脉冲(正脉冲)时，A/D 转换即开始。如将启动信号输入端 START 与转换结束端 EOC 直接相连，则转换将连续进行。

图 9-15 所示的是 ADC0809 的一个典型应用电路。输入模拟信号 u_1 经放大后送入 ADC0809 的输入端 IN_0，转换结果由 $D_0 \sim D_7$ 输出，时钟脉冲 CP 由外部计数脉冲源提供，$A_2 \sim A_0$ 地址端为 000。接通电源后，在启动端 START 加一正单次脉冲，即开始 A/D 转换。

理想情况下，当 IN_0 端输入模拟信号为 0~5 V 时，其转换后的数字输出为 00000000~11111111。

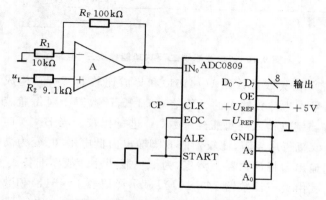

图 9-15　ADC0809 典型应用电路

【例 9-4】　某 8 位 A/D 转换器的输入模拟电压满量程为 5 V，当输入电压为 1.96 V 时，求对应的输出数字量。

解　输入模拟电压与输出数字量对应的十进制数成正比，即 $U_1 = K \cdot (D)_{10}$，故有

$$\frac{5}{(11111111)_{10}} = \frac{1.96}{(D)_{10}}, \quad (D)_{10} \approx 100$$

即输出数字量　　　　　　　　　　　　$D = 01100100$

自测练习

9.3.1　A/D 转换器的转换过程由(　　　　)、(　　　　)、(　　　　)和(　　　　)4 个步骤完成。

9.3.2　A/D 转换器采样过程中要满足采样定理，即采样频率(　　　　)输入信号的最大频率。

9.3.3　A/D 转换器量化误差的大小与(　　　　)和(　　　　)有关。

9.3.4　A/D 转换器按照工作原理的不同可分为(　　　　)A/D 转换器和(　　　　)A/D 转换器。

9.3.5　如果将一个最大幅值为 5.1 V 的模拟信号转换为数字信号，要求模拟信号每变化 20 mV 都能使数字信号最低位 LSB 发生变化，那么应选用(　　　　)位的 A/D 转换器。

9.3.6　已知 A/D 转换器的分辨率为 8 位，其输入模拟电压范围为 0~5 V，则当输出数字量为 10000001 时，对应的输入模拟电压为(　　　　)。

9.4 综合应用实例阅读

实例 药片瓶装生产线简易控制系统(三)

系统模块框图中"功能模块二"和"功能模块三"的完整电路如图 9-16 所示。

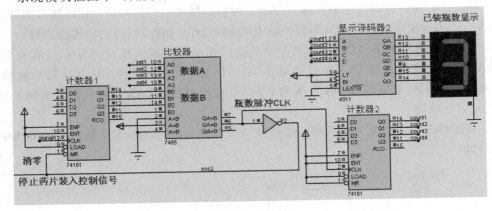

图 9-16 "功能模块二"和"功能模块三"电路图

"功能模块二"由集成计数器 1(74161)和集成比较器(7485)构成。药片检测传感器产生的脉冲信号作为计数器 1 的计数信号 CLK,计数器 1 对每瓶装入的当前药片数(B)进行计数,并与键盘输入的每瓶药片数(A)进行比较。当 B<A 时,继续装入药片,当 B=A 时表示该瓶药片装满,比较器的 6 脚输出由低电平"0"变为高电平"1"。6 脚输出信号经一非门输出后将计数器 1 清零,为下一瓶药片计数作准备。

"功能模块三"由集成计数器 2(74161)、显示译码器 2(4511)和数码管构成。计数器 2 的计数信号 CLK 来自"功能模块二"中比较器的 6 脚输出信号,每当一瓶药片装满时,该信号由低电平变为高电平,同时驱动计数器 2 计数 1 次,因此,计数器 2 的输出值即为已装瓶数值。

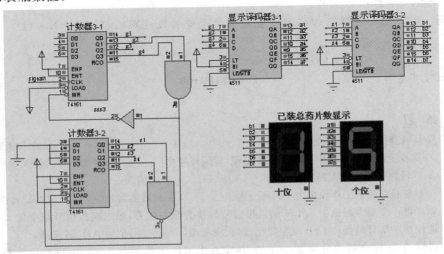

图 9-17 "功能模块四"电路图

系统模块框图中"功能模块四"的完整电路如图 9-17 所示,该模块由计数器 3(两片 74161)、显示译码器 3-1、显示译码器 3-2 和两个数码管组成。计数器 3-1 和计数器 3-2 均构成十进制计数器,然后两者级联构成 00～99 的一百进制计数器,对已装总药片数进行计数和显示。

本 章 小 结

1. D/A 转换器的功能是将输入的二进制数字信号转换成相对应的模拟信号输出。

2. D/A 转换器根据解码电阻网络的不同,可分为二进制权电阻网络 D/A 转换器和倒 T 形电阻网络 D/A 转换器两大类。由于倒 T 形电阻网络 D/A 转换器只要求两种阻值的电阻,因此适合用集成工艺制造,集成 D/A 转换器普遍采用这种电路结构。

3. A/D 转换器的功能是将输入的模拟信号转换成一组多位的二进制数字信号输出。

4. A/D 转换过程一般由采样、保持、量化和编码 4 个步骤完成。

5. A/D 转换器按照工作原理的不同可分为直接 A/D 转换器和间接 A/D 转换器两类。不同的 A/D 转换方式具有各自的特点,如并联比较型 A/D 转换器转换速度快;双积分型 A/D 转换器的性能比较稳定、转换精度高;而逐次比较型 A/D 转换器的分辨率较高、转换速度较快,在一定程度上兼顾了以上两种转换器的优点,因此得到普遍应用。

6. 无论是 D/A 转换器,还是 A/D 转换器,在理想情况下,它们的输出与输入之间都成正比例关系。

习 题 九

9.1　概述

9.1.1　很多电子产品或设备中包含 A/D 转换器和 D/A 转换器,请举出 1～2 个例子。

9.2　D/A 转换器

9.2.1　某 D/A 转换器的电阻网络如习题 9.2.1 图所示。若 $U_{REF}=10$ V,电阻 $R=10$ kΩ,试问输出电压 u_O 应为多少伏?

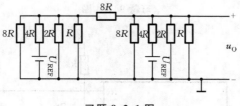

习题 **9.2.1** 图

9.2.2　8 位权电阻 D/A 转换器电路如习题 9.2.2 图所示。输入 $D=D_7D_6\cdots D_0$,相应的权电阻 $R_7=R_0/2^7$,$R_6=R_0/2^6$,$\cdots$,$R_1=R_0/2^1$,已知 $R_0=10$ MΩ,$R_F=50$ kΩ,$U_{REF}=10$ V。
(1) 求 u_O 的输出范围。
(2) 求输入 $D=\mathbf{10010110}$ 时的输出电压。

9.2.3　10 位倒 T 形电阻网络 D/A 转换器如习题 9.2.3 图所示,当 $R=R_f$ 时,试求输出电压的取值范围;若要求电路输入数字量为 200 H 时输出电压 $u_O=5$ V,试问 U_{REF} 应取何值?

9.2.4　n 位权电阻 D/A 转换器如习题 9.2.4 图所示。试推导输出电压 u_O 与输入数字量的关系式;如 $n=8$,$U_{REF}=-10$ V,当 $R_F=1/8R$ 时,如输入数码为 20 H,试求输出电压值。

9.2.5　由 AD7520 组成的双极性输出 D/A 转换器如习题 9.2.5 图所示,通过查阅 AD7520 的内部电路,推导出输出电压 u_O 的表达式。

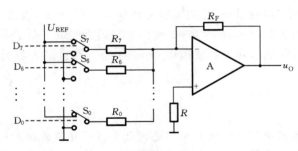

习题 **9.2.2** 图

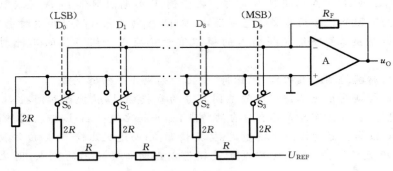

习题 **9.2.3** 图

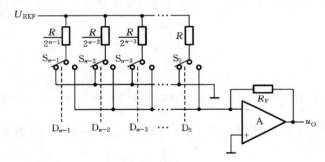

习题 **9.2.4** 图

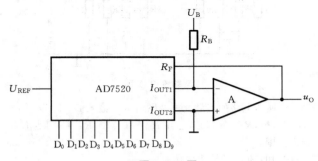

习题 **9.2.5** 图

9.2.6 试用 D/A 转换器 DAC0832 和集成计数器 74LS161 组成如习题 9.2.6 图所示的阶梯波形发生器,要求画出完整的逻辑电路图。

9.3 A/D 转换器

9.3.1 并联比较型 A/D 转换器电路如习题 9.3.1 图所示。$C_0 \sim C_3$ 为比较器,当比较器输入 $U_+ > U_-$ 时,比较器输出为 **1**,反之比较器输出为 **0**。求 u_1 分别为 9 V、6.5 V、4 V、1.5 V 时,电路对应的二进制输出 CBA。

9.3.2 计数型 A/D 转换器电路如习题 9.3.2 图所示。设 3 位 D/A 转换器的最大输出为 +7 V，CP 的频率 $f_{CP}=100$ kHz，A/D 转换前触发器处于 **0** 状态。在图示输入波形条件下画出输出波形，并说明完成转换时计数器的状态及完成这次转换所需的时间。

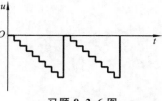

习题 **9.2.6** 图

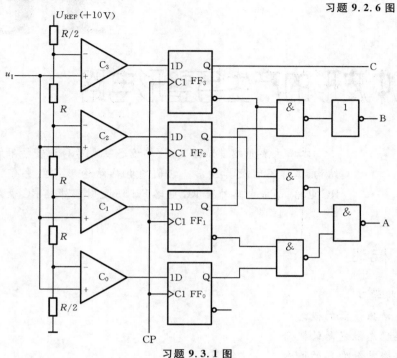

习题 **9.3.1** 图

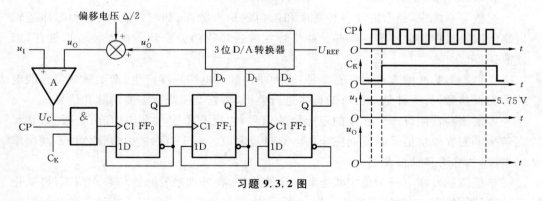

习题 **9.3.2** 图

10

脉冲波形的产生与整形电路

本章主要介绍多谐振荡器、单稳态触发器和施密特触发器的电路结构、工作原理及其应用。它们的电路结构形式主要有门电路外接 RC 电路、集成电路外接 RC 电路和 555 定时器外接 RC 电路 3 种。

10.1 概述

本节将学习

❷ 多谐振荡器的概念

❷ 单稳态触发器的概念

❷ 施密特触发器的概念

在数字系统中,经常需要各种宽度和幅值的矩形脉冲,如时钟脉冲、各种时序逻辑电路的输入或控制信号等。有些脉冲信号在传送过程中会受到干扰而使波形变坏,因此需要整形。

获得矩形脉冲的方法通常有 2 种:一种是由脉冲电路直接产生,产生脉冲信号的电路称为振荡器;另一种是对已有的信号进行整形,将它变换成所需要的脉冲信号。

多谐振荡器能够产生连续的矩形脉冲信号,它没有稳定状态,只有两个暂态,其状态转换不需要外加信号触发而完全由电路自身完成。由于矩形波中包含各种不同频率的谐波,故称为多谐振荡器。

单稳态触发器有一个稳定状态和一个暂稳态,在外加触发脉冲信号作用下,可从稳态转换到暂稳态,在暂稳态维持一段时间后,电路自动返回到稳态。暂稳态的持续时间取决于电路的 RC 参数。

施密特触发器具有两个稳定状态,在输入信号作用下实现两个稳态之间的转换。

多谐振荡器用于产生脉冲信号,可作为脉冲信号源使用。单稳态触发器和施密特触发器主要用于波形变换和整形以及定时、延时等用途。

自测练习

10.1.1 获得矩形脉冲的方法通常有 2 种:一种是( );另一种是( )。

10.1.2 多谐振荡器有（　　）个稳定状态。
10.1.3 单稳态触发器有（　　）个稳定状态。
10.1.4 施密特触发器有（　　）个稳定状态。

10.2　多谐振荡器

本节将学习
❷ 门电路构成多谐振荡器的工作原理
❷ 石英晶体多谐振荡器电路及其优点
❷ 秒脉冲信号产生电路的构成方法

多谐振荡器是一种无稳态电路，它不需外加触发信号，在电源接通后，就可自动产生一定频率和幅度的矩形波或方波。

10.2.1　门电路构成的多谐振荡器

利用门电路的传输延迟时间，将奇数个非门首尾相接就构成一个简单的多谐振荡器。图 10-1 所示的是由 3 个非门首尾相连而成的多谐振荡器，这个电路没有稳定状态。从任何一个非门的输出端都可得到高、低电平交替出现的方波。该电路的输出波形如图 10-2 所示。

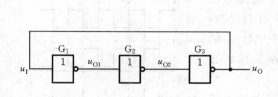

图 10-1　奇数个非门构成的多谐振荡器　　**图 10-2　图 10-1 所示电路的输出波形**

假设 3 个非门的传输延迟时间均为 t_{pd}，在某一时刻输出 u_o 由低电平 **0** 跳变为高电平 **1**，如图 10-2 中 u_o 波形的箭头所示，则 G_1 门、G_2 门和 G_3 门将依次翻转，经过三级门的传输延迟时间 $3t_{pd}$ 后，输出 u_o 又由高电平 **1** 跳变为低电平 **0**。如此循环跳变而形成矩形波。由图 10-2 可见，其振荡周期为 $6t_{pd}$。这种简单的多谐振荡器周期小、频率高，但频率不易调整和不稳定，所以在实际电路中很少使用。

为了克服上述多谐振荡器的缺点，可在图 10-1 所示电路中引入 RC 延迟环节，构成如图 10-3 所示电路。由于在 G_2 门输出端接入了 RC 延迟电路，所以能极大地增加从 u_{O1} 到 u_A 的传输延迟时间，得到较大的振荡周期。图中 R_s 为限流电阻，对 G_3 门起保护作用。由于 R_s 一般较小（100 Ω 左右），u_A 仍可看作 G_3 门的输入电压。通常 RC 电路产生的延迟时间远远大于门电路本身的传输延迟时间，所以分析时可以忽略 t_{pd}，电路的振荡周期基本上由 RC 参数决定。下面对该电路的工作原理进行简单分析。

设在 t_0 时刻，$u_1 = u_o$ 为低电平，则 u_{O1} 为高电平，u_{O2} 为低电平。此时 u_{O1} 经电容 C、电阻 R 到 u_{O2} 形成电容的充电回路。随着充电过程的进行，电容 C 上的电压逐渐增大，A 点的电压相应减小，当接近门电路的阈值电压 U_{TH} 时，形成如下正反馈过程。

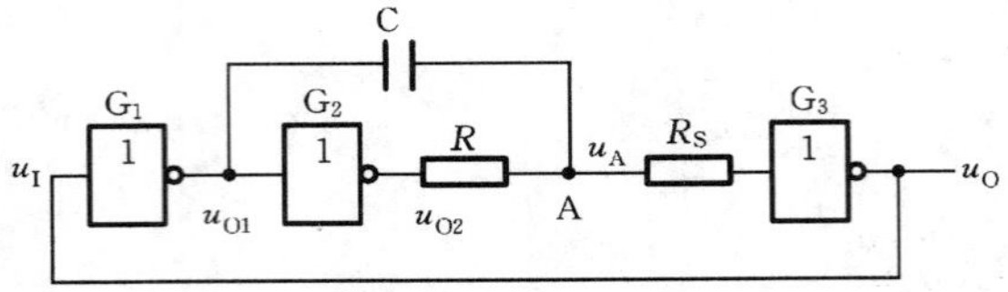

图 10-3　带 RC 延迟的多谐振荡器

$$u_A \downarrow \rightarrow u_O \uparrow \rightarrow u_{O1} \downarrow$$

　　正反馈的结果,使电路在 t_1 时刻 $u_I = u_O$ 变为高电平,则 u_{O1} 为低电平,u_{O2} 为高电平。考虑到电容电压不能突变,在 u_{O1} 由高电平变为低电平时,A 点电压出现下跳,其幅度与 u_{O1} 的变化幅度相同。此时 u_{O2} 经电阻 R、电容 C 到 u_{O1} 形成电容的放电回路。随着放电过程的进行,A 点的电压逐渐增大,当接近门电路的阈值电压时,形成如下正反馈过程。

$$u_A \uparrow \rightarrow u_O \downarrow \rightarrow u_{O1} \uparrow$$

　　正反馈的结果,使电路在 t_2 时刻返回到 $u_I = u_O$ 为低电平,u_{O1} 为高电平,u_{O2} 为低电平的状态,同样考虑到电容电压不能突变,在 u_{O1} 由低电平变为高电平时,A 点电压出现上跳,其幅度与 u_{O1} 的变化幅度相同。此后,电路重复上述过程,周而复始地从一个暂稳态转换到另一个暂稳态,从而在 G_3 门的输出端得到连续的方波。该电路的工作波形如图 10-4 所示。

　　由上述分析可看出,多谐振荡器的两个暂稳态之间的转换过程是通过电容 C 的充、放电作用实现的,这个作用又集中反映在图 10-3 所示电路中电压 u_A 的变化上,因此 A 点电压的变化是决定电路工作状态的关键。

　　通过定量计算(在此略去计算过程)可得该电路的振荡周期为

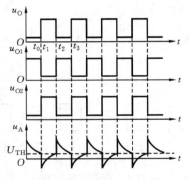

图 10-4　图 10-3 所示电路的工作波形

$$T \approx RC \ln\left(\frac{U_{TH} - 2U_{OH}}{U_{TH} - U_{OH}} \cdot \frac{U_{TH} + U_{OH}}{U_{TH}} \right) \quad (10\text{-}1)$$

10.2.2　采用石英晶体的多谐振荡器

　　上述多谐振荡器的振荡周期或频率不仅与时间常数 RC 有关,而且还与门电路的阈值电压 U_{TH} 有关。由于 U_{TH} 易受温度、电源电压及干扰的影响,因此频率稳定性较差,不能适应频率稳定性要求较高的电路。

　　对频率稳定性要求较高的电路通常采用频率稳定性很高的石英晶体振荡器(简称晶振)。石英晶体的选频特性非常好,具有一个极为稳定的串联谐振频率 f_s,f_s 只由石英晶体的结晶方向和外形尺寸决定。目前,具有各种谐振频率的石英晶体已被制成标准化和系列化的产品出售。

　　两种常见的石英晶体振荡器电路如图 10-5 所示。图 10-5(a)中,电阻 R 的作用是使反相器工作在线性放大区,即转折区,此时输入电压的任何微小变化都会引起输出电压较大的变化,有利于电路起振,然后通过正反馈过程产生振荡。对于 TTL 门电路,其值通常在 $0.5 \sim 2$ kΩ 之间;对于 CMOS 门电路,其值通常在 $5 \sim 100$ MΩ 之间。电容 C

用于两个反相器之间的耦合,其大小选择应使其在振荡频率为 f_s 时的容抗可以忽略不计。该电路的振荡频率即为谐振频率 f_s,而与其他参数无关。

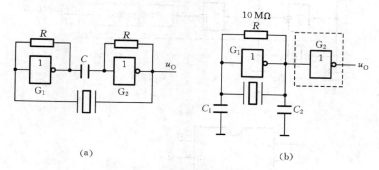

图 10-5 石英晶体多谐振荡器

在图 10-5(b) 中,反相器 G_1 用于振荡,10 MΩ 电阻为反相器 G_1 提供静态工作点。石英晶体和两个电容 C_1、C_2 构成了一个 π 型网络,用于完成选频功能。电路的振荡频率仅取决于石英晶体的谐振频率 f_s。为了改善输出波形,增强带负载能力,通常在该振荡器的输出端再接一个反相器 G_2。

石英晶体振荡器的突出优点是具有极高的频率稳定度,且工作频率范围非常宽,从几百赫兹到几百兆赫兹,多用于要求高精度时基的数字系统中。

【例 10-1】 秒脉冲信号电路的设计。

解 实用的秒脉冲信号电路一般均采用图 10-5 所示的 2 种电路形式。为了得到 1 Hz 的秒脉冲信号,一种是在图 10-5(a) 所示电路基础上稍作改动,得到如图 10-6 所示的电路。图中石英晶体振荡器的谐振频率为 4 MHz,故输出电压 u_{O2} 的频率为 4 MHz,该信号经一个 4×10^6 分频电路后得到 1 Hz 的秒脉冲信号 u_O。分频电路可利用集成计数器实现。

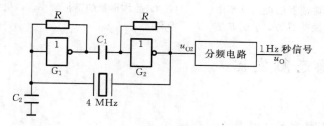

图 10-6 秒脉冲信号电路一

另一种是在图 10-5(b) 所示电路基础上,增加一片集成电路 CD4060,得到如图 10-7 (a) 所示的电路。CD4060 是一个 14 级二进制串行计数器/分频器和振荡器的 CMOS 集成电路,其内部包含用于构成多谐振荡器的 2 个反相器以及 1 个 14 级二分频器,如图中虚线框所示,振荡器的结构可以是 RC 电路或晶振电路,应用电路如图 10-7(b) 所示。

图中石英晶体振荡器的谐振频率为 32 768 Hz,经内部的 14 级二分频器后,从 $Q_4 \sim Q_{10}$ 和 $Q_{12} \sim Q_{14}$ 各输出端可分别得到频率为 2 048 Hz,1 024 Hz,512 Hz,256 Hz,128 Hz,64 Hz,32 Hz,8 Hz,4 Hz 和 2 Hz 的脉冲信号。将 2 Hz 信号再经一个外接的二分频电路即可得到 1 Hz 的秒脉冲信号。

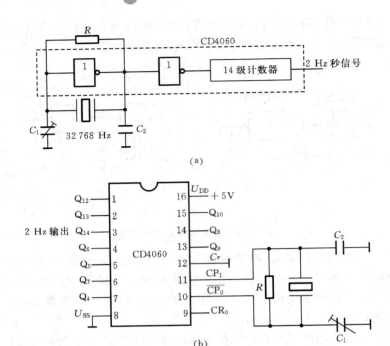

图 10-7 秒脉冲信号电路二

自 测 练 习

10.2.1 多谐振荡器(　　)(需要,不需要)外加触发脉冲的作用。

10.2.2 利用门电路的传输延迟时间,将(　　)(奇数,偶数,任意)个非门首尾相接就构成一个简单的多谐振荡器。

10.2.3 多谐振荡器的 2 个暂稳态之间的转换是通过(　　　　　　)来实现的。

10.2.4 石英晶体振荡器的振荡频率由(　　)(R,C,晶体本身的谐振频率 f_S)决定。

10.2.5 石英晶体振荡器的 2 个优点是(　　)和(　　　)。

10.3 单稳态触发器

本节将学习

❷ 单稳态触发器的工作特点

❷ 门电路构成单稳态触发器的工作原理

❷ 不可重复触发和可重复触发的区别

❷ 集成单稳态触发器 74LS121 和 74LS122 的使用方法

❷ 单稳态触发器在波形整形、定时和延时等方面的应用方法

单稳态触发器有一个稳定状态和一个暂稳态。当外加触发信号时,单稳态触发器从稳定状态转换到暂稳态,在暂稳态维持一段时间后,由于电路的电容元件的充、放电作用,电路自动返回到稳定状态,因此这种电路称为"单稳态触发器"。暂稳态维持的时间取决于电路本身的参数,与外加触发信号的宽度无关。

根据单稳态触发器的特点,数字系统常用它构成整形、脉冲展宽、延时和定时(产生一定宽度的方波)等电路。

10.3.1　门电路构成的单稳态触发器

1. 电路结构

由门电路和 RC 元件组成的单稳态触发器电路的形式较多。一个电阻和一个电容可以组成积分电路或者微分电路，因此，由门电路和 RC 元件可组成积分型单稳态触发器和微分型单稳态触发器。图 10-8 所示电路就是微分型单稳态触发器的电路形式之一。电路中电阻的值小于门电路的关门电阻值，即 $R < R_{\text{OFF}}$。

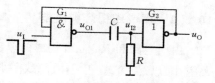

图 10-8　微分型单稳态触发器

2. 工作原理

分析单稳态触发器的工作原理，就是分析如何在外加触发信号的作用下，电路由稳态进入暂稳态，然后又如何在电容充、放电的作用下，自动返回到稳定状态的过程。

（1）在图 10-8 所示电路中，输入信号 u_1 在稳态下为高电平。考虑到 $R < R_{\text{OFF}}$，所以稳态时 u_{I2} 为低电平，u_O 为高电平。与非门 G_1 的 2 个输入端均为高电平，所以，u_{O1} 为低电平，电容 C 两端的电压近似为 0 V。只要输入信号保持高电平不变，电路就维持在 u_{O1} 为低电平，u_O 为高电平这一稳定状态。

（2）假设在 t_1 时刻，输入端有一负脉冲信号出现，即外加触发信号开始作用，则与非门 G_1 的输出 u_{O1} 变为高电平。由于电容 C 两端的电压不能突变，故 u_{I2} 随 u_{O1} 跳变为高电平，u_O 跳变为低电平。该低电平反馈到 G_1 的输入端，使 u_{O1} 仍维持在高电平。电路处于 u_{O1} 为高电平、u_O 为低电平的暂稳态。

在暂稳态期间，经电容 C 和电阻 R 到地形成充电回路，电容 C 开始充电，随着充电过程的进行，u_{I2} 逐渐下降。当接近门电路的阈值电压 U_{TH}（设此时触发脉冲已消失）时，出现如下正反馈过程：

$$u_{I2} \downarrow \longrightarrow u_O \uparrow \longrightarrow u_{O1} \downarrow$$

此正反馈的结果，使电路自动返回到 u_{O1} 为低电平，u_O 为高电平的稳定状态。电容开始放电，为下一次触发做准备。

电路的工作波形如图 10-9 所示。该图中，t_W 为暂稳态的维持时间，通过定量计算（在此略）可知，其大小与 R、C 的大小成正比。

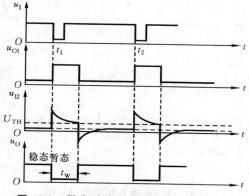

图 10-9　微分型单稳态触发器的工作波形

需要说明的是,上述工作波形是在假定输入触发信号的脉冲宽度小于 t_w 的条件下得到的。如果这个条件不满足,电路就无法正常工作。对于宽脉冲触发的输入信号,只要在其输入电路前增加一个简单的 RC 微分电路,用来实现宽脉冲到窄脉冲的变换即可。

10.3.2　集成单稳态触发器

由门电路和 RC 元件构成的单稳态触发器电路简单,但输出脉宽的稳定性差、调节范围小且触发方式单一,因此数字系统广泛使用集成单稳态触发器。单片集成单稳态触发器只需要外接 RC 元件就可方便使用,而且有多种不同的触发方式和输出方式。

目前使用的集成单稳态触发器有不可重复触发和可重复触发之分,不可重复触发的单稳态触发器一旦被触发进入暂稳态之后,即使再有触发脉冲信号作用,电路的工作过程也不受其影响,直到该暂稳态结束后,它才接受下一个触发而再次进入暂稳态。可重复触发单稳态触发器在暂稳态期间,如有触发脉冲信号作用,电路会被重新触发,使暂稳态继续延迟一个 t_w 时间。两种单稳态触发器的工作波形如图 10-10 所示。

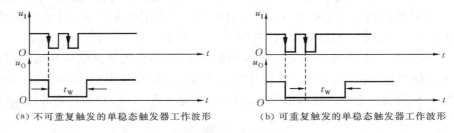

(a) 不可重复触发的单稳态触发器工作波形　　　(b) 可重复触发的单稳态触发器工作波形

图 10-10　两种单稳态触发器的工作波形

集成单稳态触发器中,74121、74LS121、74221、74LS221 等是不可重复触发的单稳态触发器;74122、74123、74LS123 等是可重复触发的单稳态触发器。下面以不可重复触发的单稳态触发器 74LS121 为例进行介绍。

74LS121 单稳态触发器的引脚图和逻辑符号如图 10-11 的(a)、(b)所示,外接电阻 R_{ext} 的取值范围为 $2\sim40$ kΩ,外接电容 C_{ext} 取值为 10 pF~1 000 μF。C_{ext} 接在 10、11 脚之间,R_{ext} 接在 11 和电源 U_{CC}(14 脚)之间,此时 9 脚开路。当需要电阻较小时,可以直接使用阻值约为 2 kΩ 的内部电阻 R_{int},此时将 R_{int} 接 U_{CC},即 9、14 脚相接。它的输出脉宽为

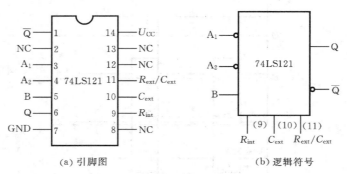

(a) 引脚图　　　　　　　　　(b) 逻辑符号

图 10-11　单稳态触发器 74LS121

$$t_w = 0.7RC \tag{10-2}$$

式中,R 可以是 R_{ext},也可以是芯片的内部电阻 R_{int}。

74LS121 的功能如表 10-1 所示,其主要功能如下。

(1) 电路在输入信号 A_1、A_2、B 的所有静态组合下均处于稳态 $Q=0$,$\overline{Q}=1$。

(2) 有 2 种边沿触发方式。输入 A_1 或 A_2 是下降沿触发,输入 B 是上升沿触发。

从功能表可见,当 A_1、A_2 或 B 中的任一端输入相应的触发脉冲时,在 Q 端都可以输出一个正向定时脉冲,$\overline{Q}$ 端输出一个负向脉冲。

表 10-1   74LS121 功能表

A_1	A_2	B	Q	$\overline{Q}$
L	×	H	L	H
×	L	H	L	H
×	×	L	L	H
H	H	×	L	H
H	↓	H	⎍	⎍
↓	H	H	⎍	⎍
↓	↓	H	⎍	⎍
L	×	↑	⎍	⎍
×	L	↑	⎍	⎍

10.3.3   单稳态触发器的应用

1. 脉冲整形

脉冲信号在传输过程中,常会因干扰导致波形的变化。由于 74LS121 内部采用了施密特触发(下节介绍)输入结构,故对于边沿较差的输入信号也能输出一个宽度和幅度恒定的矩形脉冲。利用这一特点,可将宽度和幅度不规则的脉冲整形为规则的脉冲,如图 10-12 所示。

2. 定时控制

利用单稳态触发器能够输出一定宽度 t_w 的矩形脉冲这一特性,可以控制某一系统,使其在 t_w 时间内动作(或不动作),从而起到定时控制的作用。如图 10-13 所示,在定时时间宽度 t_w 内,D 端输出脉冲信号,而在其他时间,D 端不输出脉冲信号。

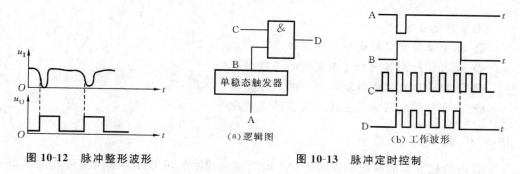

图 10-12   脉冲整形波形   图 10-13   脉冲定时控制

3. 脉冲延时

脉冲延时一般包括 2 种情况,一是边沿延时,如图 10-14(a)所示,输出脉冲信号的下降沿相对于输入脉冲信号的下降沿延时了 t_w;二是脉冲信号整体延时一段时间 t_D,

如图 10-14(b)所示。第一种情况利用 1 个单稳态触发器即可实现,第二种情况可采用 2 个单稳态触发器实现。其中,第 1 个单稳态触发器采用上升沿触发,其输出脉冲宽度等于所要求的延时;第 2 个单稳态触发器采用下降沿触发,并使其输出脉冲宽度等于第 1 个单稳态触发器输入脉冲的宽度即可。

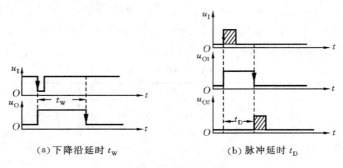

(a)下降沿延时 t_W (b)脉冲延时 t_D

图 10-14　脉冲延时

自测练习

10.3.1　单稳态触发器有(　　)个稳定状态和(　　)个暂稳态。

10.3.2　单稳态触发器(　　)外加触发脉冲信号的作用。
(a) 需要　　(b) 不需要

10.3.3　单稳态触发器的暂稳态持续时间取决于(　　),而与外加触发信号的宽度无关。

10.3.4　为了使微分型单稳态触发器正常工作,对外加触发脉冲的宽度要求是(　　)。

10.3.5　74LS121 是(　　)(可重复触发,不可重复触发)单稳态触发器,74LS123 是(　　)(可重复触发,不可重复触发)单稳态触发器。

10.3.6　使用 74LS121 构成单稳态触发器时,外接电容 C_{ext} 接在(　　)脚和(　　)脚之间,外接电阻 R_{ext} 接在(　　)脚和(　　)脚之间。它的输出脉冲宽度为(　　)。

10.3.7　使用 74LS121 构成单稳态触发器时,若要求外加触发脉冲为上升沿触发,则该触发脉冲应输入到(　　)(3,4,5)脚。

10.3.8　使用 74LS121 构成单稳态触发器时,若要求外加触发脉冲为下降沿触发,则该触发脉冲应输入到(　　)(3,4,5)脚。

10.4　施密特触发器

本节将学习
- ❷ 施密特触发器的电压传输特性
- ❷ 施密特触发器进行波形变换的工作原理
- ❷ 施密特触发器进行波形整形的工作原理
- ❷ 施密特触发器构成多谐振荡器的工作原理

10.4.1　概述

施密特触发器能够把不规则的输入波形变成规则的矩形波。如用正弦波去驱动一般的门电路、计数器或其他数字器件会导致逻辑功能不可靠,这时可用施密特触发器将正弦波变成矩形波输出。

施密特触发器的输出与输入信号之间的关系可用电压传输特性表示,如图 10-15

（a）、（b）所示，它们的逻辑符号如图 10-15（c）、（d）所示。从图 10-15 可见，传输特性的最大特点是该电路有两个稳态：一个稳态输出高电平 U_{OH}，另一个稳态输出低电平 U_{OL}。但是这两个稳态要靠输入信号电平来维持。

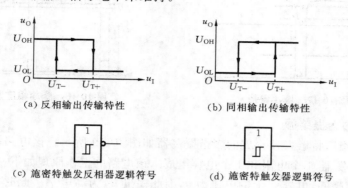

(a) 反相输出传输特性　　　　　　(b) 同相输出传输特性

(c) 施密特触发反相器逻辑符号　　(d) 施密特触发器逻辑符号

图 10-15　施密特触发器的电压传输特性

施密特触发器的另一个特点是输入/输出信号的回差特性。当输入信号幅值增大或者减小时，电路状态的翻转对应不同的阈值电压 $U_{\text{T+}}$ 和 $U_{\text{T-}}$，而且 $U_{\text{T+}} > U_{\text{T-}}$。$U_{\text{T+}}$ 与 $U_{\text{T-}}$ 的差值称为回差电压。

由门电路构成的施密特触发器具有阈值电压稳定性差、抗干扰能力弱等缺点，不能满足实际数字系统的需要。而集成施密特触发器以其性能一致性好、触发阈值电压稳定、可靠性高等优点，在实际中得到广泛的应用。TTL 集成施密特触发器有 74LS13、74LS14、74LS132 等型号。74LS13 为施密特触发的双 4 输入**与非门**，74LS14 为施密特触发的 6 反相器，74LS132 为施密特触发的四-2 线输入**与非门**。CMOS 集成施密特触发器有 74C14、74HC14 等型号。

10.4.2　施密特触发器的应用

1. 波形变换

施密特触发输入反相器可以把正弦波、三角波等变化缓慢的波形变换成矩形波，如图 10-16 所示。

2. 脉冲整形

有些信号在传输或放大时往往会发生畸变。施密特触发器电路，可对这些信号进行整形。作为整形电路时，如果要求输出与输入相同，则可在上述施密特触发输入反相器之后再接一个反相器。整形波形如图 10-17 所示。

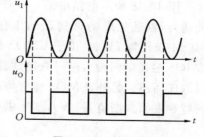

图 10-16　波形变换

3. 幅度鉴别

施密特触发器的翻转取决于输入信号是否大于 $U_{\text{T+}}$ 和小于 $U_{\text{T-}}$。利用这一特点可将它作为幅度鉴别电路。如一串幅度不等的脉冲信号输入到施密特触发器，则只有那些幅度大于 $U_{\text{T+}}$ 的信号才会在输出端形成一个脉冲。而幅度小于 $U_{\text{T+}}$ 的输入信号则被消去，如图 10-18 所示。

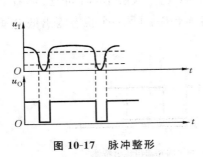

图 10-17 脉冲整形

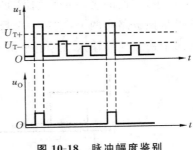

图 10-18 脉冲幅度鉴别

4. 构成多谐振荡器

由 7414 施密特触发器构成的多谐振荡器如图 10-19 所示。该电路非常简单,仅由 2 个施密特触发器、1 个电阻和 1 个电容组成。该电路的工作原理如下。

接通电源瞬间,电容 C 上的电压为 **0**,因此输出 u_{O1} 为高电平。此时 u_{O1} 通过电阻 R 对 C 充电,电压 u_1 逐渐升高。当 u_1 达到 U_{T+} 时,施密特触发器翻转,输出 u_{O1} 为低电平。此后 C 又通过 R 放电,u_1 随之下降。当 u_1 降到 U_{T-} 时,触发器又发生翻转。如此周而复始形成振荡,其输出波形如图 10-20 所示。

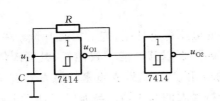

图 10-19 施密特触发器构成的多谐振荡器

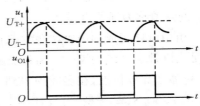

图 10-20 多谐振荡器输出波形

该电路的工作频率由充、放电回路的电阻和电容值确定。由于 TTL 施密特触发器具有一定的输入阻抗,它对电容的放电影响较大,因此放电回路的电阻值不能太大,否则放电电压将不会低于触发器的下限触发电平 U_{T-}。通常放电回路的电阻应小于 1 kΩ,需要改变输出信号的频率时,可以通过改变电容值来实现。其输出的振荡频率为

$$f \approx \frac{0.7}{RC} \tag{10-3}$$

图 10-19 所示电路中第 2 个施密特触发器主要用于改善输出波形,提高驱动负载的能力,以避免影响振荡器的工作。该电路也可以使用 CMOS 集成施密特触发器 74C14 来代替 7414。由于 CMOS 施密特触发器的输入阻抗非常高(近似为 10 MΩ),CMOS 触发器的输入端对放电回路的影响非常小,因此充、放电回路的电阻和电容可以取任何值。另外,CMOS 施密特触发器采用+5 V 供电时,回差电压为 2 V(TTL 施密特触发器典型值为 1 V),如果供电电压提高,则其回差电压还可以增加。

自测练习

10.4.1 施密特触发器的特点是输入信号幅值增大和减小时的触发阈值电压(   )。
　　　(a) 相同　　　(b) 不相同

10.4.2 典型施密特触发器的回差电压是(   )。

10.4.3 利用施密特触发器可以把正弦波、三角波等波形变换成(   )波形。

10.4.4 在图 10-19 所示电路中,如果需要产生 2 kHz 的方波信号,则其电容值为( )。

10.4.5 在图 10-19 所示电路中,充电时间( )(大于,小于,等于)放电时间。

10.4.6 在图 10-19 所示电路中,RC 回路的电阻值要小于( ),原因是( )。如果使用 10 kΩ 电阻,则发生的现象是( )。

10.4.7 使用集成电路手册查找 74HC14 芯片,当电源供电电压为 6 V 时,该施密特触发器的上、下限触发阈值电压分别为( )和( )。

10.5 555 定时器及其应用

本节将学习
- 555 定时器的内部电路结构及工作原理
- 555 定时器的逻辑功能
- 555 定时器构成施密特触发器的工作原理
- 555 定时器构成单稳态触发器的工作原理
- 555 定时器构成多谐振荡器的工作原理

555 定时器是一种用途广泛的数字、模拟混合的中规模集成电路,只要外接少量元件,就可以方便地构成施密特触发器、单稳态触发器和多谐振荡器,用于信号的产生、变换、控制与检测。常用的 555 定时器有 TTL 和 CMOS 两类,它们的引脚编号和功能都是一致的。

10.5.1 电路组成及工作原理

1. 电路内部结构

图 10-21 所示的是 555 定时器电路结构的简化原理图和引脚编号。由电路原理图可见,该集成电路由以下几个部分组成:3 个 5 kΩ 电阻组成的电阻分压电路、2 个电压比较器 C_1 和 C_2、1 个由**与非门**组成的基本 RS 触发器和 1 个放电三极管 T。比较器 C_1 的参考电压为 $2U_{cc}/3$(同相端),比较器 C_2 的参考电压为 $U_{cc}/3$(反相端)。编号 555 的来历是因该集成电路的基准电压由 3 个 5 kΩ 电阻分压产生的。

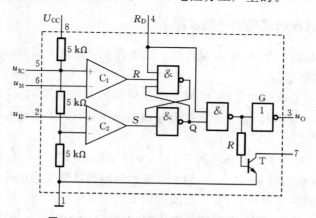

图 10-21 555 定时器的原理图和引脚编号

2. 电路工作原理

555 定时器的功能主要取决于比较器,比较器的输出控制着 RS 触发器和三极管 T

的状态。R_D 为复位端。当 $R_D = 0$ 时,输出 $u_O = 0$,T 管饱和导通。此时其他输入端的状态对电路无影响。正常工作时,应将 R_D 接高电平。

5 脚为控制电压输入端。当 5 脚悬空时,比较器 C_1、C_2 的基准电压分别是 $2U_{CC}/3$ 和 $U_{CC}/3$。这时,为了滤除高频干扰,提高比较器参考电压的稳定性,通常将 5 脚通过 0.01 μF 电容接地。如果 5 脚外接固定电压 u_{IC},则比较器 C_1、C_2 的基准电压为 u_{IC} 和 $u_{IC}/2$。

由图 10-21 可知,若 5 脚悬空,则其工作原理如下。

(1) 当 $u_{I6} < 2U_{CC}/3$,$u_{I2} < U_{CC}/3$ 时,比较器 C_1、C_2 分别输出高电平和低电平,即 R=1,S=0,使基本 RS 触发器置 1,放电三极管 T 截止,输出 u_O=1。

(2) 当 $u_{I6} < 2U_{CC}/3$,$u_{I2} > U_{CC}/3$ 时,比较器 C_1、C_2 的输出均为高电平,即 R=1,S=1。RS 触发器维持原状态,使输出 u_O 保持不变。

(3) 当 $u_{I6} > 2U_{CC}/3$,$u_{I2} > U_{CC}/3$ 时,比较器 C_1 输出低电平,比较器 C_2 输出高电平,即 R=0,S=1,基本 RS 触发器置 0,放电三极管 T 导通,输出 u_O=0。

(4) 当 $u_{I6} > 2U_{CC}/3$,$u_{I2} < U_{CC}/3$ 时,比较器 C_1、C_2 均输出低电平,即 R=0,S=0。这种情况对于基本 RS 触发器属于禁止输入状态。

综合上述分析,可得 555 定时器功能表如表 10-2 所示。

表 10-2 555 定时器功能表

R_D	u_{I6}	u_{I2}	u_O	T 状态
0	$\times$	$\times$	**0**	导通
1	$< 2U_{CC}/3$	$< U_{CC}/3$	**1**	截止
1	$> 2U_{CC}/3$	$> U_{CC}/3$	**0**	导通
1	$< 2U_{CC}/3$	$> U_{CC}/3$	不变	不变

555 定时器分为双极型和 CMOS 两种,它们都能在很宽的电源电压范围内工作,一般为 5~15 V。当电源电压为 5 V 时,其输出为 TTL 电平。此外,双极型 555 定时器的驱动能力较强,最大可以吸收和输出 200 mA 电流。因此它可直接用于驱动继电器、发光二极管、扬声器、指示灯等。

10.5.2 555 定时器构成施密特触发器

将 555 定时器的 u_{I6} 和 u_{I2} 输入端连在一起作为信号的输入端,即可组成施密特触发器,如图 10-22 所示。

假设输入信号是一个三角波,根据 555 定时器的功能表 10-2 可知,当输入 u_I 从 0 逐渐增大时,若 $u_I < U_{CC}/3$,则 555 定时器输出高电平;若 u_I 增加到 $u_I > 2U_{CC}/3$,则 555 定时器输出低电平。

当 u_I 从 $u_I > 2U_{CC}/3$ 逐渐下降到 $U_{CC}/3 < u_I < 2U_{CC}/3$ 时,555 定时器输出仍保持低电平不变;若继续减小到 $u_I < U_{CC}/3$,则 555 定时器输出又变为高电平。如此连续变化,在输出端就可得到一个矩形波,其工作波形如图 10-23 所示。

从工作波形上可以看出,上限阈值电压 $U_{T+} = 2U_{CC}/3$,下限阈值电压 $U_{T-} = U_{CC}/3$,回差电压为 $U_{CC}/3$。

如果在 5 脚加控制电压,则可改变回差电压的值。回差电压越大,电路的抗干扰能力越强。

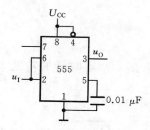

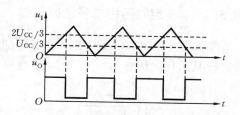

图 **10-22** 555 定时器构成施密特触发器　　　图 **10-23** 图 10-22 所示电路的工作波形

10.5.3　555 定时器构成单稳态触发器

图 10-24 所示的是由 555 定时器及外接元件 R、C 构成的单稳态触发器,根据 555 定时器的功能表表 10-2 可分析其工作原理。

(1) 稳定状态 **0**。接通电源瞬间,电路有一个稳定的过程,即电源通过电阻 R 向电容 C 充电,使 u_C(即 u_{16})上升。当 u_C 上升到 $2U_{CC}/3$ 且 2 脚为高电平($u_{12} > U_{CC}/3$)时,其输出为低电平 **0**。此时,放电三极管 T 导通,电容 C 又通过三极管 T 迅速放电,使 u_C 急剧下降,直到 u_C 为 0,输出保持低电平 **0**。如果没有外加触发脉冲信号到来,则该输出状态一直保持不变。

(2) 暂稳态 **1**。当外加负触发脉冲($u_{12} < U_{CC}/3$)作用时,触发器发生翻转,使输出 u_O 为 **1**,电路进入暂稳态。这时,三极管 T 截止,电源可通过 R 给 C 充电,u_C 逐渐上升。当负触发脉冲撤销($u_{12} > U_{CC}/3$)后,输出状态保持暂稳态 **1** 不变。当电容 C 继续充电到大于 $2U_{CC}/3$ 时,电路又发生翻转,输出 u_O 回到 0,T 导通,电容 C 放电,电路自动恢复至稳定状态。可见,暂稳态时间由 R、C 参数决定。若忽略 T 的饱和压降,则电容 C 上电压从 0 上升到 $2U_{CC}/3$ 的时间,就是暂稳态的持续时间。通过计算可得输出脉冲的宽度为

$$t_w = RC\ln 3 \approx 1.1RC \qquad (10\text{-}4)$$

通常电阻 R 取值在几百欧姆到几兆欧姆,电容 C 取值在几百皮法到几百微法。因此,电路产生的脉冲宽度可从几微秒到数分钟,精度可达 0.1%。这种单稳态触发器的工作波形如图 10-25 所示。

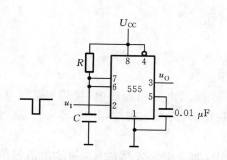

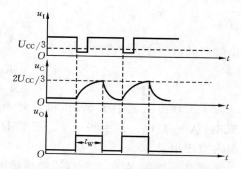

图 **10-24**　555 定时器构成单稳态触发器　　　图 **10-25**　图 10-24 所示电路的工作波形

通过上述分析可以看出,这种单稳态触发器要求触发脉冲的宽度要小于 t_w,并且其周期要大于 t_w。如果触发脉冲的宽度大于 t_w,则需用 RC 微分电路将其变窄后再输

入到 555 定时器的 2 脚上。

10.5.4　555 定时器构成多谐振荡器

555 定时器构成的多谐振荡器如图 10-26 所示,根据 555 定时器的功能表表 10-2 可分析其工作原理。

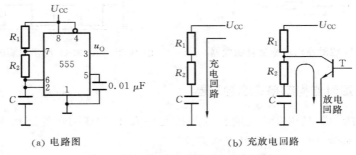

(a) 电路图　　　　　　　(b) 充放电回路

图 10-26　555 定时器构成多谐振荡器

当接通电源后,电容 C 上的初始电压为 0,使电路输出为 **1**,放电管 T 截止,电源通过 R_1、R_2 向 C 充电。当 u_C 上升到 $U_{CC}/3$ 时,电路状态保持不变,当 u_C 继续充电到 $2U_{CC}/3$ 时,电路发生翻转,输出变为 **0**。这时 T 导通,电容 C 通过 R_2、T 到地放电,u_C 开始下降。当降到 $U_{CC}/3$ 时,输出又翻回到 **1** 状态,放电管 T 截止,电容 C 又开始充电。如此周而复始,就可在引脚 3 输出连续的矩形波信号,工作波形如图 10-27 所示。

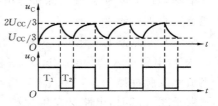

图 10-27　图 10-26 电路的工作波形

由图 10-27 可见,u_C 将在 $U_{CC}/3$ 与 $2U_{CC}/3$ 之间变化,因而可求得电容 C 上的充电时间 T_1 和放电时间 T_2 为

$$T_1=(R_1+R_2)C\ln2\approx0.7(R_1+R_2)C$$
$$T_2=R_2C\ln2\approx0.7R_2C$$

所以输出波形的周期为

$$T=T_1+T_2=(R_1+2R_2)C\ln2\approx0.7(R_1+2R_2)C \tag{10-5}$$

振荡频率为

$$f=\frac{1}{T}\approx\frac{1.44}{(R_1+2R_2)C} \tag{10-6}$$

输出波形的占空比为

$$q=\frac{T_1}{T}\approx\frac{R_1+R_2}{R_1+2R_2}>50\% \tag{10-7}$$

为了实现占空比小于 50%,可以对图 10-26 所示电路稍加修改,使得电容 C 只从 R_1 充电,从 R_2 放电。这可将一个二极管 D 并联在 R_2 两端来实现,并让 $R_1<R_2$ 就可以实现占空比小于 50%。

需要说明的是,在包含电容器的振荡电路中,如果电路发生故障,如输出信号的频率时快时慢,则大多数情况下,故障是由于电容的泄漏造成的。严重的电容泄漏将使信号频率产生漂移,甚至导致电路停止工作。

例如,有一个由 555 定时器构成的多谐振荡器电路,其故障现象为 555 定时器工作频率较正常时高。查找故障的方法为:用示波器测量 555 定时器的引脚 2 的波形,观察电容充、放电变化情况。其波形与正常充、放电波形相似,但上、下限触发电平不是 $2U_{CC}/3$ 和 $U_{CC}/3$,而是有所降低。原因是引脚 5 上的电容发生泄漏使触发电平降低,从而导致工作频率升高。

自测练习

10.5.1　555 定时器的引脚 4 为复位端,在正常工作时应接(　　)(高,低)电平。

10.5.2　555 定时器的引脚 5 悬空时,电路内部比较器 C_1、C_2 的基准电压分别是(　　)和(　　)。

10.5.3　当 555 定时器的引脚 3 输出高电平时,电路内部放电三极管 T 处于(　　)(导通,截止)状态。引脚 3 输出低电平时,三极管 T 处于(　　)(导通,截止)状态。

10.5.4　TTL 电平输出的 555 定时器的电源电压为(　　)。

10.5.5　555 定时器构成单稳态触发器时,稳定状态为(　　)(1,0),暂稳状态为(　　)(1,0)。

10.5.6　555 定时器可以配置成 3 种不同的应用电路,它们是(　　)。

10.5.7　555 定时器构成单稳态触发器时,要求外加触发脉冲是负脉冲,该负脉冲的幅度应满足(　　)($u_1 > U_{CC}/3$,$u_1 < U_{CC}/3$),且其宽度要满足(　　)条件。

10.5.8　在图 10-24 所示单稳态触发电路中,$R = 10$ kΩ,$C = 50$ μF,则其输出脉冲宽度为(　　)。

10.5.9　由 555 定时器构成多谐振荡器时,电容电压 u_C 将在(　　)和(　　)之间变化。

10.5.10　在图 10-26 所示电路中,充电时间常数为(　　);放电时间常数为(　　)。

10.5.11　在图 10-26 所示电路中,如果 $R_1 = 2.2$ kΩ,$R_2 = 4.7$ kΩ,电容 $C = 0.022$ μF。则该电路的输出频率为(　　),占空比为(　　)。

10.6　综合应用实例阅读

实例　药片瓶装生产线简易控制系统(四)

系统模块框图中"功能模块五"的完整电路如图 10-28 所示。电路调试过程中,药片检测传感器使用脉冲信号源进行替代,装入 1 片药片即产生 1 个脉冲。74121 构成的单稳态电路用于模拟传送机的工作过程,其触发信号来自"功能模块二"中比较器的输出。

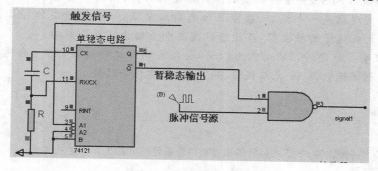

图 10-28　"功能模块五"电路图

当一个瓶子的药片正好装满时,"功能模块二"中比较器的 6 脚经非门输出一个由高变低的下降沿信号到集成单稳态触发器 74121 的 3 脚,触发其输出暂稳态为 **0** 的单脉冲信号,如图 10-29 所示。暂稳态的开始和结束时刻(即单脉冲信号的下降沿和上升沿)分别表示当前药瓶停止装药的时刻和下一药瓶开始装药的时刻,即传送机工作的开始和结束时刻,因此,暂稳态的持续时间就是传送机的工作时间。在该段时间内,停止装入药片的操作,与非门无脉冲信号输出。传送机将装满药片的瓶子移走,并将下一个空瓶移动到装药位置,然后传送机发出信号,开始第 2 瓶药片的装入。

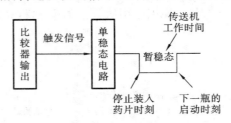

图 10-29　传送机的工作过程示意图

本章小结

1. 数字系统中,石英晶体振荡器是使用最为广泛的脉冲产生电路。它的最大优点是频率稳定性高,且频率精确。目前大多数计算机系统和其他数字系统均采用石英晶体振荡器作为其时钟信号产生电路。

2. 单稳态触发器是一个在外加脉冲触发下输出固定宽度脉冲的电路。单稳态触发器的输出脉冲宽度与外接电阻和电容有关。

3. 可重复触发单稳态触发器在暂稳态期间,如有触发脉冲作用,电路会被重新触发,使暂稳态继续延迟一个 t_W 时间。不可重复触发的单稳态触发器一旦被触发进入暂稳态,即使再有触发脉冲作用,电路的工作过程也不受其影响,直到该暂稳态结束为止,它才接受下一个触发而再次进入暂稳态。

4. 在要求驱动电流较小的场合,可以直接使用集成电路单稳态触发器。常用的集成单稳态触发器有 74LS121、74LS122、74LS123 等。如果要求较大的驱动电流,则可以利用 555 定时器构成单稳态触发器。

5. 施密特触发器的回差电压特性用途非常广泛,可以用它将正弦波转换为方波,用来消除信号中存在的干扰信号以及构成多谐振荡器等。

6. 在使用 TTL 施密特触发器集成电路设计振荡器时,应该考虑门电路输入阻抗的影响;而使用 CMOS 施密特触发器设计振荡器时,则无需考虑这个问题。

7. 555 定时器是一个模拟、数字混合的集成电路,分为双极型和 CMOS 两类。使用该器件可构成施密特触发器、单稳态触发器和多谐振荡器等电路。

8. 双极型 555 定时器驱动能力较强,最大可以吸收和输出 200 mA 电流。因此它可直接用于驱动继电器、发光二极管、扬声器、指示灯等器件。

习题十

10.1　概述

10.1.1　比较多谐振荡器、单稳态触发器和施密特触发器三者的工作特点及区别。

10.2　多谐振荡器

10.2.1　习题 10.2.1 图所示为对称式多谐振荡器电路,试分析其工作原理,并画出 A、B、C、D 各点的电压波形。

10.3　单稳态触发器

10.3.1　使用 74LS121 集成电路设计不可重复触发单稳态触发器,要求在输入脉冲的上升沿进行触发,且输出脉冲宽度为 10 ms。

10.3.2　使用 74LS122 集成电路设计可重复触发单稳态触发器,要求在输入脉冲的上升沿进行触发,且输出脉冲宽度为 10 ms。

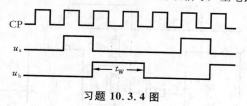

习题 10.2.1 图

10.3.3 利用 2 片集成单稳态触发器 74LS121 构成 1 个多谐振荡器,说明其工作原理,并画出电路图。

10.3.4 某控制系统要求产生的信号 u_a、u_b 与系统时钟 CP 的时序关系如习题 10.3.4 图所示,试用 4 位二进制计数器 74LS161、集成单稳 74LS121 设计该信号产生电路,画出电路图。

习题 **10.3.4** 图

10.4 施密特触发器

10.4.1 根据习题 10.4.1 图所示的输入信号,画出施密特触发器的输出波形。

10.4.2 使用 7414 施密特触发器集成电路设计多谐振荡器,使振荡电路的工作频率为 5 kHz,要求画出电路图并注明引脚编号。

10.4.3 使用 7414 和 7407 集成电路设计施密特触发器电路,要求输入交流信号幅度为 5 V 时,输出方波的峰-峰值为 10 V。并画出输出波形。

10.4.4 习题 10.4.4 图所示的是用施密特触发器构成的脉冲展宽电路,试分析其工作原理。如果输入波形如习题 10.4.4 图所示,请画出 A 点和输出端的波形。

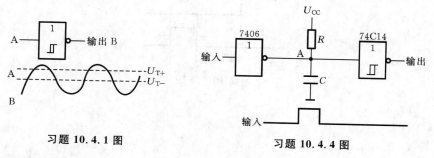

习题 **10.4.1** 图

习题 **10.4.4** 图

10.5 555 定时器及其应用

10.5.1 使用 555 定时器设计单稳态触发器,要求输出脉冲宽度为 1 s。

10.5.2 习题 10.5.2 图所示的为一个防盗报警电路,a、b 两端被一细铜丝接通,此铜丝置于小偷必经之处。当小偷闯入室内将铜丝碰断后,扬声器即发出报警声(扬声器电压为 1.2 V,通过电流为 40 mA)。(1) 试问 555 定时器接成何种电路?(2) 简要说明该报警电路的工作原理。(3) 如何改变报警声的音调?

10.5.3 分别以集成单稳态触发器 74LS121 和 555 定时器为主要器件,设计 2 种不同的"脉冲展宽电路":将窄脉冲波形 V_1 展宽为波形 V_2,如习题 10.5.3 图所示。请画出设计的电路图。

10.5.4 用 2 个 555 定时器组成如习题 10.5.4 图所示的模拟声响电路。适当选择定时元件,当接通电源时,可使扬声器以 1 kHz 频率间歇鸣响。

(1) 说明 2 个 555 定时器分别构成什么电路。

(2) 改变电路中什么参数可改变扬声器间歇鸣响时间?

(3) 改变电路中什么参数可改变扬声器鸣响的音调高低?

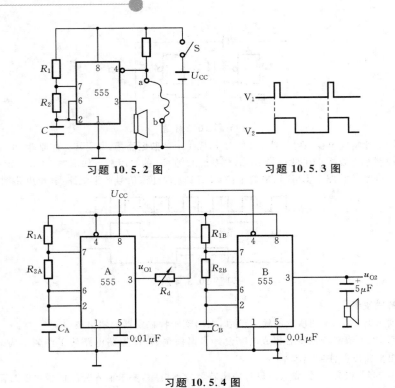

习题 10.5.2 图　　　　　　习题 10.5.3 图

习题 10.5.4 图

10.5.5 用两级 555 定时器构成单稳态电路,实现如习题 10.5.5 图所示输入电压 u_I 和输出电压 u_O 波形之间的关系,并确定定时电阻 R 和定时电容 C 的数值。

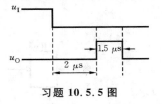

习题 10.5.5 图

11

TTL 与 CMOS 门电路

本章介绍数字集成电路的 TTL 集成门系列和 CMOS 集成门系列的内部电路结构和工作原理，以及使用集成逻辑门应注意的问题。

11.1　TTL 门电路

本节将学习

❧ TTL **与非门**电路结构及工作原理

❧ TTL 门电路的灌电流与拉电流工作状态

❧ 噪声容限

❧ TTL **或非门**电路结构及工作原理

❧ TTL **与或非门**电路结构及工作原理

❧ 集电极开路**与非门**电路结构及工作原理

❧ TTL 三态**与非门**电路结构及工作原理

❧ 肖特基**与非门**电路的结构及工作原理

11.1.1　TTL **与非门**电路

TTL **与非门**集成电路主要有 74LS00、74LS10、74LS20 和 74LS30 等型号的产品。

典型的 TTL **与非门**电路如图 11-1(a)所示。该电路分为多发射极晶体管输入级、中间分相放大级和推拉式输出级 3 个部分。T_1 管和电阻 R_1 组成输入级；T_2 管和电阻 R_2、R_3 组成中间分相放大器；T_3、T_4 管和电阻 R_4、二极管 D 组成推拉式输出级，二极管 D 用于保证当 T_3 管饱和时，T_4 管将完全截止。

多发射极三极管与普通三极管相同，以图 11-1 的 T_1（NPN 型）三极管为例，只是在 P 型基区制作了多个高掺杂 N 型区，形成多个发射极，如图 11-2(a)所示。多发射极管 T_1 在功能上相当于 3 个三极管，它们的基极、集电极分别并联在一起，它们的发射极分别为逻辑电路的输入端，如图 11-2(b)所示。

TTL **与非**电路看起来比较复杂，但可以用二极管等效多发射极晶体管 T_1 来简化，

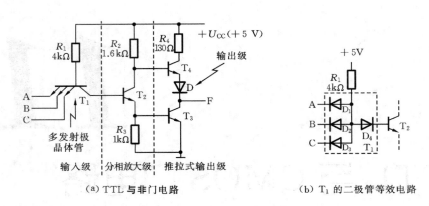

（a）TTL 与非门电路 　　　　　　　　　（b）T_1 的二极管等效电路

图 11-1　典型的 TTL 与非门电路

如图 11-1(b)所示。二极管 D_1、D_2、D_3 分别代表 T_1 的 3 个发射结(B-E)，D_4 是集电结(B-C)。在下面的分析中将用此等效电路来表示 T_1。

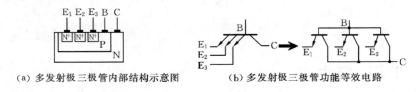

（a）多发射极三极管内部结构示意图 　　　（b）多发射极三极管功能等效电路

图 11-2　NPN 型多发射极三极管示意图

1. 低电平输出工作状态

输出为低电平时电路的工作情形如图 11-3 所示，此种情况只有在输入信号 A、B 和 C 都是高电平时才会出现。D_1、D_2 和 D_3 的阴极为高电平，将使这些二极管截止，它们几乎没有导通电流。+5 V 电源将使电流经 R_1 和 D_4 进入 T_2 及 T_3 的基极，使 T_2、T_3 饱和导通，故输出为低电平。同时，T_2 集电极电流经过 R_2 时产生的电压降使 T_2 集电极电压减小到一个较低的值，使 T_4 不能导通。

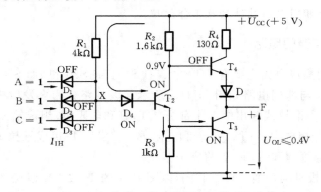

图 11-3　TTL 与非门电路的低电平输出工作状态

T_2 集电极电压约为 0.9 V，这是由于 T_3 的发射结导通电压是 0.7 V，以及 T_2 的饱和压降 U_{CES2} 为 0.2 V 所致。

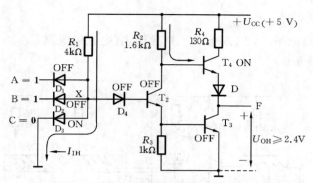

图 11-4　TTL 与非门电路的高电平输出工作状态

2. 高电平输出工作状态

图 11-4 所示的是电路输出为高电平的情况。把 1 个或 2 个或 3 个输入端与低电平相连即为这种情况。这里，输入端 C 接地，使得 D_3 正偏，电流从 +5 V 电源端流出，经过 R_1、D_3 和 C 端到地。D_3 的正向电压使 X 点保持在 0.7 V 左右，该电压不能使 D_4 和 T_2 的 B-E 结导通，所以 T_2 截止，导致 T_3 也截止。

T_2 截止时，其集电极电位接近 U_{CC}，因此 T_4 饱和导通。输出端电压约为 3.6 V（+5 V 电压减去 2 个 0.7 V 导通电压，忽略电阻 R_2 的电压）。

3. 灌电流工作状态

在低电平输出时，TTL 与非门电路工作在灌电流状态。图 11-5 所示的为 TTL 与非门电路工作在低电平输出状态且驱动多个负载门的情况。此时 T_3 导通，F 点为低电平，使负载门中 T_1 的发射结正向导通，电流流过 T_3。这样，T_3 完成一个灌电流的作用，从负载门的输入电流（I_{IL}）获得电流。

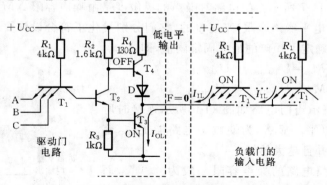

图 11-5　TTL 与非门电路的灌电流工作状态

假设每个负载门流向 T_3 的电流为 I_{IL}，若负载门有 N_1 个，则流入 T_3 的总电流为

$$I_{OL} = N_1 \cdot I_{IL}$$

显然，N_1 愈大，I_{OL} 也愈大。I_{OL} 过大会迫使 T_3 退出饱和导通状态而进入放大状态，从而导致输出端 F 的电压升高，破坏 F 点的低电平状态。因此，TTL 与非门灌电流负载能力受到 T_3 饱和深度的限制，这个限制就是低电平扇出系数 N_1。

4. 拉电流工作状态

在高电平输出时，TTL 与非门电路工作在拉电流状态。如图 11-6 所示，T_4 提供负载门中 T_1 所需的输入电流 I_{IH}。如上所述，该电流是一个较小的反向偏置电流（一般为10 μA)。

当 F 点输出高电平时,T_3 截止,T_4、D 导通,有电流由电源 U_{CC} 经 R_4、T_4、D 流向负载门,如图 11-6 所示。

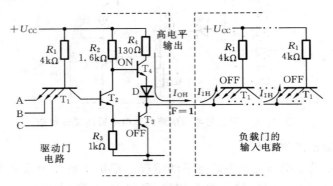

图 11-6　TTL 与非门电路的拉电流工作状态

假设驱动门与负载门的 N_2 个输入端连接,则

$$I_{OH} = N_2 \cdot I_{IH}$$

显然,N_2 越大,I_{OH} 越大,R_4 的压降也就越大,从而使得 F 点的高电平 U_{OH} 下降。当 N_2 超过某一限制,将会使 U_{OH} 低于输出高电平的最小值 $U_{OH(min)}$,从而破坏 F 点的高电平状态。因此,TTL 与非门的拉电流负载能力受到一定的限制,这个限制就是高电平扇出系数 N_2。

5. 噪声容限

为了使门电路的稳定性较好并且对噪声干扰不敏感,状态 0 和状态 1 的区间应当越大越好,如图 11-7 所示。门电路对噪声的灵敏度是由噪声容限 NM_L(低电平噪声容限)和 NM_H(高电平噪声容限)来度量的,它们分别量化了符合设计要求的状态 **0** 和状态 **1** 的范围,并确定了噪声的最大固定阈值,即

$$NM_L = U_{IL(max)} - U_{OL(max)}$$
$$NM_H = U_{OH(min)} - U_{IH(min)}$$

噪声容限表示当门电路如图 11-6 所示连接时所能允许的噪声电平。显然,为使数字电路能工作,容限应当大于零,并且越大越好。

TTL 逻辑门电路的噪声容限一般为 0.4 V,而 CMOS 逻辑门电路在 5 V 典型工作电压时的噪声容限一般为 1.4 V。

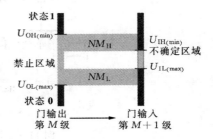

图 11-7　噪声容限的定义

11.1.2　TTL 或非门电路

TTL 或非门集成电路有 74LS02、74LS27 等型号的产品。

TTL 或非门电路如图 11-8 所示。T_1 和 T_1' 为输入级;T_2 和 T_2' 的集电极并接,发射极并接;T_4、D、T_3 构成推拉式输出级。

当 A、B 两输入端都是低电平(如 0 V)时,T_1 和 T_1' 的基极都被钳位在 0.7 V 左右,所以 T_2、T_2' 及 T_3 截止,T_4、D 导通,输出 F 为高电平。

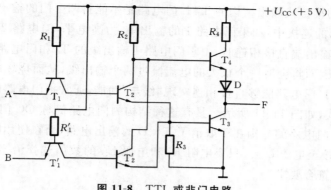

图 11-8　TTL 或非门电路

当 A、B 两输入端中有一个为高电平时,如 $U_{IA}=U_{OH}$,则 T_1 的基极为高电平,驱动 T_2 和 T_3 饱和导通。T_2 管集电极电平 U_{C2} 大约为 1 V,使 T_4、D 截止,因此输出 F 为低电平。

综上所述,该电路只有在输入端全部为低电平时,才输出高电平,只要有 1 个或 2 个输入为高电平,输出就为低电平,所以该电路能实现**或非**逻辑功能,即 $F=\overline{A+B}$。

11.1.3　TTL 与或非门电路

TTL **与或非**门集成电路有 74LS54、74LS55 等型号的产品。

将图 11-8 所示的**或非**门电路中的每个输入端改用多发射极三极管,就得到如图 11-9 所示的**与或非**门电路。

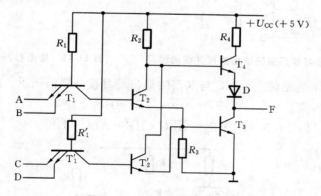

图 11-9　TTL 与或非门电路

由图 11-9 可见,当 A、B 都为高电平时,T_2 和 T_3 饱和导通,T_4 截止,输出 F 为低电平;同理,当 C、D 都为高电平时,T_2' 和 T_3 饱和导通,T_4 截止,使输出 F 为低电平。故当 A、B 都为高电平或者 C、D 都为高电平时输出 F 为低电平。

只有 A、B 不同时为高电平并且 C、D 也不同时为高电平时,T_2 和 T_2' 同时截止,而且 T_3 截止,T_4 饱和导通,输出 F 才为高电平。

因此,F 和 A、B 及 C、D 之间是**与或非**关系,即 $F=\overline{AB+CD}$。

11.1.4　集电极开路门电路与三态门电路

1. 集电极开路的 TTL 与非门电路

集电极开路的 TTL **与非**门集成电路有 74LS01、74LS03、74LS12 等型号的产品。

　　前面介绍的推拉式输出结构的 TTL 门电路是不能将两个门的输出端直接并联的。如图 11-10 所示的连接中,如果门电路 1 的输出 F_1 为高电平,门电路 2 的输出 F_2 为低电平,则当两门输出端直接相连时,由于门电路 1 输出级的 T_4 和门电路 2 输出级的 T_3 都呈现低阻抗,因而将会有一个很大的电流流过两个输出级,从而烧坏门电路。

　　为了使 TTL 门电路能够直接相连实现"**线与**"功能,通常把门电路的输出级改为集电极开路的形式,如图 11-11 所示。具有这种结构的门电路简称 OC 门电路。OC 门电路与普通 TTL 门电路的差别在于取消了 T_4、D 的输出电路,而在使用时需要通过一个"上拉电阻R_P"接至电源 U'_{CC}。只要电阻 R_P 和电源 U'_{CC} 的数值选择恰当,就能够保证输出的高、低电平符合要求。

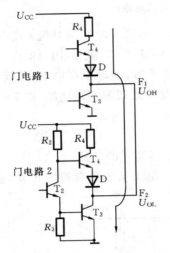

图 11-10　两个与非门电路输出直接并联的情况

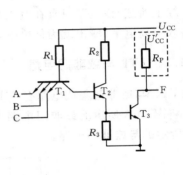

图 11-11　集电极开路与非门电路

　　图 11-12 所示的是将 2 个 OC 与非门的输出端直接并联的例子。由图 11-12 可知

$$F_1 = \overline{ABC}, \quad F_2 = \overline{IJK}$$

$$F = F_1 \cdot F_2 = \overline{ABC} \cdot \overline{IJK} = \overline{ABC + IJK}$$

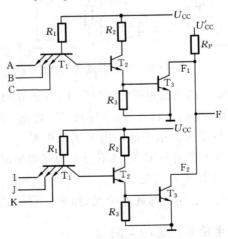

图 11-12　OC 门电路输出并联接法

　　从而实现了"线与"功能。

下面简要地介绍上拉电阻 R_P 的计算方法。假设将 n 个 OC **与非门**的输出端并联使用,负载是 k 个普通**与非门**,共有 m 个输入端。为了计算合适的电阻 R_P,需要考虑两种极端情况。

一是当所有 OC 门电路输出均为高电平时,如图 11-13(a)所示。为保证高电平不低于规定的 $U_{OH(min)}$ 值,显然 R_P 不能选得过大。据此可列出计算 R_P 最大值的公式为

$$U_{CC}' - (nI_{OH} + mI_{IH})R_P \geqslant U_{OH(min)}$$

故

$$R_{P(max)} = \frac{U_{CC}' - U_{OH(min)}}{nI_{OH} + mI_{IH}} \qquad (11\text{-}1)$$

式中,U_{CC}' 是外接电源电压(一般等于门电路的电源电压);$U_{OH(min)}$ 是规定输出为高电平的最小值;I_{OH} 是每个 OC 门电路的高电平输出电流;I_{IH} 是负载门电路每个输入端的高电平输入电流。

另一种情况是,当所有 OC 门电路中只有一个输出为低电平时,如图 11-13(b)所示。这时负载电流全部流入输出为低电平的 OC 门电路,为保证输出低电平不高于规定的 $U_{OL(max)}$ 值,应满足如下条件

$$U_{CC}' - (I_{OL(max)} - kI_{IL(max)})R_P \leqslant U_{OL(max)}$$

故

$$R_{P(min)} = \frac{U_{CC}' - U_{OL(max)}}{I_{OL(max)} - kI_{IL(max)}} \qquad (11\text{-}2)$$

式中,$U_{OL(max)}$ 是规定输出为低电平的最大值;k 是负载门电路的数目;$I_{OL(max)}$ 是每个 OC 门电路的低电平输出电流最大值;$I_{IL(max)}$ 是每个负载门电路所允许的低电平输入电流最大值。

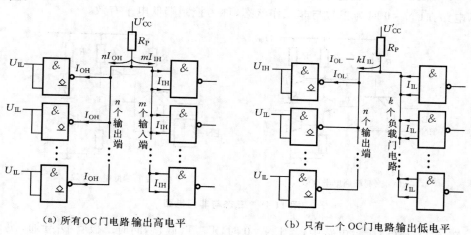

(a) 所有 OC 门电路输出高电平　　　　　(b) 只有一个 OC 门电路输出低电平

图 11-13 外接上拉电阻的计算

最后选定的 R_P 值应介于 $R_{P(max)}$ 与 $R_{P(min)}$ 之间,即 $R_{P(min)} \leqslant R_P \leqslant R_{P(max)}$。

【例 11-1】 如图 11-14 所示 TTL 电路中,门 G_1、G_2 的输出电流 $I_{OH} = 150\ \mu A$,$I_{OL} = 13\ mA$,输出电压 $U_{OH(min)} = 2.4\ V$,$U_{OL(max)} = 0.4\ V$。门 G_3、G_4、G_5、G_6 的输入电流 $I_{IH} = 50\ \mu A$、$I_{IL} = -1.2\ mA$,输入电压 $U_{IH(min)} = 2\ V$,$U_{IL(max)} = 0.8\ V$。试估算 R_P 的取值范围。

解 (1) 当 OC 门电路输出低电平时,由式(11-2)得

$$R_{P(min)} = \frac{U_{CC}' - U_{OL(max)}}{I_{OL(max)} - kI_{IL(max)}} = \frac{5\ V - 0.4\ V}{13\ mA - 4 \times 1.2\ mA} \approx 560\ \Omega$$

(2) 当 OC 门电路输出高电平时,由式(11-1)得

$$R_{P(max)} = \frac{U'_{CC} - U_{OH(min)}}{nI_{OH} + mI_{IH}} = \frac{5\ \text{V} - 2.4\ \text{V}}{2 \times 0.15\ \text{mA} + 10 \times 0.05\ \text{mA}} = 3.25\ \text{k}\Omega$$

根据上述计算,R_P 的值可在 560 Ω ~ 3.25 kΩ 之间选择。

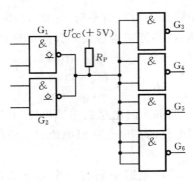

图 11-14 例 11-1 的电路图

2. 三态输出门电路

三态输出门电路是在普通门电路的基础上增加控制电路形成的。

三态**与非**门电路的结构如图 11-15 所示,它在普通**与非**门电路(见图 11-1)的基础上增加了 1 个二极管 D_1。其中 A、B 为数据输入端,EN 和 $\overline{EN}$ 为控制端。图 11-15(a)所示电路在 EN = 1 时为正常的**与非**工作状态,称为控制端高电平有效。而图 11-15(b)所示电路在 $\overline{EN}$ = 0 时为正常**与非**工作状态,称为控制端低电平有效。

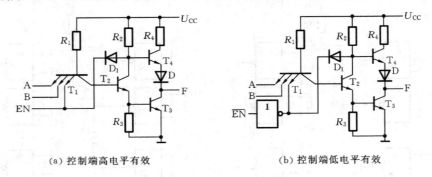

(a) 控制端高电平有效   (b) 控制端低电平有效

图 11-15 三态与非门电路

在图 11-15(a)所示电路中,当 EN = 0 时,T_2、T_3 截止,同时二极管 D_1 导通,使 T_2 的集电极电位(即 T_4 的基极电位)被钳位在 0.7 V 左右,导致 T_4、D 也处于截止状态。这样,输出级 T_4、D 和 T_3 都处于截止状态,输出呈现高阻状态。

当 EN = 1 时,二极管 D_1 截止,这时的电路就是普通**与非**门电路,实现正常的**与非**功能。

这样在 EN 的控制下,该电路输出端 F 有 3 种可能的输出状态:高阻状态、输出高电平状态和输出低电平状态,因此称为三态**与非**门。

同理,可分析图 11-15(b)所示电路的工作原理。它是 $\overline{EN}$ 低电平有效的三态**与非**门电路。

11.1.5 肖特基 TTL 与非门电路

图 11-1 所示的基本 TTL 门电路有 2 个缺陷:一是过渡区的宽度($U_\text{ON}-U_\text{OFF}$)过宽,影响电路抗干扰能力的进一步提高;二是门的开关速度仍然不够高,在一些高速数字设备中,显得不适应。有多种措施可以对其进行改进,其中抗饱和肖特基 TTL 门电路,可以有效地提高 TTL 门电路的开关速率,在实际中得到广泛的应用。

在三极管的基极和集电极之间放置一个肖特基二极管,如图 11-16(a)所示,这样构成的晶体管称为肖特基钳位晶体管,简称肖特基晶体管。通常将其看成一个器件,并用图 11-16(b)所示的符号表示。肖特基二极管正向压降为 $0.25\sim0.4$ V,远小于普通二极管的正向压降 $0.6\sim0.7$ V。肖特基二极管的导电机理是靠多数载流子导电,几乎没有电荷存储效应。当三极管集电结的正向偏压达到肖特基二极管的导通阈值电压时,这个二极管首先导通,使得集电结正向偏压钳制在 0.25 V 左右。肖特基晶体管在进入饱和之前,其肖特基二极管分流了从基极到集电极的电流,从而不会使三极管基极电流过大,因此,肖特基二极管起到抵抗三极管过饱和的作用。肖特基晶体管工作在浅饱和状态,有利于电路的快速转换。

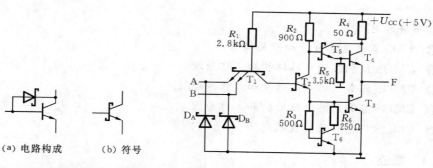

(a) 电路构成　　　(b) 符号

图 11-16　肖特基钳位晶体管　　　　**图 11-17　肖特基 TTL 门电路**

图 11-17 所示的为抗饱和肖特基 TTL 与非门电路。与图 11-1 所示的 TTL 与非门电路比较,该电路做了若干改进。除了 T_4 外,肖特基 TTL 与非门电路在所有晶体管的基极和集电极间并联有肖特基二极管。因此,可以采取更强的基极驱动电流来减小各个晶体管的导通延迟时间,因为一旦肖特基二极管正向导通,其管压降就会使这些晶体管工作于浅饱和状态,此时过量的驱动电流经它分流,又由于它几乎没有电荷存储效应,因而由导通状态至截止状态的转换时间不会因并联肖特基二极管而增加。此电路由 T_4、T_5 组成复合管,替代了基本电路中的二极管 D 和 T_4。另外,用 T_6 和 R_3、R_6 组成有源电路替代基本电路中的单个电阻 R_3;在电路输入端增加肖特基二极管 D_A 和 D_B,以防过大的反向输入信号损坏 T_1 管。基本电路中的所有电阻值在这里几乎减半。这两项改进导致门电路的开关时间大为缩短。肖特基 TTL 门电路的平均延迟时间 t_pd 可望达到 $3\sim10$ ns。由于 t_pd 值甚小,这种 TTL 门电路常称为超高速门电路。

自测练习

11.1.1 标准 TTL 的高电平输出必须不小于( )。

　　(a) 2.4 V　　　　　(b) 2 V　　　　　(c) 0.8 V　　　　　(d) 5 V

11.1.2 逻辑门的低电平输出电流称为(　　)。

(a) 灌电流　　　　　(b) 拉电流　　　　　(c) 接地电流　　　　　(d) 扇出系数

11.1.3 标准 TTL 的最低有效高输入电平为(　　)。

(a) 2.0 V　　　　　(b) 2.4 V　　　　　(c) 0.8 V　　　　　(d) 5 V

11.1.4 下面(　　)的电平不是有效的 TTL 输出低电平。

(a) 0.2 V　　　　　(b) 0.3 V　　　　　(c) 0.5 V　　　　　(d) (a)、(b)、(c)都是

11.1.5 集电极开路 TTL 逻辑门(　　)。

(a) 能够提供拉电流,但不能提供灌电流

(b) 能够提供灌电流,但不能提供拉电流

(c) 既不能提供拉电流,也不能提供灌电流

(d) 能够提供比标准 TTL 门电路更大的灌电流

11.1.6 当几个集电极开路 TTL 门电路的输出连在一起时,门的输出(　　)。

(a) 常会烧坏　　　　　　　　　　　(b) 产生更高的电压

(c) "与"在一起　　　　　　　　　　(d) 提供更大的扇出

11.1.7 通过阻止晶体管饱和来提高开关速度的 TTL 逻辑门是(　　)。

(a) ECL　　　　　(b) CML　　　　　(c) Schottky TTL　　　　　(d) (a)和(c)

11.2　CMOS 门电路

本节将学习

❂ MOS 管的电路符号和开关模型

❂ CMOS 反相器的电路结构和工作原理

❂ CMOS 与非门的电路结构和工作原理

❂ CMOS 或非门的电路结构和工作原理

❂ CMOS 门电路的构成规则

11.2.1　概述

金属氧化物半导体场效应管(MOSFET 或简称 MOS)是现代数字电路的基础,其主要优点是具有良好的开关性能、引起的寄生效应很小、集成度高、制造工艺简单,这使用很经济的方式生产大而复杂的电路成为可能。

各种 MOS 管的电路符号如图 11-18、图 11-19 所示。用箭头方向区别 N 沟道和 P 沟道,符号中源极和漏极之间的虚线表示这两个电极之间在常态下没有导电沟道,符号中栅极与其他两极之间的分离,表示栅极和沟道之间的氧化层有非常大的电阻(一般约 10^{12} Ω)。两图中的(a)图、(b)图、(c)图、(d)图分别表示不同的简化符号。本书中采用 (d)图所示的简化符号,这种符号同时反映了它们各自的逻辑行为。当一个高电平施加到 NMOS 管的栅极上时,该管导通,有电流在漏源之间流过;而 PMOS 管正好相反,施加低电平给栅极才会导通。PMOS 栅极上的小圆圈表示这种低电平有效的属性。

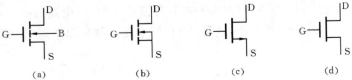

(a)　　　　　　　(b)　　　　　　　(c)　　　　　　　(d)

图 11-18　NMOS 管符号

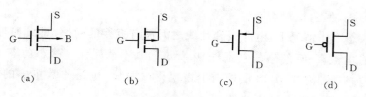

图 11-19 PMOS 管符号

就像三极管一样,MOS 场效应管的电流源模型在分析其构成电路的基本性质时非常有用,但是它的非线性使之难以应付复杂的情形。因此,这里使用一个更为简单的开关模型如图 11-20 所示,它不仅具有线性特性,而且直接明了。它以在大多数数字设计中的基本假设为基础,即场效应管只是一个开关,它有无穷大的"断开"电阻和有限的"导通"电阻 R_{ON}。

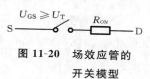

图 11-20 场效应管的开关模型

11. 2. 2 CMOS 非门电路

由 NMOS 和 PMOS 2 种场效应管组成的逻辑电路称为互补 MOS 或 CMOS 电路。图 11-21 所示的为 CMOS 反相器的电路图。借助前面介绍的 MOS 管的简单开关模型可以很容易地理解它的工作原理。当输入信号 A 为高电平(U_{DD})时,NMOS 管导通而 PMOS 管截止。由此得到图 11-22(a)所示的等效电路,此时在输出 F 和接地节点之间存在一个通路,形成一个稳态值 0 V;相反,当输入信号为低电平(0 V)时,NMOS 管关断而 PMOS 管导通,由此得到图 11-22(b)所示的等效电路,此时在 U_{DD} 和 F 之间存在一条通路,产生了一个高电平输出电压。显然这个门电路具有反相器的功能,即 F = $\overline{A}$。

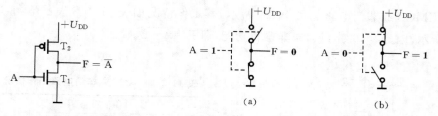

图 11-21 CMOS 反相器电路

图 11-22 CMOS 反相器的开关模型

CMOS 反相器看起来很简单,但具有 CMOS 的许多重要特性。

(1)输出高电平和低电平分别为 U_{DD} 和 GND,即电压摆幅等于电源电压,因此噪声容限很大。

(2)稳定状态时在输出和 U_{DD} 或 GND 之间总存在一条具有有限电阻的通路。因此,一个设计良好的 CMOS 反相器具有低输出阻抗,这使它对噪声和干扰不敏感。输出阻抗的典型值在千欧姆的范围内。

(3)CMOS 反相器的输入阻抗极高。因为 CMOS 管的栅极实际上是一个完全的绝缘体,因此不取任何输入电流。由于反相器的输入节点只连到 CMOS 管的栅极上,所以输入电流几乎为零。理论上,单个反相器可以驱动无穷多个门电路(或者说具有无穷大的扇出)仍能正确工作,但实际上增加扇出会增加传输延时。尽管扇出不会对稳态特性有任何影响,但会使瞬态响应变差。

(4) 在稳态工作情况下,电源线和地线之间没有直接的通路(即此时输入和输出保持不变),没有电流存在(忽略漏电流)意味着该门并不消耗任何静态功率。

上述的这些特性在 CMOS 反相器中表现得很明显,也是非常重要的,成为目前数字技术选择 CMOS 的主要原因之一。

11.2.3　CMOS 与非门电路

CMOS 与非门电路如图 11-23 所示,其工作情况如表 11-1 所示(S 表示饱和,C 表示截止),因此,该电路具有与非功能,即 $F = \overline{AB}$。

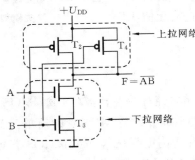

图 11-23　CMOS 与非门电路

表 11-1　CMOS 与非门电路工作情况

A	B	T_1	T_2	T_3	T_4	F
0	0	C	S	C	S	1
0	1	C	S	S	C	1
1	0	S	C	C	S	1
1	1	S	C	S	C	0

可以看出,一个互补 CMOS 结构的上拉和下拉网络互为对偶网络,这意味着在上拉网络中并联的 PMOS 管对应于在下拉网络中串联的 NMOS 管,反之亦然。

11.2.4　CMOS 或非门电路

CMOS 或非门电路如图 11-24 所示,其工作情况如表 11-2(S 表示饱和,C 表示截止)所示,因此,该电路具有或非逻辑功能,即 $F = \overline{A+B}$。

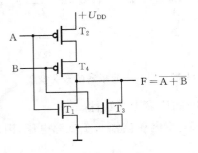

图 11-24　CMOS 或非门电路

表 11-2　CMOS 或非门电路工作情况

A	B	T_1	T_2	T_3	T_4	F
0	0	C	S	C	S	1
0	1	C	S	S	C	0
1	0	S	C	C	S	0
1	1	S	C	S	C	0

11.2.5　CMOS 门电路的构成规则

从前面介绍的由 CMOS 所构成的**非**门、**与非**门和**或非**门电路可以看出,一个 CMOS 门是由上拉网络和下拉网络组合而成的,如图 11-25 所示。它的所有输入都同时分配到上拉网络和下拉网络中。上拉网络的作用是当逻辑门的输出为逻辑 **1**(取决于输入)时,它将在输出和 U_{DD} 之间提供一条通路。同样,下拉网络的作用是当逻辑门

的输出为逻辑 **0** 时,在输出和地之间提供一条通路。上拉网络和下拉网络是以相互排斥的方式构成的,即在稳定状态时 2 个网络中只有 1 个导通。这样,一旦瞬态过程完成,就总有一条路径存在于 U_{DD} 和输出端 F 之间(即高电平输出 **1**),或存在于地和输出端 F 之间(即低电平输出 **0**)。这就是说,在稳定状态时,输出节点总是一个低阻节点。

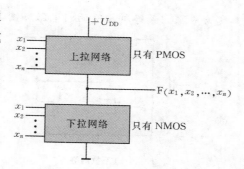

图 11-25 由上拉网络和下拉网络组成的互补逻辑门电路

下拉网络由 NMOS 管构成,而上拉网络由 PMOS 管构成。这一选择的主要理由是 NMOS 管产生"强 **0**"和"弱 **1**",而 PMOS 管的特性正好相反,产生"强 **1**"和"弱 **0**",2 种 MOS 管各有所长和不足之处。CMOS 工艺正是利用了 2 种 MOS 管的长处进行互补,因此称为互补型 MOS 器件,即 CMOS 器件。

根据 CMOS 结构的上拉网络和下拉网络互为对偶这一关系,可以很容易地构成 CMOS 门电路。用串联(或并联)MOS 管的方法实现其中一个网络,通过对偶原理就可得到另一个网络。把这两个网络组合起来即可构成完整的 CMOS 门电路。

【例 11-2】 利用 CMOS 器件构造一个 CMOS 与门电路。

解 因为不能使用一级网络来实现同相的逻辑功能,但可以在基本的 CMOS 与非门电路的后边增加一个 CMOS 反相器来完成所需的逻辑功能。所以 CMOS 与门电路如图 11-26 所示。

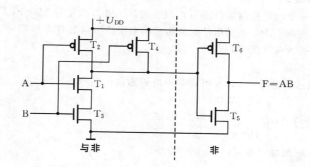

图 11-26 CMOS 与门电路

【例 11-3】 利用 CMOS 器件构造一个 CMOS 复合门电路,功能为 $F = \overline{D + A \cdot (B + C)}$。

解 构造该逻辑门电路的第一步是用 NMOS 管串联实现**与**功能,用 NMOS 管并联实现**或**功能的方法推导出它的下拉网络,如图 11-27(a)所示。接着,利用对偶性逐层推导出上拉网络。在这一过程中,可以将下拉网络拆解成较小网络的子电路来简化上拉网络。图 11-27(b)所示的是下拉网络的各个子电路。在最高层上,SN_1 和 SN_2 并联,所以在其对偶网络中它们应当串联。由于 SN_1 只含有一个 MOS 管,所以它直接映射到上拉网络,但需要对 SN_2 连续应用对偶规则。在 SN_2 内部,SN_3 和 SN_4 串联,所以在上拉网络中它们将并联。最后,在 SN_3 内部 2 个 MOS 管并联,所以它们在上拉网络中变为串联。最终所构造的门电路如图 11-27(c)所示。

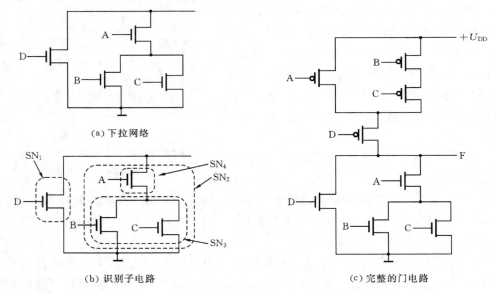

(a) 下拉网络

(b) 识别子电路

(c) 完整的门电路

图 11-27　CMOS 复合门电路

自测练习

11.2.1　当施加到 NMOS 管的电压 $U_{GS}=0$ V 时,在漏源之间没有( )。
(a) 电压降　　　　(b) 导电沟道　　　　(c) 电容　　　　(d) 电感

11.2.2　PMOS 和 NMOS( )。
(a) 表示在一个门电路内或者使用 P 沟道或者使用 N 沟道的 MOSFET 器件
(b) 用来生产像 74HC 系列那样的高速逻辑电路的增强型 CMOS 器件
(c) 表示正极性和负极性的器件
(d) 以上都不是

11.2.3　除了电源电压极性外,NMOS 和 PMOS 电路通常( )一样的。
(a) 是　　　　　　(b) 不是

11.2.4　CMOS 反相器中有( )个 P 沟道 MOS。
(a) 1　　　　　　(b) 2

11.2.5　3 输入 CMOS 与非门中有( )个 MOS。
(a) 3　　　　　　(b) 6

11.2.6　在图 11-23 所示的 CMOS 与非电路中,当输入信号 A、B 均为高电平时,( )(T_1,T_2, T_3,T_4)MOS 管处于导通状态,( )(T_1,T_2,T_3,T_4)MOS 管处于截止状态。

11.2.7　在图 11-23 所示的 CMOS 与非电路中,当输入信号 A、B 分别为 1、0 时,( )(T_1,T_2, T_3,T_4)MOS 管处于导通状态,( )(T_1,T_2,T_3,T_4)MOS 管处于截止状态。

11.3　数字集成电路的使用

本节将学习

☢ 集成逻辑门电路中多余输入端的处理方法

☢ 集成逻辑门电路中输出端的处理方法

☢ CMOS 电路的防静电措施

在使用数字集成电路时,应当注意下列实际问题。

(1) 各种不同集成电路的电源电压的大小、极性不能接错。

(2) TTL 未连接的输入端(悬空端)的逻辑电平为高电平 **1**。

(3) CMOS 未连接的输入端(悬空端)的逻辑电平不确定,因此应根据需要接地或接高电平。

(4) 普通 TTL 器件的输出端不能互相连接,但 OC 式和三态式的输出端可直接连在一起。

(5) CMOS 电路容易受静电感应影响而击穿,在使用和存放时应注意静电屏蔽,可采用下列方法:

① 放置在特殊导电海绵中;

② 不要用手触摸 CMOS IC 的管脚;

③ 焊接时电烙铁应接地良好或使用电池供电的电烙铁;

④ 在电路中拔插 CMOS IC 或改变连线时,应先断开电源;

⑤ 断开电源前先去掉输入信号;

⑥ 确保输入信号电压不高于电源电压。

对上述实际问题,着重介绍 TTL 门电路悬空输入端的处理问题。

悬空输入带来的问题很多,有时甚至是灾难性的,这与逻辑门电路的抗干扰能力有关。如果悬空输入端有噪声进入,则电路的工作过程通常会不稳定。有的悬空输入会增加功耗,有时甚至达到烧毁集成电路芯片的程度。还有的悬空输入将产生错误的输出。因此,使用集成逻辑门电路的通用规则是,在任何情况下都不让一个逻辑门电路的输入处于悬空状态。

对多余输入端的处理措施是以不影响电路的逻辑状态及稳定可靠为原则。例如,假定需要实现逻辑运算 $\overline{AB}$,目前只有一个 3 输入**与非门**芯片(如 74LS10),则实现这个电路的可能方法如图 11-28 所示。在图 11-28(a)中,悬空输入端没有连接,这个输入端视为逻辑 **1**,因此**与非门**输出是 $Y = \overline{A \cdot B \cdot 1} = \overline{A \cdot B}$,这就是所期望的结果。尽管这个逻辑是正确的,但悬空输入端好像是一个天线,有可能接收到杂散辐射信号而使得逻辑门电路不能正常工作。图 11-28(b)所示的是一个较好的方法。悬空输入端通过 1 kΩ 的电阻连接到 +5 V 电源上,使逻辑电平为 **1**。如果电源线上有一个尖峰信号,则 1 kΩ 的电阻还将起到逻辑门输入端发射结的电流保护作用。逻辑**与门**电路也用同样的方法,因为悬空输入端上的逻辑 **1** 对输出信号没有影响。可以把多个悬空输入端使用同一个 1 kΩ 的电阻接到 U_{CC} 电源上。

图 11-28(c)所示电路给出了第 3 种可能的情况,悬空输入端与一个有用的输入端连接。这种方法可以用在任意类型的逻辑门电路中。

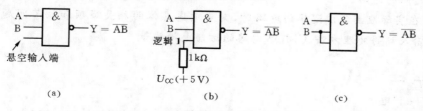

图 11-28 对悬空输入端的 3 种处理方式

对于逻辑**或**门电路和逻辑**或**非门电路,悬空输入端则不能悬空或连接+5 V电源。因为不管其他输入信号是什么,这都将产生一个输出恒定的逻辑电平(**或**门是**1**,或非门是**0**)。这些逻辑门的悬空输入端,或接地(0 V),或连接到一个有用的输入端,如图11-28(c)所示。

自 测 练 习

11.3.1 悬空的 TTL 门电路输入端的电压一般为( )。

    (a) 1.4~1.8 V   (b) 0~5 V   (c) 0~1.8 V   (d) 0.8~5 V

11.3.2 下列几种情况中,( )适合于 CMOS 器件。

    (a) 不要将器件插入带电的电路中

    (b) 所有的工具,测试设备以及金属测试台应该接地

    (c) 器件应存放在防静电的管子或特殊导电海绵中

    (d) 以上三种做法都对

11.3.3 TTL **与**非门的所有输入端均不连接,它的输出逻辑是( )(高电平,低电平)。

11.3.4 TTL **或**非门的悬空输入将( )(禁止,使能)该逻辑门。

本 章 小 结

1. 集成逻辑门电路的主要器件是 MOS 管和晶体管,它们均可作为开关器件。而影响它们开关速度的主要因素是器件内部各电极之间的结电容。

2. TTL 集成逻辑门电路的结构包括:多发射极输入极、分相放大极和推拉式输出极三部分,这种结构可以有效提高开关速度和增强带负载的能力。

3. 典型的 TTL 集成逻辑门电路有:**与**非门电路、**或**非门电路,**与或**非门电路,集电极开路门电路,三态门电路等。

4. 利用肖特基二极管构成抗饱和 TTL 电路,可以进一步提高开关的转换速率。

5. NMOS 管产生"强**0**"和"弱**1**",PMOS 管产生"强**1**"和"弱**0**",两种晶体管各有所长和不足之处。CMOS 工艺集成了 NMOS 管和 PMOS 管,利用两种晶体管的长处进行互补,因此称为互补型 MOS 器件。

6. CMOS 集成逻辑门电路的优点是集成度高、功耗低、扇出系数大、抗干扰能力强。

7. 典型的 CMOS 集成逻辑门电路有:CMOS 反相器电路、CMOS **与**非门电路、CMOS **或**非门电路等。

8. CMOS 门电路由仅有 PMOS 门的上拉网络和仅有 NMOS 门的下拉网络互补组合而成。其上拉网络提供一条在输出和 U_{DD} 之间的通路,而下拉网络提供一条在输出和地之间的通路。

9. 在实际应用集成逻辑门电路时,需要考虑具体的相关事项和细节问题,如需考虑悬空输入端的处理方法、CMOS 电路的防静电措施等。

习 题 十 一

11.1 TTL 门电路

11.1.1 某个逻辑系列的电压参数为:$U_{IH(min)} = 3.5\text{ V}$,$U_{IL(max)} = 1.0\text{ V}$;$U_{OH(min)} = 4.9\text{ V}$,$U_{OL(max)} = 0.1\text{ V}$。试回答下列问题。

(a) 允许的最大正噪声尖脉冲是多少?

(b) 允许的最大负噪声尖脉冲是多少?

11.1.2 画出 2 输入 TTL 与非门电路图,并列出当 A=B=1 时电路中每个晶体管的状态。

11.1.3 在 TTL 与非门电路中(见图 11-1),$R_4 = 130\ \Omega$ 作为推拉输出级的上拉电阻。假设 T_3 和 T_4 的发射结导通电压为 $0.7\ V$,又假设 $U_D = 0.6\ V$,计算 T_3 和 T_4 在转换过程中都有效时,流过电阻 R_4 的电流 I_4。如果 R_4 为 0 会怎样?试解释需要 R_4 的原因。

11.1.4 如果标准 TTL 与非门的 I_{OL} 从 16 mA 增加到 20 mA,U_{OL} 将会怎样?试解释其原因。

11.1.5 描述如习题 11.1.5 图所示电路的工作情况。

11.1.6 说明如习题 11.1.6 图所示电路是什么形式,其输出在正常情况下应该怎样连接?

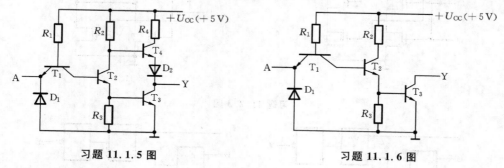

习题 **11.1.5** 图　　　　　　　　习题 **11.1.6** 图

11.1.7 回答下列问题。

(a) 当 TTL 输出驱动 TTL 输入时,I_{OL} 来自哪里? I_{OH} 流向哪里?

(b) 在 TTL 输入状态中,哪一种输入状态流过的输入电流最大?

(c) 叙述推拉式输出结构的优点和缺点。

(d) TTL 或非门和与非门电路有什么不同?

(e) 哪一种类型的 TTL 输出能安全地接在一起?

11.2 CMOS 门电路

11.2.1 在下述条件下,哪种类型的 MOS 管导通?

(a) 栅极 5 V,源极 0 V,漏极 5 V;

(b) 栅极 0 V,源极 5 V,漏极 0 V。

11.2.2 试分析习题 11.2.2 图所示各电路的逻辑功能,并列出真值表,写出逻辑表达式。

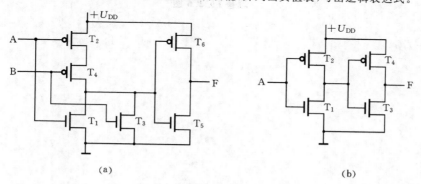

(a)　　　　　　　　　　　(b)

习题 **11.2.2** 图

11.2.3 试分析习题 11.2.3 图所示各电路的逻辑功能,并列出真值表,写出逻辑表达式。

11.2.4 设计一个 CMOS 门级电路,其逻辑功能如习题 11.2.4 图所示。

11.2.5 设计一个 CMOS 门级电路,其逻辑功能如习题 11.2.5 图所示。

11.2.6 分析习题 11.2.6 图所示电路,说明该电路是什么形式的电路。

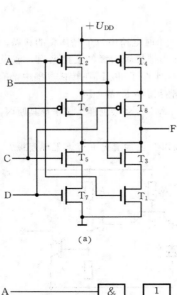

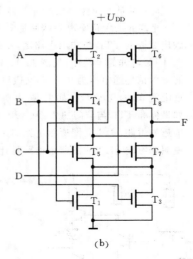

(a)   (b)

习题 11.2.3 图

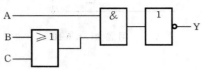

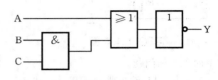

习题 11.2.4 图   **习题 11.2.5 图**

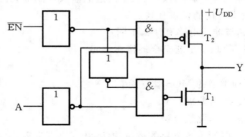

习题 11.2.6 图

附录 专业词汇汉英对照

（第1章）

模拟：analog

字符码：alphanumeric code

ASCII 码：American standard code for information interchange code

BCD 码：binary coded decimal

二进制：binary

比特：bit

字节：byte

十进制：decimal

数字：digital

EBCDIC：extended binary coded decimal interchange code

编码：code

格雷码：gray

十六进制：hexadecimal

最低有效位（LSB）：lest significant bit

最高有效位（MSB）：most significant bit

数制：number system

八进制：octal

反码：one's complement code

基数：radix number

基：base

原码：true code

补码：two's complement code

权：weight

加权码：weighted code

余 3 码：excess-3 code

（第2章）

晶体管-晶体管逻辑（TTL）：transistor-transistor logic

CMOS：complementary metal-oxide semiconductor

求反：complement

双列直插式封装（DIP）：dual in-line package

扇出系数：fan out

集成电路（IC）：integrated circuit

反相：inversion

反相器：inverter

逻辑电平：logic level

金属氧化物半导体场效应管（MOSFET）：metal oxide semiconductor field effect transistor

与门：AND gate

与非门：NAND gate

或非门：NOR gate

非门：NOT gate

集电极开路门（OC）：open collector gate

或门：OR gate

功耗：power dissipation

传输延时：propagation delay

表面贴焊技术（SMT）：surface-mount technology

真值表：truth table

三态门（TS）：tristate gate

线与：wired-AND

异或门（XOR）：exclusive OR gate

异或非门（XNOR）：exclusive NOR gate

（第3章）

逻辑变量：logic variable

反变量：complement of variable

逻辑函数：logic function

逻辑图：logic diagram

交换律：commutative law

结合律：associative law

分配律：distributive law

摩根定理：DeMorgan's theorems

化简：simplify

最小项：miniterm

最大项：maxterm

相邻项：adjacencies

无关项："don't care"term

逻辑表达式：logic exppression

标准与或表达式：standard sum-of-products

标准或与表达式：standard product-of-sums

卡诺图：Karnaugh map

（第4章）

组合逻辑电路：combinational logic circuits

编码器：encoder

二进制编码器：binary encoder

BCD 码编码器：decimal-to-BCD encoder

优先编码器：priority encoder

译码器：decoder

二进制译码器：binary decoder

BCD 码译码器：BCD-to-decimal decoder

低电平有效：active-LOW

高电平有效：active-HIGH

七段显示译码器：BCD-to-7-segment display decoder

试灯(LT)：lamp test

动态灭零输入(RBI)：ripple blanking input

灭灯输入和动态灭零输出(BI/RBO)：blanking
　　input/ripple blanking output

共阴极数码显示管：common-cathode display

共阳极数码显示管：common-anode display

数据选择器：multiplexer

数据分配器：demultiplexer

半加器：half-adder

全加器：full-adder

多位加法器：multibit adder

数值比较器：comparator

码组转换器：code converter

竞争冒险：race and hazard

（第 5 章）

触发器：flip-flop

复位：reset

置位：set

异步：asynchronous

同步：synchronous

电平触发：level-triggered

边沿触发：edge-triggered

翻转：toggle

保持：no change

时钟脉冲：clock pulse

主从 JK 触发器：master-slave J-K flip-flop

清零：clear

锁存器：latch

预置：preset

分频：frequency division

（第 6 章）

寄存器：register

移位寄存器：shift register

串行输入/串行输出：serial in/serial out

串行输入/并行输出：serial in/parallel out

并行输入/串行输出：parallel in /serial out

并行输入/并行输出：parallel in/parallel out

清零：CLEAR

置数：LOAD

同步：synchronous

异步：asynchronous

模：module

计数器：counter

可逆计数器：up/down counter

时序图：timing diagram

进位输出：ripple carry output

级联：cascade

十进制：decade

状态转换图：state diagram

递增：increment

数字钟：digital clock

（第 7 章）

时序逻辑电路：sequential logic circuit

Mealy 型：Mealy model

Moore 型：Moore model

状态图：state diagram

状态表：state table

现态：present state

次态：next state

分析过程：analysis procedure

设计过程：synthesis procedure

特性方程：characteristic equation

驱动方程：excitation equation

状态方程：state equation

输出方程：output equation

（第 8 章）

只读存储器(ROM)：Read-Only Memory

随机读写存储器(RAM)：Random Access Memo-
ry

读：read

写：write

字：word

地址：address

总线：bus

可编程只读存储器(PROM)：Programmable
　　ROM

可擦除可编程只读存储器(EPROM)：Erasable
　　PROM

电可擦除可编程只读存储器(EEPROM)：Electrically
　　Erasable PROM

动态随机读写存储器(DRAM)：Dynamic RAM

静态随机读写存储器(SRAM)：Static RAM

电可擦除 CMOS(EECMOS)：Electrically Erasable CMOS

闪存：flash memory

可编程逻辑器件(PLD)：Programmable Logic Device

在系统编程(ISP)：In-System Programming

可编程的阵列逻辑(PAL)：Programmable Array Logic

通用阵列逻辑(GAL)：Generic Array Logic

输出逻辑宏单元(OLMC)：Output Logic Macrocell

复杂可编程逻辑器件(CPLD)：Complex Programmable Logic Device

现场可编程门阵列(FPGA)：Field Programmable Gate Array

（第 9 章）

模数转换器(ADC)：analog to digital converter

数模转换器(DAC)：digital to analog converter

权电阻数模转换器：weighted resistor DAC

倒 T 形数模转换器：inverted ladder DAC

双积分型模数转换器：dual slope ADC

逐次比较型模数转换器：successive approximation ADC

参考电压：reference voltage

分辨率：resolution

转换精度：accuracy

线性度：linearity

建立时间：setting time

满刻度电压：full-scale voltage

最低有效位(LSB)：least significant bit

最高有效位(MSB)：most significant bit

采样：sampling

保持：holding

量化：quantization

编码：coding

（第 10 章）

555 定时器：555 timer

多谐振荡器：multivibrator

单稳态触发器：monostable multivibrator

施密特触发器：Schmitt trigger

回差电压：backlash voltage

占空比：pulse duration ration

双稳态：bistabe

暂稳态：astable

（第 11 章）

双极结型晶体管(BJT)：bipolar junction transisor

灌电流工作状态：current-sinking logic

拉电流工作状态：current-sourcing logic

噪声容限：noise margin

耗尽型：depletion mode

增强型：enhancement mode

N 沟道金属-氧化物半导体(NMOS)：N-channel metal -oxide semiconductor

P 沟道金属-氧化物半导体(PMOS)：P-channel metal -oxide semiconductor

肖特基势垒二极管(SBD)：Schottky barrier diode

肖特基：Schottky

参 考 文 献

[1] R. L. 托克海姆. 数字原理[M]. 陈文楷,徐萍萍译. 北京:科学出版社,2002.

[2] Thomas L. Floyd. Digital Fundamentals[M]. 7 版. 英文影印版. 北京:科学出版社,2003.

[3] John M. Yarbrough. 数字逻辑应用与设计[M]. 李书浩等译. 北京:机械工业出版社,2000.

[4] Thomas L. Floyd. 数字基础[M]. 8 版. 李晔等译. 北京:清华大学出版社,2005.

[5] 余孟尝. 数字电子技术基础简明教程[M]. 3 版. 北京:高等教育出版社,2016.

[6] 王楚,沈伯弘. 数字逻辑电路[M]. 4 版. 北京:高等教育出版社,2003.

[7] 沈建国,雷剑虹. 数字逻辑与数字系统基础[M]. 北京:高等教育出版社,2004.

[8] 张克农. 数字电子技术基础[M]. 北京:高等教育出版社,2003.

[9] 郑家龙,王小海,章安元. 集成电子技术基础教程[M]. 北京:高等教育出版社,2002.

[10] 余孟尝. 数字电子技术基础简明教程教学指导书(第 2 版)[M]. 北京:高等教育出版社,2004.

[11] 张顺兴. 数字电路与系统设计[M]. 南京:东南大学出版社,2004.

[12] 曹汉房. 数字电路与逻辑设计学习指导与题解[M]. 武汉:华中科技大学出版社,2005.

[13] 童永承. 数字逻辑分析与设计[M]. 北京:科学出版社,2002.

[14] 王永军,李景华. 数字逻辑与数字系统[M]. 3 版. 北京:电子工业出版社,2005.

[15] 高吉祥. 数字电子技术[M]. 北京:电子工业出版社,2003.

[16] 彭华林,凌敏. 数字电子技术[M]. 长沙:湖南大学出版社,2004.

[17] 康华光. 电子技术基础数字部分[M]. 5 版. 北京:高等教育出版社,2006.

[18] 罗炎林. 数字电路[M]. 北京:机械工业出版社,2000.

[19] 桂太郎. 数字电路入门[M]. 北京:科学出版社,2003.

[20] 邓元庆. 数字设计基础与应用[M]. 北京:清华大学出版社,2005.

[21] V. P. Nelson,H. T. Nagle. Digital Logic Circuit Analysis Design[M]. 英文影印版. 北京:清华大学出版社,1997.

[22] 徐惠民,安德宁. 数字逻辑设计与 VHDL 描述[M]. 北京:机械工业出版社,2002.

[23] 王玉龙. 数字逻辑实用教程[M]. 北京:清华大学出版社,2002.

[24] 刘笃仁. 用 ISP 器件设计现代电路与系统[M]. 西安:西安电子科技大学出版社,2002.

[25] http://www. alldatasheet. com. ,GAL16V8. pdf.

[26] Robert D. Thompson. Digital Electronics A Simplified Approach. 北京:Publishing House of Electronics Industry,2002.

［27］　王毓银.数字电路逻辑设计［M］.3 版.北京:高等教育出版社,2004.

［28］　刘守义,钟苏.数字电子技术［M］.西安:西安电子科技大学出版社,2003.

［29］　孙津平.数字电子技术［M］.西安:西安电子科技大学出版社,2003.

［30］　刘全盛.数字电子技术［M］.北京:机械工业出版社,2002.

［31］　林涛.数字电子技术基础［M］.北京:清华大学出版社,2006.

［32］　谢声斌.数字电路与逻辑设计教程［M］.北京:清华大学出版社,2004.

［33］　庞学民.数字电子技术［M］.北京:清华大学出版社,2005.

［34］　James Bignell,Robert Donovan.数字电子技术［M］.4 版.刘海涛,李果,李东霞,等译.北京:科学出版社,2005.

［35］　阎石.数字电子技术基本教程［M］.北京:清华大学出版社,2007.

［36］　侯建军.数字电子技术基础［M］.2 版.北京:高等教育出版社,2007.

［37］　卢明智.数字电路创意实验［M］.北京:科学出版社,2012.

［38］　黄继昌,张海贵,徐巧鱼.数字集成电路应用集萃［M］.北京:中国电力出版社,2008.

［39］　卿太全,李萧,郭明琼.常用数字集成电路原理与应用［M］.北京:人民邮电出版社,2006.